MANUEL

DE

PHARMACIE PRATIQUE

PAR

L. DUFOUR

Pharmacien de 1re Classe

Ancien Interne des Hôpitaux de Paris

NOUVELLE ÉDITION REVUE ET CORRIGÉE

PARIS

FÉLIX ALCAN, ÉDITEUR

ANCIENNE LIBRAIRIE GERMER BAILLIÈRE ET Cie

108, Boulevard Saint-Germain, 108

1903

MANUEL

DE

PHARMACIE PRATIQUE

MANUEL

DE

PHARMACIE PRATIQUE

PAR

L. DUFOUR

Pharmacien de 1ʳᵉ Classe

Ancien Interne des Hôpitaux de Paris

Nouvelle Édition revue et corrigée

PARIS

FÉLIX ALCAN, ÉDITEUR

ANCIENNE LIBRAIRIE GERMER BAILLIÈRE ET Cⁱᵉ

108, Boulevard Saint-Germain, 108

1903

AUX ÉLÈVES EN PHARMACIE

Je crois devoir tout d'abord appeler votre attention sur quelques considérations générales concernant la pharmacie pratique, qui, selon moi, ont une certaine importance.

Au point de vue de l'étude, les pharmacies peuvent être considérées comme autant d'écoles pratiques dans lesquelles vous faites un stage obligatoire de trois ans et où l'enseignement se fait plus ou moins bien.

Mais quel qu'il soit, cherchez à apprendre. Dans ce but, ayez un registre sur lequel vous copierez les formules des préparations officinales que vous aurez exécutées, en indiquant, au dessous, comment vous avez opéré, quelles sont les précautions que vous avez prises, de quels ustensiles vous avez fait usage, etc. Prenez également des notes sur les préparations magistrales offrant quelques difficultés.

Pour ne pas augmenter la répugnance que la plupart des malades ont pour prendre les médicaments, vous ne vous servirez, pour les préparer et pour les délivrer, que d'ustensiles et de vases très propres. En un mot, tout, dans la pharmacie, doit être d'une propreté irréprochable.

Votre préoccupation constante doit tendre à éviter les erreurs, si faciles à commettre et si préjudiciables à tous. Aussi, avant d'exécuter une ordonnance, vous la lirez attentivement, vous la relirez chaque fois que vous aurez à peser une des substances entrant dans la composition du médicament. Vous regarderez avec attention l'étiquette du produit avant et après vous en être servi et vous aurez soin de remettre immédiatement en place les substances toxiques. Enfin, vous n'envelopperez les préparations qu'au moment de les délivrer.

Lorsque vous avez à exécuter une ordonnance contenant un ou plusieurs principes très actifs, il est quelquefois bon de s'informer adroitement si le médicament est pour un adulte ou un enfant, car, telle dose peut être sans inconvénient pour le premier et toxique pour le second. Si cette dose vous paraît trop élevée, référez-en au pharmacien auquel incombe la responsabilité. Enfin, si la prescription doit être modifiée, mon avis est qu'on ne peut le faire qu'après entente préalable avec le médecin.

Si, malgré toutes ces précautions, vous vous apercevez, avant de délivrer le médicament, que vous avez commis une erreur, évitez que le client ne s'en aperçoive quand vous devriez pour cela laisser tomber le vase contenant la préparation ; le malade ne devant jamais suspecter la capacité du préparateur.

Pour rendre les erreurs moins faciles, j'ai pris certaines dispositions que je vais indiquer et dont vous pourrez faire votre profit plus tard, si vous le jugez à propos.

L'armoire aux poisons ne pouvant contenir tous les produits qui deviennent toxiques à dose un peu élevée, comme l'acide oxalique, le sel d'oseille, etc., j'ai placé ces substances sur les rayons du haut de ma pharmacie, afin qu'on ne les confonde pas avec le chlorate de potasse, le borax qui sont sur ceux du bas, et qu'on ne délivre pas, comme cela s'est vu, du sulfate de zinc pour du sulfate de magnésie. J'ai fait de même pour les plantes et parties de plantes (feuilles, écorces, racines).

Dans l'arrière-pharmacie, j'ai placé sur la même planche tous les produits dangereux.

Les pots contenant les extraits toxiques sont dans des boîtes en fer blanc, différentes de celles qui contiennent les autres extraits.

Certains sirops pour le détail, qu'il est important de ne pas confondre avec d'autres de même aspect, comme le sirop d'opium avec le sirop d'ipécacuanha, sont dans des fioles en verre jaune.

Comme on le voit, j'ai séparé les substances actives de celles qui ne le sont pas et, lorsque je me suis vu dans la nécessité de les réunir, je leur ai donné un aspect extérieur qui ne permette pas de les confondre.

Je termine en vous engageant à tout faire pour mériter l'estime de vos maîtres et, lorsque vous serez pharmaciens, à exercer consciencieusement votre profession, n'oubliant jamais qu'un médicament mal préparé retarde généralement la guérison du malade et peut, dans certains cas, être la cause de sa mort.

L. DUFOUR.

Orléans, Juillet 1892.

PRÉFACE

La publication du dernier Codex a donné lieu à de nombreuses critiques, entre autres à celles si spirituellement faites par mon savant confrère M. Champigny.

J'ajouterai quelques observations générales qui, je crois, n'ont pas été présentées.

Le Codex étant obligatoire pour tous les pharmaciens, les modes opératoires qui y sont inscrits devraient donner des préparations identiques dans toutes les officines, quelles que soient les quantités sur lesquelles on opère. Il n'en est pas ainsi pour bon nombre, comme nous aurons l'occasion de le constater dans le cours de cet ouvrage.

Dans beaucoup de formules, le principe actif est dans un rapport simple avec les composants, tandis que, selon moi, il devrait l'être avec le composé.

Les modes opératoires sont trop écourtés, surtout pour ceux qui ne sont pas familiarisés avec les manipulations pharmaceutiques. De plus, il y en a qui sont peu pratiques ou défectueux.

Parmi les préparations que nous sommes tenus d'avoir, un trop grand nombre sont d'une conservation difficile. Le Codex ne paraît pas s'être préoccupé de les améliorer sous ce rapport.

Le Codex ne pouvant contenir toutes les formules il faudrait, dans la prochaine édition, faire un choix parmi les anciennes contenant beaucoup de composants, simplifier les unes, supprimer les autres, mettre en un mot le formulaire officiel à la hauteur des connaissances actuelles.

C'est dans cet ordre d'idées que j'ai critiqué un certain nombre de préparations en indiquant les modifications que je voudrais voir apporter à leurs formules que nous devons respecter et à leurs modes opératoires que nous pouvons améliorer.

En résumé, mon but, en publiant cet ouvrage, est d'indiquer aux élèves les règles à suivre pour la préparation des médicaments magistraux et officinaux, et de donner à mes confrères la possibilité d'améliorer certaines préparations pharmaceutiques, tout en se conformant aux formules du Codex.

Une nouvelle édition de celui-ci serait bien accueillie de tous les pharmaciens qui s'intéressent au progrès de leur art.

L. D.

AVERTISSEMENT

Les médicaments s'administrent sous des formes qui leur sont données au moyen d'opérations et avec des ustensiles particuliers. Comme il est indispensable de connaître tout d'abord ces instruments et ces opérations pharmaceutiques, nous en avons donné la description au commencement de cet ouvrage. Quant aux formes pharmaceutiques, nous les avons décrites en tête des formules qui s'y rattachent.

Afin de faciliter les recherches, nous avons adopté, pour les préparations, l'ordre alphabétique, sans faire de distinction entre la pharmacie chimique et la pharmacie galénique; certains produits pouvant être placés indifféremment dans l'une ou dans l'autre.

Malgré cette disposition, nous avons placé une table à la fin de ce volume : certaines préparations portant plusieurs noms. Nous n'avons pas reproduit toutes les formules inscrites au Codex, un certain nombre ne s'exécutant pas dans nos laboratoires et d'autres n'étant plus exécutées.

Cependant, nous avons donné les formules de quelques préparations peu employées, mais alors comme types de formes pharmaceutiques, dont il est bon de connaître les modes opératoires.

A la suite de plusieurs formules du Codex, nous avons ajouté quelques renseignements complémentaires afin de faciliter aux élèves l'exécution de ces formules.

Les modifications que nous indiquons aux modes opératoires n'ont pour but que de les simplifier ou d'améliorer les produits.

Enfin, si, critiquant cetaines formules, nous en proposons d'autres, c'est à titre de documents pouvant peut-être servir lors de la redaction du futur Codex.

L. D.

MANUEL

DE

PHARMACIE PRATIQUE

APPAREILS

ALAMBIC

Appareil servant à la distillation et par cela même à la préparation des eaux distillées, des alcoolats, etc.

L'alambic se compose de plusieurs pièces : la cucurbite, qui repose sur un fourneau et qui reçoit l'action directe du feu ; le bain-marie dont la partie inférieure plonge dans la cucurbite et qui repose sur celle-ci par la saillie qui l'entoure à sa partie supérieure ; le chapiteau dont l'ouverture la plus large s'emboîte sur la cucurbite ou sur le bain-marie et dont la plus étroite s'adapte au serpentin, lorsqu'on distille à feu nu, ou à un raccord en étain destiné à la relier au serpentin, lorsqu'on distille au bain-marie ; enfin le réfrigérant, formé d'un tube en étain roulé en spirale, qu'on nomme le serpentin et qui est fixé au centre d'un vase cylindrique en cuivre. L'extrémité inférieure du serpentin sort en dehors et dans le bas du vase en cuivre, tandis

que son extrémité supérieure dépasse de quelques centimètres les bords, de celui-ci.

Le vase cylindrique en cuivre porte à sa partie supérieure une ouverture latérale munie d'un tube vertical,
et à sa partie inférieure un robinet. Dans ce vase plonge
un long tube métallique terminé par un entonnoir.

BALANCE

Tous les ouvrages de physique indiquent les conditions
que doit remplir une balance pour être juste.

Il faut la nettoyer avec précaution pour né pas la faus-
ser et ne pas dépasser sa portée pour lui conserver sa
sensibilité.

En pharmacie, il est important de peser exactement,
surtout les substances qui entrent dans une préparation.
Si ce sont des substances solides, rien de plus facile que
d'en ôter, si on en a mis de trop ; mais si on fait un mélange de plusieurs liquides, il faut tenir son flacon de la
main droite, l'étiquette en dessus et le plateau de la balance entre le pouce et l'index de la main gauche, en
appuyant légèrement, afin de ralentir l'écoulement du
liquide dès qu'on sentira le plateau sur le point de s'a-
baisser, pour ne pas dépasser le point indiqué.

Dans ces mélanges, à moins d'indications contraires,
on commence par peser les plus petites quantités pour
finir par les plus grandes.

BASCULE

Elle diffère de la balance par une plus grande longueur
donnée au fléau qui supporte le plateau sur lequel se
mettent les poids. Dans la bascule ordinaire, cette longueur est calculée de façon à ce qu'un poids d'un kilo-
gramme sur ce plateau fasse équilibre à un poids de
10 kilogrammes sur l'autre.

Cet instrument de pesage rend de grands services dans les laboratoires et peut, dans bien des cas, remplacer avec avantage l'aréomètre.

BASSINE

La plupart des bassines ont la forme hémisphérique et sont en cuivre rouge non étamé. Elles servent à préparer de nombreux produits.

Les liquides acides attaquant le cuivre, il faut éviter de les y laisser séjourner, surtout s'ils sont destinés à l'usage interne.

Les bassines étamées ne peuvent servir à préparer les sirops de fruits rouges, parce que, sous l'influence de l'étain, leur couleur virerait au violet.

Les bassines qui servent à la préparation des extraits au bain-marie sont étamées et à fond plat.

CRIBLES ET TAMIS

Ce sont de larges cercles en bois, dont l'intérieur est garni, pour les cribles, en parchemin troué ou en fil de fer formant de larges mailles, et, pour les tamis, de tissus plus ou moins fins en soie, en crin ou en toile métallique. Ces derniers servent, dans la préparation des poudres à séparer les parties grosses des parties fines.

Pour éviter toute perte de substance, les tamis sont souvent munis d'un couvercle et d'un fond qui reçoit la poudre.

Cette disposition est indispensable pour les produits toxiques.

La poudre obtenue est plus fine, avec le même tamis si on imprime à ce dernier un mouvement de va-et-vient, que si on frappe ses bords sur ceux du mortier.

MORTIERS ET PILONS

Les mortiers sont des vases épais, à fond concave, plus larges que profonds. Ceux dont on se sert en pharmacie sont en marbre, en porcelaine, en cristal, en fer, en fonte ou en bronze.

Les pilons sont de même matière, excepté pour les mortiers en marbre dont les pilons sont en bois.

La tête du pilon est large et convexe et le manche doit être assez long pour dépasser largement les bords du mortier.

Généralement, les mortiers en marbre servent à préparer les loochs, les émulsions ; ceux en porcelaine, les potions, les pilules, les pommades ; ceux en cristal, les solutions, et ceux en métal, les poudres simples et quelques autres préparations.

Il faut éviter de se servir de mortiers en marbre pour les produits acides qui les attaquent, et de mortiers en métal, pour certains composés chimiques qu'ils peuvent décomposer.

Dans le doute, il faut avoir recours aux mortiers en porcelaine.

MOULOIRS

Ils peuvent être considérés comme de petites bassines munies d'un manche et le plus souvent d'un bec.

On les fait en métal ou en porcelaine.

PILULIER

Le pilulier qui sert à diviser les masses pilulaires en pilules plus ou moins grosses, se compose de deux parties :

1° D'une planche rectangulaire, assez épaisse, munie de bords excepté sur le petit côté faisant face au préparateur. Aux deux tiers environ de la longueur de la planche, à partir de ce côté, se touve fixée une bande en fer ou en cuivre de quelques centimètres de large à cannelures hémicylindriques.

La planche porte en dessous, du côté non bordé, une tringle de bois.

2° D'une bande de même métal, exactement semblable à la première fixée sur un morceau de bois épais, à surface plane, de même longueur que la bande et terminée par deux poignées. Entre celles-ci et la cannelure sont cloués deux petits taquets dont l'écartement est égal à la largeur totale de la planche.

Cette disposition fait coïncider les cannelures des deux pièces et empêche la seconde de se mouvoir latéralement.

Pour se servir du pilulier on commence par l'assujettir, en appuyant contre le bord du comptoir la tringle qui se trouve en dessous, puis on met dessus un peu d'une poudre inerte (réglisse, guimauve, amidon) pour empêcher la masse pilulaire d'adhérer pendant qu'on la roule, soit avec la main, soit avec une planchette à manche, pour lui donner une forme cylindrique aussi régulière que possible. Lorsque sa longueur égale un nombre de cannelures correspondant au nombre de pilules qu'on doit obtenir, on la pose sur la cannelure de la planche, et, avec l'autre pièce tenue par les poignées, les pièces métalliques en regard, on les divise, soit en appuyant fortement pour les pilules d'un diamètre plus grand ou beaucoup plus petit que celui des cannelures, soit par un mouvement d'avant en arrière et d'arrière en avant, en appuyant légèrement pour celles qui sont d'un diamètre égal ou un peu inférieur.

Il ne reste plus qu'à rouler entre le pouce et l'index chaque partie de la masse pilulaire pour lui donner la forme sphérique.

On achève quelquefois cette dernière opération en les

roulant sur un grand disque de bois, garni de bord, au moyen d'un disque plus petit.

On met les pilules dans des boîtes ou, si elles sont hygrométriques, dans des flacons, avec un peu de poudre inerte (réglisse, lycopode) pour les empêcher de se coller.

La boîte à argenter est une sphère en buis creuse à pied s'ouvrant par le milieu.

Pour argenter les pilules on les met dans cette boîte avec une petite quantité de rognures d'argent, puis on imprime au tout un mouvement circulaire qui fait adhérer l'argent à la surface des pilules.

Si elles sont trop sèches pour que l'argent y adhère, on les roule préalablement dans une capsule, après les avoir légèrement arrosées avec un peu d'éther saturé de cire blanche.

PORPHYRE

Le porphyre se compose d'une plaque un peu épaisse, à surface plane, en pierre dure ou en marbre et d'une molette de même matière ayant la forme d'une moitié de pilon élargi à la base et dont la partie qui sert à broyer les corps est légèrement convexe.

Le nom de porphyre, donné à cet instrument, vient de ce que les meilleurs sont fait d'une roche très dure appelée porphyre.

Dans toute porphyrisation, il est important que le porphyre ait une dureté beaucoup plus grande que le corps soumis à son action.

PRESSE

La presse se compose d'un écrou fixé dans une pièce en fer ou en bois placée horizontalement, et dont les deux extrémités sont reliées à deux colonnes verticales, maintenues par leur base dans un plateau en bois : sur celui-ci et entre les deux colonnes se place la maie.

Dans l'écrou, passe une vis qu'on fait tourner au moyen d'un levier qui, dans les petites presses, est formé d'une tige rigide au centre de laquelle est rivée l'extrémité supérieure de la vis.

Dans les grandes presses, le levier est mobile : l'une de ses extrémités s'enfonce dans des trous pratiqués à cet effet dans la tête de la vis. Dans les presses à percussion, le levier est remplacé par un volant qui, lancé fortement de droite à gauche, produit un choc sur la tête de la vis et la fait descendre.

L'extrémité inférieure de la vis, en s'abaissant, fait descendre un plateau en bois qui presse directement ou par l'intermédiaire de pièces en bois, sur la substance à exprimer mise dans un torchon, ou dans un seau percé de trous placé sur la maie.

Sous l'influence de la pression, le liquide se répand sur la maie et s'écoule par une ouverture qui existe sur l'un des côtés de celle-ci. Il faut presser lentement et progressivement afin de faciliter l'écoulement du liquide.

Lorsqu'on fait soi-même ses préparations officinales, il est avantageux d'avoir deux presses : une grande, et je donne la préférence à celles qui sont à percussion, et une petite, dont le levier aura une longueur totale d'au moins 25 centimètres. Avec un levier plus court, la pression exercée étant insuffisante, il reste trop de liquide dans le marc.

SPATULES

Instruments plus ou moins longs, élargis et amincis à l'une de leurs extrémités. On les fait en bois, en os ou en métal.

Les spatules en bois servent à agiter les liquides extractifs pendant leur évaporation au bain-marie, à la préparation des pâtes de guimauve, de réglisse, etc; celles en os ou en fer, à préparer les masses pilulaires, les pommades, etc.

Il faut éviter de se servir de spatules en métal pour les préparations qu'elles pourraient altérer ou décomposer.

NETTOYAGE

DES USTENSILES ET DES VASES

EMPLOYÉS EN PHARMACIE

Ces ustensiles et ces vases nécessitent pour être nettoyés, des moyens appropriés à leur nature et à l'usage qu'on en a fait ; nous croyons devoir indiquer sommairement comment on doit y procéder.

L'argent se nettoie en le frottant avec un linge humide imprégné de carbonate de chaux précipité ; puis on essuie. De même pour l'étain, mais en remplaçant le carbonate de chaux par le blanc d'Espagne ; le fer, avec du papier de verre ou d'émeri, de l'émeri en poudre ou du sablon ; le cuivre, en passant rapidement dessus un linge mouillé d'eau acidulée par l'acide sulfurique (verser l'acide dans l'eau) rincer à l'eau, essuyer d'abord avec un torchon pour enlever l'eau, puis avec un autre linge bien sec, pour enlever l'humidité.

Alambic. — A part l'eau, les liquides qu'on distille dans l'alambic sont plus ou moins aromatiques, aussi, est-il nécessaire d'enlever toute odeur à cet appareil après chaque distillation.

Si l'odeur laissée par la préparation est peu prononcée, un lavage à l'eau froide, à l'eau chaude ou à l'eau additionnée d'un peu de carbonate de soude suffit.

Après la distillation de certains liquides très aromatiques, il est bon de laver à l'eau chaude le chapiteau et le serpentin, de vider le réfrigérant, de monter l'appareil et de distiller à feu nu, jusqu'à ce que la vapeur d'eau qui sort par l'extrémité inférieure du serpentin soit inodore. En ajoutant préalablement à l'eau de la cucurbite, du carbonate d'ammoniaque, comme l'a conseillé M. Carles, ou de l'ammoniaque liquide, on débarrasse plus rapidement l'alambic de toute odeur. Ce moyen est-il sans inconvénient pour l'étain du serpentin ?

Après la distillation de l'alcoolat de Fioràventi, il faut enlever, avec une spatule en fer, tout ce qu'on peut du résidu resté dans le bain-marie. On lave celui-ci avec une solution de soude chaude pour dissoudre les matières résineuses ; le chapiteau et le serpentin peuvent se laver de la même manière, mais la solution doit être très étendue, puis on rince le tout à l'eau chaude. Enfin, on fait passer dans l'appareil de la vapeur d'eau, avec ou sans addition d'ammoniaque ou de son carbonate.

Bassines et mouloirs en cuivre. — Si ces ustensiles ont contenu des préparations solubles dans l'eau, on les lave avec ce liquide ; si ce sont des corps gras on les frotte avec de la sciure de bois ; si ce sont des matières résineuses, des onguents, des emplâtres, on ramollit ceux-ci à chaud avec de l'huile, puis on enlève le tout avec de la sciure de bois.

Après ces différentes opérations, on achève le nettoyage avec l'eau acidulée par l'acide sulfurique.

Mortiers et autres ustensiles en porcelaine ou en verre. — On les dégraisse à la sciure de bois et on y passe au besoin un peu de solution de soude. Les préparations résineuses sont enlevées avec une solution de soude caustique et les composés chimiques insolubles, avec un dissolvant approprié. Si on a affaire à une substance complètement insoluble, comme le charbon, par exemple, le mieux est de mettre dans le mortier une cuillerée de farine, d'y ajouter quantité suffisante d'eau pour en faire une pâte ferme qu'on piste.

Pour enlever aux mortiers, l'odeur de musc, on conseille l'emploi de la poudre de seigle ergoté, et pour celle de l'iodoforme, le café.

Bouteilles et Goulots. — Pour les dégraisser, on commence par les échauffer en versant dedans, petit à petit de l'eau chaude qu'on rejette, puis on y met de la sciure de bois qu'on humecte avec de l'eau bouillante ; on agite fortement, enfin on rince à l'eau chaude.

Les composés chimiques qui adhèrent au verre sont rendus solubles au moyen d'un acide ou d'un alcali : l'acide chlorhydrique pour les composés de fer, de chaux, de magnésie, de zinc ; l'acide azotique pour ceux de bismuth, de plomb, etc.

La soude caustique liquide et chaude enlève les matières résineuses et empyreumatiques.

OPÉRATIONS PHARMACEUTIQUES

Les substances organiques ou minérales qui font la base des médicaments, sont rarement employées telles que le commerce les fournit. Elles sont soumises à des opérations variées qu'il est indispensable de connaître.

Les pharmacologistes ont donné différentes classifications de ces opérations : aucune ne me paraissant satisfaisante, j'ai pensé qu'il serait plus commode de les placer par ordre alphabétique ; mais, comme plusieurs présentent entre elles certaines analogies, j'ai groupé celles-ci en indiquant à leur nom respectif le titre du groupe où elles sont décrites.

CALCINATION

Voyez : TORRÉFACTION.

CARBONISATION

Voyez : TORRÉFACTION.

CLARIFICATION

Certains liquides, et principalement ceux qui proviennent de l'expression de substances traitées par macération, infusion, etc., tiennent en suspension des matières qui troublent leur transparence et dont on les débarrasse par la clarification, la filtration ou la décantation.

Clarification. — Elle se fait le plus souvent avec le blanc d'œuf et s'applique surtout aux liquides aqueux, qui, par leur nature, passeraient trop lentement à travers les filtres.

Voici comment on opère : Battez vivement, avec un balai d'osier, de manière à produire de la mousse, les blancs d'œufs additionnés de cinq fois environ leur poids du liquide à clarifier; mêlez au restant de ce liquide et chauffez, sans remuer, jusqu'à ébullition. Au premier bouillon les écumes formées sont poussées vers les bords de la bassine où vous les enlevez avec une écumoire. Passez ensuite le liquide à travers un filtre en papier ou en laine.

Si le liquide contenant les blancs d'œufs doit être transformé en sirop, on peut ajouter le sucre avant de chauffer et faire en sorte qu'il soit fondu avant la coagulation de l'albumine. Dans la plupart des cas, il est préférable de faire fondre le sucre dans le liquide préalablement clarifié.

Cette clarification est dite *per ascensum*.

Avec les liquides contenant de fortes proportions de substances solides, il est préférable d'opérer ainsi : délayez les blancs d'œufs dans le liquide sans les faire mousser ; portez à l'ébullition, en ayant soin d'agiter lorsque l'albumine se coagule. Dès que celle-ci est complètement coagulée, versez le liquide dans une terrine cylindrique.

Par le repos, l'albumine coagulée se dépose, entraînant avec elle les matières solides. Décantez alors, passez à la chausse ou au filtre, et versez en dernier le dépôt pour qu'il s'égoutte.

Cette dernière clarification est dite *per descensum*. Il

faut de un à deux blancs d'œufs par cinq kilogrammes de liquide.

La clarification à l'albumine ne doit être employée que si on ne peut faire autrement, surtout pour les sirops qu'elle rend plus altérables.

Les sucs végétaux, provenant de l'expression des plantes herbacées, contenant de l'albumine végétale, il suffit de les chauffer et de les filtrer pour les clarifier. Vous retirez le suc du feu dès que, mis dans une cuillère, vous voyez l'albumine coagulée nager dans un liquide clair.

Certains liquides pharmaceutiques, et en particulier ceux qui contiennent du tanin, ne doivent pas être clarifiés à l'albumine. On a recours alors au procédé Desmarets qui consiste à délayer avec un balai d'osier du papier à filtrer dans le liquide avant de le verser sur la chausse.

M. Magne-Lahens donne à ce sujet les indications suivantes : On prendra un gramme de papier par litre de liquide. La chausse de forme conique devra avoir une contenance égale au tiers du volume de celui-ci. On versera le liquide sur la chausse que l'on maintiendra pleine et, lorsque le tout aura passé, on le repassera une seconde fois.

Pour les mellites et les sirops on divisera le papier dans les liquides qui doivent entrer dans ces préparations et on attendra pour les passer que leur température ne soit que de 35° à 40°.

Autrefois, on employait le charbon animal pour clarifier et décolorer le sirop simple préparé avec des sucres colorés. Actuellement, le noir animal n'est guère employé en pharmacie que pour décolorer certains liquides.

Filtration. — La filtration a pour but de séparer les particules solides tenues en suspension dans les liquides.

Elle s'opère en faisant passer ces derniers à travers des papiers, des étoffes, des matières minérales insolubles, etc.

Cette opération si simple en apparence est assez complexe dans la pratique. Beaucoup de causes influent sur la plus ou moins grande rapidité avec laquelle elle s'opère. Parmi ces causes : je citerai la nature du liquide, celle des filtres et la forme des appareils destinés à cet usage. Généralement, les liquides filtrent d'autant plus rapidement qu'ils sont plus fluides. Pour ces motifs, l'éther filtre plus vite que l'alcool qui filtre plus rapidement que l'huile.

L'action désagrégeante de l'eau et des liquides aqueux sur les filtres en papier fait que leur filtration se ralentit rapidement, même avec l'eau distillée.

Si l'eau tient en dissolution des substances mucilagineuses, la filtration se ralentit très vite pour s'arrêter bientôt presque complètement. Ceci tient sans doute à ce que le mucilage encolle le papier et le rend peu perméable.

Lorsque le liquide à filtrer n'est pas susceptible de s'éclaircir complètement par le repos, il est avantageux de le verser sur le filtre, sans le laisser déposer, parce que les molécules les plus grosses se déposant les premières sur les parois du filtre, empêchent les plus petites d'en obstruer les pores. Il arrive quelquefois, mais rarement, que ces molécules sont tellement tenues qu'elles passent à travers le papier. Dans ce cas mon confrère, M. Henri Rabourdin, conseille d'agiter le liquide avec un peu de pierre ponce en poudre avant de le verser sur le filtre. Ce moyen réussit bien.

Les filtres les plus employés sont ceux en papier non collé. Ceux de Prat et Dumas qui sont ronds et de toutes dimensions sont assez commodes, mais pour les liquides épais, comme les sirops, je leur préfère les filtres Chardin qui débitent plus.

Les filtres en papier, destinés le plus souvent à être placés dans des entonnoirs, ont une forme conique, et leur surface plissée diminuant les points de contact du liquide avec l'entonnoir, facilite l'écoulement du liquide. On se sert au contraire de filtres sans plis qui adhèrent aux parois de l'entonnoir pour recueillir et laver de petites quantités de précipité. Il ne faut pas trop enfoncer le filtre dans l'entonnoir pour ne pas obstruer sa douille, mais il faut qu'il le soit assez pour ne pas se déchirer au fond, surtout pour les liquides aqueux et principalement pour certains solutés salins. L'entonnoir est maintenu par un support ou repose sur le col d'un flacon. Dans ce dernier cas, placez, entre le col et l'entonnoir, un morceau de papier, plié en quatre, destiné à maintenir l'entonnoir dans une position verticale et à permettre à l'air du flacon de s'échapper pour faire place au liquide.

Pour certains liquides dont on redoute d'altérer la saveur ou la composition, on lave préalablement le filtre en papier posé dans l'entonnoir soit avec de l'eau bouillante, soit avec de l'eau additionnée d'un peu d'acide chlorhydrique ; on le lave ensuite à l'eau distillée pour le débarrasser de toute trace d'acide.

Si on veut séparer deux liquides non miscibles, on imbibe le filtre du liquide qui doit filtrer ou d'un liquide analogue, et, lorsque celui-ci s'est écoulé, on verse sur le filtre le mélange des deux liquides. C'est ainsi qu'on sépare l'eau de laurier-cerise de son essence.

Pour les liquides très volatils, on se sert d'un entonnoir fermé ; à son défaut, on place un couvercle sur un entonnoir ordinaire et on opère dans un endroit aussi frais que possible, afin de diminuer l'évaporation. Si, au contraire, c'est un liquide épais, se fluidifiant par la chaleur, ou un corps gras facilement fusible, on aura recours à un entonnoir muni d'une enveloppe métallique dans laquelle on mettra l'eau chaude, ou disposé de façon à chauffer le liquide avec de l'alcool. On peut encore opérer cette filtration dans une étuve ou dans tout autre endroit suffisamment chauffé.

Lorsqu'on a peu de liquide, ou que celui-ci étant d'un prix élevé, on veuille autant que possible éviter trop de perte, on le filtre en plaçant dans la douille de l'entonnoir un peu de ouate ou mieux de coton hydrophile.

Un carré de toile, fixé sur un cadre en bois, au moyen de quatre pointes placées aux angles, constitue un filtre qui débite peu : la toile se resserrant sous l'influence des liquides aqueux.

On remplace avantageusement le carré de toile par un carré en molleton qu'on nomme blanchet et qui sert à passer les sirops, les mellites, etc.

On augmente beaucoup le débit en cousant le molleton de façon à lui donner la forme d'un cône. On coud, sur ses bords, trois morceaux de rubans formant anneau, dans lesquels on passe des ficelles servant à l'attacher à un cercle en fer fixé dans le mur. Au fond du cône, on coud également un anneau en ruban, auquel on attache une ficelle un peu longue, permettant de soulever l'extrémité inférieure de la chausse (c'est ainsi que se désignent ces sortes de filtres), lorsque la filtration devient trop lente par suite d'un amas de matières insolubles au fond de ce filtre. On fait également des chausses en feutre.

Il ne faut pas se servir d'étoffes en laine pour filtrer les solutés alcalins, car ceux-ci suffisamment concentrés peuvent les dissoudre.

Lorsque les liquides détruisent les matières organiques, ou sont altérés par elles, on les filtre en les faisant passer sur du verre pilé, dont les plus gros morceaux obstruent en partie la douille d'un entonnoir en verre et dont les parties les plus fines sont en dessus. On peut également dans ce cas se servir d'amiante, de gloswel ou de toute autre matière minérale inattaquable par le liquide.

J'ai imaginé pour rendre la filtration plus rapide un
appareil (figure ci-dessous) qui repose sur le principe de

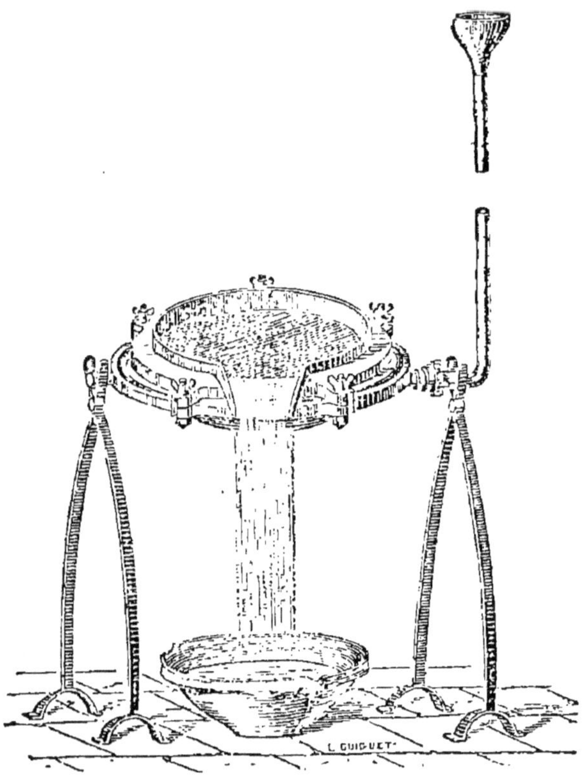

l'équilibre des liquides dans les vases communiquants,
dans lequel la filtration se fait de bas en haut et sous
une certaine pression, pression qu'on peut augmenter
en donnant au tube une plus grande hauteur et qui n'a
de limite que la résistance des appareils. Avec la filtration de bas en haut, les matières solides que contiennent les liquides se déposent, sinon en totalité, au moins

en partie dans la cuvette et ne viennent pas par cela même entraver l'opération.

J'ajouterai pour terminer que, quels que soient les appareils dont on dispose, la filtration s'arrête forcément toutes les fois que les pores du filtre sont obstrués. Cette vérité banale me paraît ignorée de certains confrères avec lesquels j'ai échangé des correspondances.

Décantation. — Ce mode de clarification peut s'appliquer lorsque les substances solides en suspension dans un liquide sont assez denses pour se déposer complètement par le repos.

Le liquide à décanter étant contenu dans un vase cylindrique, on incline lentement celui-ci pour faire écouler le liquide clair qui surnage le dépôt; on peut ensuite mettre ce dépôt à égoutter sur un filtre.

Lorsque le liquide est en trop grande quantité pour qu'on puisse incliner le vase qui le contient, on le fait écouler au moyen d'un siphon dont la petite branche plonge à quelques centimètres au-dessus du dépôt, ou bien on ménage, sur les parois du vase, un peu au-dessus du dépôt, une ouverture par laquelle on fait écouler le liquide.

La décantation est souvent employée pour laver les précipités : c'est alors le dépôt que l'on veut conserver et le liquide qu'on rejette et qu'on renouvelle jusqu'à ce que l'eau de lavage n'entraîne plus de sels solubles, ce qu'on reconnaît au moyen de réactifs appropriés.

CONGÉLATION

Voyez : FUSION.

CONTUSION

Voyez : PULVÉRISATION.

CRISTALLISATION

La plupart des composés chimiques solubles le sont plus à chaud qu'à froid, et, lorsque leur dissolution saturée à chaud se refroidit, ils prennent, en se déposant, des formes géométriques régulières qui constituent des cristaux.

Les cristaux sont d'autant plus beaux que la cristallisation se fait plus lentement.

Certains corps fondus cristallisent par refroidissement, d'autres donnent des cristaux par sublimation.

Presque tous les corps cristallisables affectent toujours la même forme cristalline, cependant quelques-uns d'entre eux peuvent cristalliser dans deux systèmes, le soufre, par exemple. La cristallisation est souvent appliquée à la purification des sels. Dans ce cas on les dissous à chaud, on filtre et on laisse cristalliser par refroidissement.

DÉCANTATION

Voyez : CLARIFICATION.

DÉCOCTION

Voyez : SOLUTION.

DESSICATION

Les matières organiques fraîches n'étant pas susceptibles de se conserver longtemps sans s'altérer, on les prive de l'eau qu'elles renferment en les soumettant à la dessication.

Elles se dessèchent d'autant plus vite qu'elles présentent plus de surface et qu'elles sont exposées dans un endroit plus chaud et plus aéré.

Lorsqu'elles sont volumineuses, comme certaines racines, on les divise préalablement avec le coupe-racines.

Les matières organiques colorées, comme les feuilles et les fleurs, étant altérées par l'action du soleil, il faut les dessécher à l'ombre.

On a quelquefois recours à l'étuve pour activer la dessication.

Certaines préparations pharmaceutiques sont également soumises à la dessication.

Evaporation. — Lorsqu'un liquide volatil tient en dissolution une substance fixe qu'on veut isoler, on soumet ce liquide à l'évaporation.

Comme pour la dessication, le liquide se volatisera d'autant plus vite qu'il présentera plus de surface, que sa température sera plus élevée et que l'air ambiant sera plus fréquemment renouvelé.

Dans nos laboratoires l'évaporation à la température ordinaire ne se pratique que pour de petites quantités de liquides facilement altérables. On évapore alors sous une cloche ou dans le vide.

Dans les deux cas on place sous la cloche une substance avide d'eau comme l'acide sulfurique concentré, le chlorure de calcium desséché, destiné à absorber la vapeur d'eau qui se produit.

Quelquefois, on a recours à l'étuve. Le liquide doit alors présenter beaucoup de surface, la température de l'étuve étant ordinairement peu élevée.

Dans la plupart des cas, on fait intervenir la chaleur. Si la substance tenue en dissolution n'est pas susceptible de s'altérer, on porte le liquide à l'ébullition pour activer son évaporation. Si, au contraire, l'action directe du feu est nuisible, et c'est le cas pour les liquides contenant des matières organiques, on évapore au bain-marie. Pour cela, sur un des vases contenant de l'eau qu'on maintient à l'ébullition, on place un autre vase contenant le liquide à évaporer, qu'on agite constamment, afin de hâter l'évaporation.

Vaporisation. — Les pharmacologistes ne sont pas tous d'accord sur la différence à établir entre évaporation et vaporisation. Je suis de l'avis de ceux qui se servent du premier mot toutes les fois que l'opération a pour but d'obtenir les substances tenues en dissolution dans un liquide, et qui font usage du second lorsque c'est la vapeur seule qu'on utilise.

DIGESTION

Voyez : SOLUTION.

DILUTION

Voyez : PULVÉRISATION.

DISSOLUTION

Voyez : SOLUTION.

DISTILLATION

La distillation est une évaporation, ou une vaporisation, qui s'opère dans des appareils particuliers, disposés de façon à condenser les vapeurs produites. Elle a pour but : soit d'isoler un liquide volatil de substances fixes, soit de séparer deux liquides dont le point d'ébullition est différent, soit enfin de charger de principes volatils des liquides également volatils.

Dans les laboratoires de chimie, les distillations se font presque toutes dans une cornue en verre à laquelle on adapte une allonge, communiquant avec un ballon à deux tubulures qu'on refroidit constamment. On peut substituer à l'allonge le réfrigérant Liébig et à la cornue un ballon.

Cette distillation se fait à feu nu, au bain de sable, au bain d'huile, au bain-marie, etc., suivant la nature du liquide à distiller. Si on opère à feu nu, il ne faut mettre sous la cornue ou sous le ballon que des charbons incandescents.

L'ébullition dans des vases en verre produit souvent des soubresauts qu'on peut éviter en mettant préalablement dans ces vases un fil de platine, des fragments de verre, ou toute autre matière insoluble et inattaquable par le liquide.

La plupart des distillations pour les préparations pharmaceutiques se font avec l'alambic (voyez alambic).

Dans cet appareil, la distillation se fait à feu nu, à la vapeur ou au bain-marie.

Pour distiller à feu nu, on met le liquide dans la cucurbite reposant sur le fourneau; on place sur celle-ci le chapiteau dont l'extrémité du col s'adapte au serpentin. On lute, en collant des bandes de papier gris à filtre sur les parties de l'alambic qui s'emboitent les unes dans les autres.

La colle qui sert à cet effet se prépare en délayant 10 gr. de farine de blé dans 90 gr. d'eau froide. On chauffe en agitant continuellement, jusqu'à ce que le mélange se soit épaissi.

Le vase cylindrique dans lequel se trouve le serpentin étant rempli d'eau froide, on porte à l'ébullition le liquide de la cucurbite. Il se dégage alors d'abondantes vapeurs qui viennent se condenser dans le serpentin pour s'écouler ensuite, par son extrémité inférieure dans un vase déposé *ad hoc*.

Pour que la condensation se continue, on fait écouler l'eau chaude, par le tube placé à la partie supérieure du vase cylindrique, en versant de l'eau froide dans l'entonnoir dont l'extrémité plonge au fond de ce vase.

Lorsque l'eau à distiller est additionnée de substances végétales qui peuvent s'attacher au fond de la cucurbite et brûler, on place préalablement dans celle-ci un diaphragme en cuivre étamé percé de trous et muni sur l'une de ses faces de petits supports sur lesquels il repose.

Pour distiller à la vapeur, en commence par adapter à l'orifice interne du bain-marie, orifice placé entre la partie qui s'appuie sur la cucurbite et celle qui reçoit le chapiteau, un tube coudé dont la branche la plus longue descend verticalement au centre et à peu de distance du fond et qui se termine par un diaphragme percé de trous sur lequel repose la substance végétale qui fait la base de la préparation. On place alors le bain-marie dans la cucurbite contenant plus d'eau qu'on en doit recueillir. On enlève les deux bouchons à vis qui bouchent l'orifice extérieur du bain-marie et l'un des orifices placé sur le renflement de la cucurbite, puis on met en communication ces deux pièces au moyen d'un tube muni de raccords se vissant sur les ouvertures. On adapte le chapiteau, on lute et on chauffe.

La vapeur d'eau, produite dans la cucurbite, se rend au fond du bain-marie, se charge de principes aromatiques en traversant la couche de feuilles ou de fleurs placée sur le diaphragme et va ensuite se condenser dans le serpentin.

La distillation au bain-marie est mise en pratique pour les liquides dont le point d'ébullition est inférieur à celui de l'eau. Le liquide à distiller est versé dans le bain-marie qui plonge dans l'eau de la cucurbite; on met le chapiteau, on lute et on chauffe, en ayant soin de laisser préalablement une des ouvertures de la cucurbite débouchée, pour donner issue à la vapeur d'eau.

En pharmacie, on ne distille guère au bain-marie que des liquides alcooliques.

Dans toute distillation, il faut veiller à ce qu'il reste toujours de l'eau dans la cucurbite afin que le feu ne fasse pas fondre l'étamage et les soudures. Dans la distillation au bain-marie, cet accident est peu à craindre parce qu'il ne s'évapore que peu d'eau. On l'évite facilement dans la distillation à feu nu ou à la vapeur, en ne recueillant qu'une quantité du liquide bien inférieure à celle qu'on a mise dans la cucurbite.

Lorsque l'alambic est démonté, il faut couvrir l'orifice supérieur du serpentin, afin d'éviter qu'il ne tombe dans celui-ci un corps étranger susceptible de l'obstruer, ou bien placer dans cette ouverture un petit seau en cuivre étamé dont le fond est percé de trous, et qui porte à son centre une tige permettant de l'enlever; mais comme il ne gêne en rien la distillation, il est préférable de le laisser à demeure.

La distillation des liquides qui attaquent le cuivre et l'étain, s'effectue dans des cornues en verre.

Sublimation. — Un certain nombre de corps solides, soumis à l'action de la chaleur, sont susceptibles de se réduire en vapeur. Parmi ceux-ci, les uns, comme le soufre, commencent par fondre et se volatilisent ensuite; d'autres, comme l'acide arsénieux, passent à l'état de vapeur, sans éprouver la fusion.

Dans nos laboratoires, la sublimation s'opère dans des matras ou dans des cornues. Avec les premiers, la condensation se fait dans la partie supérieure du vase ; avec les secondes, elle a lieu dans un récipient avec lequel elles sont en communication directe.

Pour la préparation de l'acide benzoïque, on se sert d'une marmite en fonte, surmontée d'un long cône en carton, à l'intérieur duquel se sublime l'acide.

Comme on le voit, la sublimation ne diffère de la distillation qu'en ce que dans celle-là on agit sur un corps solide et que le produit obtenu est lui-même solide.

On a recours à la sublimation pour la préparation de certains composés chimiques, pour la purification de certains corps, et pour obtenir certains produits en poudre.

ÉMONDATION

L'Émondation consiste à enlever, ou à séparer, des substances organiques, avant de les faire entrer dans des préparations, les matières étrangères qui les souillent, les parties altérées ou celles qu'on rejette comme inutiles.

Elle se pratique principalement sur les matières organiques fraîches.

Rarement on emploie tout le végétal ou tout l'animal ; de là l'utilité de l'émondation pour rejeter les parties inutiles.

ÉVAPORATION

Voyez : DESSICATION.

EXPRESSION

On exprime une substance pour en séparer la partie liquide ou facilement fusible, de la partie solide. Dans la plupart des cas, c'est le liquide qu'on utilise.

Le moyen le plus élémentaire pour exprimer une substance, consiste à mettre celle-ci dans un torchon, en toile forte, dont les deux extrémités sont tenues par deux aides qui commencent par rouler ensemble les deux bords dans le sens de la longueur, puis tournent les deux extrémités du torchon en sens inverse. On est souvent obligé pour terminer l'opération de dérouler le torchon, d'étendre son contenu et d'exprimer à nouveau.

Ce moyen, qui a l'inconvénient de faire perdre de notables quantités de produits restés dans le marc, n'est avantageux que pour les liquides épais, contenant peu de matières solides, comme les solutés concentrés de gommes, ou pour la purification des résines et des gommes-résines préalablement fondues.

A part ces cas particuliers, l'emploi de la presse est préférable, parce qu'il reste beaucoup moins de liquide dans le marc, surtout si la presse est puissante. Le mode d'expression varie suivant la nature de la substance qui y est soumise.

Lorsque la substance à exprimer est grossièrement divisée, on la met dans le seau percé de trous, on pose dessus un disque en bois ayant le même diamètre que l'intérieur du seau. C'est sur ce disque, ou sur des madriers en bois qui reposent sur lui, que s'exerce la pression produite par l'abaissement de la vis.

Si la substance est très divisée ou susceptible de passer au travers des trous du seau, on l'enferme préalablement dans un sac en toile ou dans un torchon de même étoffe.

Si c'est une pulpe, il faut également la mettre dans une toile et presser lentement. Pour certaines pulpes on est même obligé de les mêler préalablement avec une certaine quantité de paille hachée, lavée et séchée, destinée à faciliter l'écoulement du jus.

Si on veut retirer un corps gras solide, engagé dans une substance, on met celle-ci bien divisée dans un sac en toile qu'on place entre deux plaques métalliques suffisamment chauffées et qu'on presse ensuite fortement. Si le corps gras n'est pas susceptible d'être altéré par l'eau bouillante on délaie dans celle-ci la substance convenablement divisée, on met le tout dans un sac en toile et on exprime. Par le refroidissement le corps gras se solidifie à la surface de l'eau.

FILTRATION

Voyez : CLARIFICATION.

FUSION

Presque tous les corps solides, soumis à une température plus ou moins élevée, deviennent liquides. Le point de fusion d'un corps, c'est-à-dire la température à laquelle il fond, est constant.

Certains composés chimiques hydratés, soumis à l'action de la chaleur, fondent d'abord dans leur eau de cristallisation, puis, en continuant à chauffer, celle-ci se volatilise et ils éprouvent une seconde fusion : la première est dite fusion aqueuse, la seconde, fusion ignée.

La fusion des corps s'opère dans des vases en métal, en porcelaine ou en terre, selon leur nature et leur plus ou moins grande fusibilité.

Pour les corps susceptibles d'être altérés par une trop forte chaleur et dont le point de fusion est inférieur à 100°, on opère leur fusion au bain-marie.

En pharmacie, on a recours à la fusion pour la préparation de certaines pommades, des emplâtres, des onguents et pour l'extraction ou la purification de certains produits, etc.

Congélation. — Comme la fusion, c'est un changement d'état ; seulement, c'est un liquide qu'on solidifie tandis que dans la fusion, c'est un solide qu'on liquéfie. Le point de congélation d'un liquide est fixe dans les conditions normales. Ainsi l'eau se congèle à 0° ; l'acide acétique cristallisable à + 17° : mais tous les liquides n'ont pu être solidifiés quoique certains gaz aient pu être liquéfiés puis solidifiés par le froid.

Pour congeler un liquide, on plonge le vase qui le contient dans un mélange réfrigérant.

Voici quelques formules de mélanges réfrigérants :

Azote d'ammoniaque pulvérisé, 1 ; Eau, 1.
La tempérture s'abaisse de + 10° à — 15°.

Sulfate de soude pulvérisé, 8 ; Acide chlorhydrique, 5.
La température s'abaisse de + 10° à — 18°.

Sel marin. 1 ; neige ou glace pilée, 1.
La température s'abaisse de 0° à — 18°.

Chlorure de calcium cristallisé, 3 ; Neige, 2.
La température s'abaisse de 0° à — 45°.

Il ne faut pas se servir de vases en métal pour les mélanges réfrigérants contenant des acides susceptibles de les attaquer.

INFUSION

Voyez : SOLUTION.

LAVAGE OU LOTION

Opération qui a pour but d'enlever, au moyen d'un liquide, les matières étrangères qui souillent certains corps organiques ou inorganiques. C'est pour ce motif qu'on soumet à l'action du lavage les racines fraîches, les gommes, etc.

On a également recours à cette opération pour enlever les sels solubles contenus dans le liquide qui imprègne un sel insoluble obtenu par précipitation. Ces lavages se font par décantation *(voyez* ce mot) ou directement sur le filtre, si on opère sur de très petites quantités.

On peut encore avoir recours à la lixiviation pour laver certains précipités. On délaye alors le précipité dans le liquide, on verse le tout dans l'appareil à déplacement, on laisse écouler le liquide en maintenant constamment une couche d'eau à la surface du précipité jusqu'à purification complète. L'écoulement se fait lentement, mais il faut beaucoup moins de liquide pour atteindre le but que par tout autre mode opératoire.

Quel que soit le moyen employé pour laver un précipité, il faut continuer l'opération jusqu'à ce que l'eau provenant du lavage ne contienne plus de trace de sels solubles, ce dont on s'assure au moyen de réactifs appropriés.

LIXIVIATION

Voyez : SOLUTION.

MACÉRATION

Voyez : SOLUTION.

MOUTURE

Voyez : PULVÉRISATION.

PORPHYRISATION

Voyez : PULVÉRISATION.

PULPATION

Opération qui consiste à faire passer à travers un tamis de crin, à l'aide d'une sorte de spatule nommée pulpoir, des substances organiques fraîches et divisées. Avant de pulper les matières organiques, il est quelquefois nécessaire d'y ajouter un peu d'eau froide ou chaude. Dans la plupart des cas, elles sont divisées au mortier ou à la rape.

On a recours, pour plusieurs d'entre elles, à la cuisson dans l'eau ou à la vapeur. Enfin pour la pulpe de cynorrhodon, on fait macérer, pendant plusieurs jours dans du vin blanc, l'enveloppe rouge et charnue du fruit.

PULVÉRISATION

Opération qui consiste à diviser les substances sèches en particules plus ou moins fines, selon l'usage auquel on les destine, et par des moyens appropriés à leur nature ; moyens que nous ferons connaître successivement.

La première condition que doit remplir une substance pour se pulvériser sous l'action du pilon est d'être dans un état de siccité presque complète.

On devra donc sécher à l'étuve, et si elle est trop volumineuse, il faudra préalablement la diviser au moyen du couteau ou la concasser grossièrement dans un mortier.

Certaines substances subissent des opérations préliminaires : ainsi les matières siliceuses inaltérables au feu, sont chauffées fortement et plongées dans l'eau froide, afin de les rendre plus friables. Le riz est placé sur une toile arrosée fréquemment avec de l'eau froide jusqu'à ce qu'il soit devenu transparent ; on le pulvérise, puis on fait sécher sa poudre. Le salep est mis à tremper pendant 12 heures dans l'eau froide, essuyé fortement, séché et pulvérisé.

La noix vomique, la fève de Saint-Ignace sont exposées à l'action de vapeur d'eau, divisées à la râpe ou au mortier, puis séchées.

Les yeux d'écrevisse, les os de sèche, sont lavés à l'eau bouillante. On détache du quinquina gris les lichens qui se trouvent à la surface de cette écorce. On frappe sur une planche en bois, avec une spatule en bois, la mousse de Corse pour en séparer les substances étrangères. On concasse légèrement les racines filamenteuses et on les crible, pour en séparer la terre.

Dans quelques cas, avant de pulvériser une substance, on en rejette certaines parties : par exemple les semences des coloquintes.

Les matières minérales, les produits chimiques se pulvérisent en totalité. Certaines substances végétales, dont la poudre est identique au commencement et à la fin de l'opération, se pulvérisent également sans laisser de résidu. Pour d'autres, au contraire, contenant des parties fibreuses peu actives, difficilement pulvérisables, on laisse en général un résidu équivalent au quart du poids de la substance employée.

Comme il peut y avoir une différence dans les poudres végétales, entre les premiers produits obtenus et les derniers, il est important de bien mélanger le tout lorsque la pulvérisation est terminée.

La pulvérisation s'opère généralement dans des mortiers en fer avec pilon en fer ou dans des mortiers en marbre ou en porcelaine avec pilon en bois.

La plupart des corps organiques et un certain nombre de corps inorganiques se pulvérisent dans des mortiers en fer. On pulvérise dans des mortiers en marbre les substances végétales tendres donnant des poudres blanches, les composés chimiques sans action sur le marbre et n'ayant pas une trop grande dureté. Enfin, les mortiers en porcelaine servent à pulvériser tous les corps susceptibles d'être altérés au contact du fer et ceux qui attaquent le marbre.

Pendant la pulvérisation de la plupart des substances, il s'élève dans l'air une certaine quantité de poudre, et, si celle-ci est dangereuse, l'opérateur peut en être incommodé. On obvie à cet inconvénient en couvrant le mortier d'une peau dont les bords sont maintenus autour de celui-ci par une corde, et dont l'extrémité du cône formant le centre est fixée, par le même moyen, au milieu du pilon, de façon à ne pas gêner ses mouvements.

Sous l'influence de la pulvérisation, les substances se divisent en particules d'inégales grosseurs; on sépare les plus grosses des plus petites au moyen de cribles ou de tamis, plus ou moins fins, selon l'usage auquel on destine ces poudres. On remet dans le mortier la partie qui n'a pas passé et on la pulvérise à nouveau.

Les cribles et les tamis qui servent à passer les poudres ont un fond et un couvercle mobile : le premier reçoit la poudre et les deux empêchent toute déperdition.

Nous allons examiner les différents moyens employés pour obtenir les poudres :

Mouture. — Elle se pratique au moyen de moulins, de forme, de grandeur et de mécanisme variés.

On conçoit très bien qu'un moulin servant à pulvériser le café, par exemple, ne peut-être utilisé pour la graine de lin, qui doit être plutôt coupée qu'écrasée.

Les moulins donnent des poudres grosses, aussi s'en sert-on quelquefois pour diviser préalablement certaines substances qu'on pulvérise ensuite.

Pulvérisation par contusion. — Elle consiste à soulever le pilon et à le laisser retomber ou à frapper avec sur la substance contenue dans le mortier. On l'emploie pour toutes les substances offrant une certaine résistance et qui ne sont pas susceptibles de se ramollir par des chocs répétés.

Pulvérisation par trituration. — On imprime au pilon un mouvement circulaire destiné à écraser la substance que contient le mortier. On y a recours pour les corps friables et se ramollissant par la contusion, comme, par exemple, les gommes-résines, l'aloès, etc.

Pulvérisation par frottement. — Pour les substances très tendres, on les divise en les frottant sur un tamis de crin ou de laiton. C'est par ce procédé qu'on pulvérise le carbonate de magnésie.

Porphyrisation. — Pour porphyriser un corps, on le met, préalablement divisé, sur une plaque de porphyre, puis avec la molette à laquelle on imprime, un mouvement circulaire, on le réduit en poudre fine. On se sert de la porphyrisation pour les corps difficiles à pulvériser et qu'on veut obtenir très divisés.

On opère sur des corps secs ou sur des corps mis en pâte au moyen d'un peu d'eau. Ce dernier mode, qui est plus commode, ne peut s'employer que pour les substances insolubles et inaltérables par l'eau. Si on opère sur une pâte, on sépare les particules les plus fines des autres par la dilution.

Dilution. — On délaye, dans une grande quantité d'eau, la substance préalablement divisée ; on laisse déposer quelques instants et on décante. Par un repos suffisamment prolongé, toute la poudre tenue en suspension dans le liquide décanté, tombe au fond du vase. Il ne reste plus qu'à décanter à nouveau l'eau qui surnage le dépôt, à égoutter celui-ci sur une toile et à le faire sécher.

Dans une poudre soumise à la dilution, ce sont les particules les plus fines qui se déposent les dernières. On conçoit donc que la division sera d'autant plus grande qu'il s'écoulera plus de temps entre le délayage et la décantation.

On a recours à la dilution pour les matières argileuses ou autres sur lesquelles l'eau est sans action.

Pulvérisation par intermède. — Dans ce mode de pulvérisation, un solide, un liquide ou un gaz intervient pour diviser certains corps.

On réduit l'or et l'argent en poudre, en triturant dans un mortier des feuilles de ces métaux avec du sulfate de potasse qu'on enlève ensuite par des lavages à l'eau.

On peut pulvériser le camphre par contusion en l'humectant préalablement avec un peu d'eau, d'alcool ou d'éther.

Pour pulvériser le phosphore, on le fond dans de l'eau et on l'agite vivement jusqu'à refroidissement dans un flacon bouché à l'émeri.

Les vapeurs de soufre ou de calomel, conduites dans une chambre ou dans un récipient *ad hoc,* se condensent au contact de l'air et se déposent sous forme de poudre.

Pulvérisation par réaction chimique. — Certaines réactions chimiques donnent, comme produits, des corps en poudres très fines.

Si on verse dans un soluté de chlorure de calcium un autre soluté de carbonate de soude, il se formera immédiatement un précipité blanc qui n'est autre chose que du carbonate de chaux très divisé : tous les précipités obtenus par double décomposition sont dans le même cas.

Il faut opérer avec des solutés froids, car, à chaud, le précipité pourrait être grenu.

En versant dans un soluté d'un sel d'or, un soluté de sulfate de fer ou d'acide oxalique, l'or se précipite à l'état pulvérulent.

Le fer réduit, qui est très divisé, s'obtient en faisant passer un courant d'hydrogène sur l'oxyde de fer chauffé.

Trochiscation. — Les corps divisés obtenus par dilution ou par précipitation doivent être séchés ; on facilite leur dessication en les mettant en trochisques.

L'appareil dont on se sert à cet effet se compose d'une planchette ayant la forme d'un disque, avec prolongement formant manche. Au centre de ce disque existe une ouverture circulaire. Entre celle-ci et le manche se trouve un petit pied. Dans l'ouverture se place l'entonnoir contenant la pâte à trochisquer.

En tenant l'appareil par le manche et en frappant légèrement avec le pied sur des feuilles de papier à filtrer disposées sur une table, il tombe à chaque coup un peu de pâte qui prend la forme conique : ces petits corps nommés trochisques sont desséchés à l'air ou à l'étuve.

SOLUTION. — DISSOLUTION

Termes synonymes donnés à l'opération qui a pour but de dissoudre un corps dans un liquide, qu'il y ait ou non réaction chimique : le produit porte le nom de soluté. Dans la pratique on emploie souvent, mais à tort, les mots solution et dissolution pour soluté.

Presque tous les corps sont plus ou moins solubles, rarement dans un seul liquide, généralement dans plusieurs, mais jamais dans tous.

Ils se dissolvent d'autant plus facilement qu'ils sont plus divisés et en général leur solubilité augmente avec l'élévation de température du liquide.

Lorsqu'on dissout à chaud et jusqu'à refus, un solide dans un liquide, il arrive presque toujours que par le refroidissement une quantité plus ou moins grande de ce corps solide se dépose, et si celui-ci est cristallisable il prend la forme cristalline.

Les gaz au contraire sont moins solubles à chaud qu'à froid.

Dans le mélange de deux liquides, l'un deux joue quelquefois le rôle de dissolvant par rapport à l'autre.

Macération. — Opération qui consiste à mettre une substance organique en contact avec un liquide froid destiné à dissoudre certains principes. Après un contact plus ou moins long, on passe ou on exprime et on filtre pour séparer le résidu insoluble. Le liquide obtenu s'appelle macéré et quelquefois macération par suite d'une confusion de mots.

On divise les substances avant de les mettre en macération, à moins qu'elles soient peu volumineuses et d'un tissus très perméable.

On a recours à la macération pour la préparation des

teintures alcooliques, des vins et des vinaigres médicinaux, etc.

Les macérés aqueux ont l'avantage sur les infusés et les décoctés de même nature d'être moins altérables et d'assurer, aux préparations dont ils font la base, une meilleure conservation.

Digestion. — La digestion consiste à chauffer le liquide en contact avec la substance soumise à son action pendant un temps plus ou moins long, et à une température plus ou moins élevée, mais toujours inférieure à son point d'ébullition.

On opère à feu nu, au bain-marie ou dans une étuve.

Lorsque le liquide est volatil et a de la valeur, on met le vase qui le contient en communication avec un réfrigérant assez élevé pour que les vapeurs condensées retombent dans le vase. On termine l'opération comme pour la macération, et le produit obtenu se nomme digesté.

Infusion. — L'infusion ne diffère de la macération qu'en ce que le liquide est versé bouillant sur la substance au lieu d'être mis en contact à froid : Le liquide provenant de cette opération se nomme infusé et souvent à tort infusion.

L'infusion sert à préparer la plupart des tisanes et d'autres infusés qui font la base de plusieurs préparations pharmaceutiques.

J'ai eu l'occasion de constater que l'infusion donne souvent des liquides moins chargés et moins aromatiques que la macération.

Décoction. — La seule différence entre la digestion et la décoction, est que dans cette dernière le liquide est chauffé jusqu'à l'ébullition et maintenu en cet état pendant un temps plus ou moins long.

Ce mode opératoire, qui était très en faveur autrefois, n'est plus employé que pour extraire certains principes insolubles dans le liquide, mais qui, sous l'influence d'une ébullition prolongée, sont modifiés comme l'amidon des céréales, ou entraînés comme la résine de gayac dans la préparation de l'extrait aqueux de ce bois.

On a abandonné la décoction pour l'extraction des principes solubles des substances végétales, parce qu'on a reconnu que, sous son influence, ceux-ci devenaient, en partie, insolubles en se fixant sur la fibre végétale. Ainsi on obtient moins d'extrait aqueux de ratanhia par décoction que par macération ou lixiviation à froid, et l'extrait obtenu par décoction est moins soluble.

Le liquide obtenu par décoction se nomme décocté; et souvent, mais à tort, décoction.

Les décoctés sont généralement moins limpides et se conservent moins bien que les infusés et surtout que les macérés.

Lixiviation. — Cette opération se pratique en faisant passer un liquide à travers une poudre placée dans un appareil *ad hoc*. Le liquide, en traversant de haut en bas cette poudre, se charge des principes solubles qu'elle contient et s'écoule, par la partie inférieure de l'appareil, dans un vase placé au-dessous.

L'appareil le plus commode pour la lixiviation se compose d'un cylindre en cuivre étamé, terminé en cône à la base et muni à cette extrémité d'un robinet permettant d'arrêter ou de ralentir l'écoulement du liquide. Pour de petites quantités de poudre on opère ordinairement dans une allonge ou dans un entonnoir.

Voici comment on procède pour traiter une poudre par lixiviation : On met dans la partie inférieure de l'appareil ou dans la douille de l'allonge ou de l'entonnoir, d'abord un peu de ouate destinée à ne laisser passer que le liquide; puis, par fraction, la poudre qu'on tasse plus ou moins, selon sa nature et celle du liquide, mais toujours bien uniformément : le tassement se fait soit en frappant circulairement avec la main la partie externe de l'appareil, après chaque addition de poudre, soit en exerçant directement une pression sur celle-ci avec la main ou avec un pilon en bois. La poudre ainsi disposée est recouverte d'un disque en papier à filtrer ou en étoffe. On ajoute alors, successivement, et par partie, la totalité du liquide, en ayant soin, pendant tout le temps, que le liquide recouvre la poudre.

Si celle-ci a été uniformément tassée, ce liquide doit la pénétrer bien régulièrement; puis, après l'avoir traversée, s'écouler par la partie inférieure de l'appareil.

La lixiviation présente des difficultés d'exécution et exige certaines précautions que nous allons indiquer.

La substance que l'on veut traiter doit être divisée, passée au tamis, afin que la poudre soit identique dans toutes ses parties et tassée bien uniformément dans l'appareil ; sans ces deux précautions, le liquide traverserait plus rapidement les parties de poudre les plus grosses ou les moins tassées, il pourrait s'écouler avant que la poudre ne soit entièrement mouillée, et par cela même, emprisonner de l'air dans celle-ci, air qui ferait obstacle à la pénétration du liquide dans la totalité de la poudre.

Avant de verser le liquide sur la poudre, il faut avoir soin d'ouvrir le robinet de l'appareil pour permettre à l'air interposé dans la poudre de s'échapper au fur et à mesure que le liquide la pénètre. Si avant que tout le liquide soit versé dans l'appareil, on le laisse disparaître de la surface de la poudre, l'air pénétrera à sa place, et alors, si on verse le liquide restant, cet air se trouvant interposé entre deux couches de liquide, mettra obstacle à l'écoulement régulier de la couche supérieure.

Beaucoup de liquides peuvent être employés dans la lixiviation. En pharmacie, ceux dont on se sert généralement, sont l'eau, l'alcool et l'éther. C'est avec l'eau qu'on rencontre les plus grandes difficultés, parce que, sous l'influence de ce liquide, les poudres organiques se gonflent. Ce gonflement peut-être tel, avec certaines poudres que l'écoulement du liquide s'arrête. Pour obvier à cet inconvénient, on emploie des poudres un peu plus grosses et on tasse peu. On peut aussi mouiller préalablement la poudre avec moitié de son poids d'eau, et après quatre heures de contact, l'introduire dans l'appareil à déplacement où on la tasse légèrement.

Pour les poudres qui se gonflent beaucoup, on peut les délayer dans Q. S. d'eau pour faire une bouillie claire qu'on verse, après quatre heures de contact dans l'appareil à déplacement où elle se tasse d'elle même. On ouvre alors le robinet pour faire écouler le liquide.

Avec l'éther et les autres liquides fluides, les matières organiques ne se gonflant pas, on peut employer des poudres plus fines et tasser davantage.

Les lixiviations avec l'eau ne doivent pas se faire trop lentement afin d'éviter l'altération des matières organiques par ce liquide. Inconvénient qui n'existe pas avec l'alcool et l'éther; mais l'écoulement ne doit pas être trop rapide, quel que soit le liquide employé, afin de permettre à celui-ci de dissoudre les principes solubles de la poudre en la traversant.

Presque toutes les lixiviations se font avec des liquides froids.

Comme on le voit par ce qui précède, la lixiviation surtout avec l'eau, exige une certaine pratique qui ne nous met pas toujours à l'abri d'un insuccès; dans ce cas on termine l'extraction des principes solubles par des macérations successives en exprimant fortement après chacune d'elles.

SUBLIMATION

Voyez : DISTILLATION.

TORRÉFACTION

Opération qui se pratique en chauffant des matières organiques à une température assez élévée pour modifier certains principes sans les carboniser.

La torréfaction se fait à l'air libre, dans des vases en métal ou en porcelaine, ou dans des appareils nommés brûloirs.

On torréfie l'éponge pour rendre l'iode qu'elle contient plus assimilable, le café pour développer l'arôme, la racine de chicorée qu'on mêle volontairement ou frauduleusement au café.

D'après Dausse, les cafés américains doivent éprouver par la torréfaction une perte de 20 0/0, ceux de Bourbon et d'Afrique 16 à 18, et ceux de Moka ou de Java 15 à 16 au plus.

Carbonisation. — Dans la carbonisation, les substances sont soumises à une température assez élévée pour détruire les matières organiques et transformer le tout en charbon.

Elle s'effectue, ordinairement, à l'abri du contact de l'air.

Calcination. — La calcination a pour but non seulement de détruire par la chaleur, les matières organiques, mais de brûler le charbon afin d'isoler les matières minérales.

On soumet également à la calcination beaucoup de matières minérales et de produits chimiques, pour modifier leur composition.

La calcination se fait ordinairement dans des creusets en terre, en porcelaine ou en métal (fer, argent, platine).

TABLE DE SOLUBILITÉ

D'UN CERTAIN NOMBRE DE SUBSTANCES

EMPLOYÉES EN PHARMACIE

TABLE DE SOLUBILITÉ

d'un certain nombre de Substances employées en pharmacie

	UNE PARTIE EST SOLUBLE DANS :					
	EAU à 15°	EAU à 100°	ALCOOL à 90°	ÉTHER	CHLORO-FORME	GLYCÉRINE D = 1,212
Acétate de cuivre neutre	13	5	13	»	»	10
— de morphine	12	1.50	68	»	60	5
— de plomb neutre	1.69	»	8	»	»	5
Acide arsénieux opaque	80	9	100.83	»	»	5
— arsénique	2	»	»	»	»	5
— benzoïque	400	12.3	2.10	3.18	»	10
— borique cristallisé	30	3.5	16	»	»	10
— chromique	très soluble	»	décomposé	»	insoluble	décompose
— citrique	0.75	0.50	1.80	44.15	»	toute prop.
— oxalique	8.71	1	3.8	78.9	»	7.50
— phénique	16	»	toute prop.	toute prop.	»	très soluble
— salicylique	413.22	12.6	2.37	1.98	»	»
— succinique	18.86	0.83	7.91	78.9	»	»
— tartrique	0.66	0.50	2.43	250	»	toute prop.
Arséniate de soude	4	»	60	»	»	2
Arsénite de potasse	très soluble	»	»	»	»	»
— de soude	90	50	1.33	»	»	»
Atropine	500	33.3	8	49.8	3	33.3
Azotate d'argent	1	0.50	10	»	»	toute prop.
— de baryte	90	2.84	insoluble	»	»	»
— de plomb	7.5	»	id.	»	»	»
— de potasse	3.94	0.4	»	»	»	»

	EAU à 15°	EAU à 100°	ALCOOL à 90°	ÉTHER	CHLORO-FORME	GLYCÉRINE D = 1,212
Azotate de strychnine	90	3	60	insoluble	15	25
Baryte hydratée cristallisée	25	19	insoluble	»	»	»
Benzine	»	»	»	»	»	insoluble
Borate de soude prismatique	92	2	insoluble	»	»	1.66
Brome	30.09	»	soluble	très soluble	fac' soluble	toute prop.
Bromoforme	très peu sol.	»	id.	soluble	»	»
Bromure de potassium	1.6	0.98	peu soluble	insoluble	»	4
Brucine	8.50	500	très soluble	»	»	41.1
Caféine	50	très soluble	soluble	peu soluble	10	»
Camphre	810	»	0.83 (Alcool à 80°)	soluble	soluble	insoluble
Cantharidine	insoluble	»	peu soluble	id.	fac' soluble	id.
Carbonate d'ammoniaque	3.06	»	insoluble	insoluble	»	5
— de potasse	0.92	»	id.	id.	insoluble	»
— de potasse bi-cristallisé	1	décompose	»	»	»	»
— de soude cristallisé	2	0.22	»	»	»	1.02
— de soude (Bi)	13	décompose	»	»	»	12.50
Chaux	781	1270	»	»	»	»
Chlorate de potasse	16.6	1.66	»	»	»	3.03
— de soude	3	0.5	»	»	»	»
Chlorhydrate d'ammoniaque	2.72	1	8.3	»	»	5
— de morphine	20	1	6	»	»	5
— de quinine	25	5	3	»	10	»
Chloroforme	100	»	toute prop.	toute prop.	»	insoluble
Chlorure d'antimoine	»	»	»	»	»	toute prop.
— de baryum	2.5	1.3	»	»	»	10
— de fer (Per)	très soluble	»	très soluble	très soluble	insoluble	toute prop.
— de mercure (Bi)	15.2	1.85	3.61	4.19	»	13.33
— de potassium	3	1.68	»	»	»	»
— de sodium	2.79	2.47	»	»	»	5
— de zinc	toute prop.	»	très soluble	»	»	2
Chromate de potasse (Bi)	10	»	décomposé	insoluble	»	décomposé
Cinchonine	presque ins.	2500	14.30 (Alcool à 85°)	381.62	40	200
Cire	»	»	sol. à chaud	soluble	fac' soluble	»
Codéine	60	1.7	soluble	id.	»	toute prop.

Table de solubilité d'un certain nombre de Substances employées en pharmacie (Suite.)

UNE PARTIE EST SOLUBLE DANS :

	EAU à 15°	EAU à 100°	ALCOOL à 90°	ÉTHER	CHLORO-FORME	GLYCÉRINE D = 1,262
Conicine	90	peu soluble	toute prop.	6	»	»
Créosote	80 à 90	»	fac.t soluble	»	»	toute prop.
Cyanure de mercure	8	2.7	90	»	»	3.73
— de potassium	très soluble	»	83	»	»	3.12
Digitaline	presque ins.	250	soluble	insoluble	83	»
Essence d'amandes amères	33.3	»	toute prop.	très soluble	»	»
Éther officinal	9	»	Id.	»	»	insoluble
Huiles fixes et huiles volatiles	»	»	»	»	»	Id.
Iode	7000	»	très soluble	très soluble	très soluble	52.63
Iodoforme	insoluble	»	Id.	»	»	»
Iodure de potassium	0.71	0.45	18	»	»	2.50
Lactate de fer	48	19	»	»	»	6.25
— de zinc	60.2	6.02	»	»	»	»
Morphine cristallisée	insoluble	500	40	traces	60	222.2
Narcotine	»	7000	60	33	40	»
Nicotine	soluble	»	soluble	soluble	soluble	»
Oxalate (Bi) de potasse	40	5.35	insoluble	»	»	»
Papavérine	»	»	»	soluble	soluble	»
Paraffine	»	»	3500	80	Id.	»
Permanganate de potasse	15.15	»	décomposé	»	»	décomposé
Phosphate de soude cristallisé	4	2	»	»	»	»
Phosphore	insoluble	»	insoluble	142	»	500
Potasse pure	1	»	soluble	»	»	toute prop.
Quinine hydratée	1670	200	Alc. absolu 2.13	5	7	200

	EAU à 15°	EAU à 100°	ALCOOL à 90°	ÉTHER	CHLORO-FORME	GLYCÉRINE D = 1,262
Quinoïdine	insoluble	»	6.	soluble	5	»
Salicine	17.80	très soluble	soluble	insoluble	300	»
Santonine	diff. solub.	250	44	70	5	»
Soude pure	1	»	fac.t soluble	»	»	toute prop.
Strychnine	7000	2500	soluble	traces	8	»
Sucre de canne	0.45	0.2	114	insoluble	»	»
— de lait	5	2.5	insoluble	Id.	»	»
Sulfate d'alumine et de potasse	10.5	0.3	Id.	Id.	»	2.50
— d'atropine	soluble	0.4	très soluble	6.5	tr. peu sol.	3.03
— de chaux	382	400	»	»	»	»
— de cinchonidine	96	soluble	très soluble	insoluble	»	»
— de chinchonine basique	6.5	14	5.8	»	60	14.92
— de cuivre cristallisé	4	2	»	»	»	3.33
— de fer cristallisé	2	0.3	»	»	»	4
— de magnésie	1	0.15	»	»	»	»
— de potasse	9.16	3.79	»	»	»	»
— de quinidine	110	très soluble	très soluble	insoluble	19.50	»
— de quinine neutre	10.9	Id.	32	»	»	»
— de quinine ordinaire basique	755	30.76	80 (Alcool à 80°)	»	»	36.36
— de soude	2.8	0.50	insoluble	»	»	0.86
— de strychnine officinale	10	2	75	»	»	4.44
— de zinc	0.74	0.15	insoluble	»	»	»
Sulfure de carbone	»	»	»	»	»	insoluble
Tannate de quinine	peu soluble	»	très soluble	»	»	200
Tannin	6	très soluble	0.6	peu soluble	»	2
Tartrate d'antimoine et de potasse	14	1.8	»	»	»	18.18
— borico-potassique	0.75	0.25	»	»	»	»
— de potasse acide	250	45.01	»	»	»	»
— — neutre	4	toute prop.	»	»	»	12.50
— de potasse et de fer	»	»	»	»	»	»
— — et de soude	1.2	toute prop.	insoluble	»	»	2
Urée	1	»	5	tr. peu sol.	»	»
Valérianate d'ammoniaque	très soluble	»	très soluble	»	»	»
— de quinine	110	40	6	tr. peu sol.	»	»
Vératrine	insoluble	1000	toute prop.	6.06	1.72	100

Cette table ne contient pas certains composés fréquemment employés et elle en contient d'autres qui ne le sont jamais ; de plus, elle est incomplète, parce qu'elle ne donne pas pour tous les corps qui s'y trouvent leur solubilité ou leur insolubilité dans les différents liquides : ainsi, pour ne citer comme véhicule que l'alcool et comme corps que les sulfates, sur sept de ceux-ci, à base organique, la solubilité n'est indiquée que pour deux ; sur huit à base d'oxydes métalliques, trois seulement sont indiqués comme insolubles. Enfin, les indications qu'elle fournit sur la solubilité sont souvent trop vagues (solubles, difficilement solubles, etc.)

Maintenant si on consulte plusieurs ouvrages, on trouvera souvent, pour un même corps, des renseignements très différents sur sa solubilité. A mon avis, il serait préférable d'indiquer la solubilité des corps à tant pour 100 de liquide. Une table ainsi faite me paraîtrait plus commode dans la pratique, et ses données plus faciles à retenir. En résumé, cette table, avant d'être reproduite dans la future édition du Codex, aura besoin d'être revue avec soin et complétée.

CORPS SIMPLES

Équivalents et Poids atomiques

DÉNOMINATION	ÉQUIVALENTS		POIDS ATOMIQUES	
Aluminium	AL	13.75	AL	27.50
Antimoine	Sb	120	Sb	120
Argent	Ag	108	Ag	108
Arsenic	As	75	As	75
Azote	Az	14	Az	14
Baryum	Ba	68.50	Ba	137
Bismuth	Bi	210	Bi	210
Bore	Bo	11	Bo	11
Brome	Br	80	Br	80
Cadmium	Cd	56	Cd	112
Calcium	Ca	20	Ca	40
Carbone	C	6	C	12
Chlore	Cl	35.50	CL	35.50
Chrome	Cr	26.20	Cr	52.40
Cuivre	Cu	31.75	Cu	63.50
Etain	Sn	59	Sn	118
Fer	Fe	28	Fe	56
Hydrogène	H	1	H	1
Iode	I	127	I	127
Lithium	Li	7	Li	7
Magnésium	Mg	12	Mg	24
Manganèse	Mn	27.60	Mn	55.20
Mercure	Hg	100	Hg	200
Or	Au	197	Au	197
Oxygène	O	8	O	16
Phosphore	Ph	31	Ph	31
Plomb	Pb	103.50	Pb	207
Potassium	K	39.10	K	39.10
Silicium	Si	14	Si	28
Sodium	Na	23	Na	23
Soufre	S	16	S	32
Zinc	Zn	32.50	Zn	65

PRÉPARATIONS
PHARMACEUTIQUES

PRÉPARATIONS PHARMACEUTIQUES

Acétate d'ammoniaque liquide
ESPRIT DE MINDÉRÉRUS.

Acide acétique à 1060....................... 300
Eau distillée................... 700
Sesquicarbonate d'ammoniaque Q. S. environ. 160

Mélangez l'eau et l'acide dans une capsule en porcelaine; chauffez légèrement. Ajoutez, par petits fragments,
le sesquicarbonate d'ammoniaque jusqu'à réaction faiblement alcaline ; laissez refroidir. Filtrez et conservez
dans un flacon bouché.

On peut également préparer l'acétate d'ammoniaque
liquide en saturant l'acide acétique à 1060 par l'ammoniaque liquide officinale.

La liqueur saturée doit avoir une densité égale à 1036 :
elle contient alors près du cinquième de son poids
(18,5 0/0) d'acétate d'ammoniaque solide (Codex).

On ne peut, en opérant à chaud, avoir un soluté d'une
concentration constante, parce que, pendant la réaction,
il y a déperdition d'eau et d'acide.

Si on sature l'acide acétique à 1060 par de l'ammoniaque officinale, le produit contiendra plus du tiers de son
poids d'acétate.

Enfin la densité est supérieure à 1036, de plus elle
n'est pas la même si la saturation a été faite avec l'ammoniaque ou son carbonate

Puisque les indications données par la densité n'ont aucune valeur et que ce produit contient près du cinquième de son poids d'acétate solide, il eût été préférable de formuler ainsi cette préparation, afin qu'elle fût identique dans toutes les pharmacies :

Acide acétique à 1060................................ 240
Ammoniaque liquide officinale Q. S. environ...... 170
Eau distillée .... Q. S

Mêlez l'acide avec 250 d'eau distillée, saturez par l'ammoniaque et ajoutez Q. S. d'eau distillée pour obtenir 770 de liquide.

L'acétate d'ammoniaque liquide, ainsi préparé, contient le cinquième de son poids d'acétate d'ammoniaque solide ou 20 %.

En ajoutant 62 gr. d'eau distillée aux 770 gr. du soluté précédent, on obtient une préparation de titre égal à celui du Codex (18,50 0/0).

Acétate de plomb liquide.

ACÉTATE BASIQUE DE PLOMB. — EXTRAIT DE SATURNE.

Acétate de plomb neutre cristallisé.... 3000
Litharge pulvérisée.................... 1000
Eau distillée 7500

Versez l'eau distillée dans une terrine que vous placerez dans un bain-marie, faites-la chauffer quelques instants, ajoutez l'acétate de plomb et, après dissolution, la litharge. Continuez à chauffer en agitant sans cesse jusqu'à dissolution complète de cet oxyde. Filtrez et conservez à l'abri de l'air dans des flacons bouchés. La liqueur doit marquer 1,32 au densimètre à + 15.

Cette préparation peut se faire à froid en réduisant la proportion d'eau à 7000. Prolongez alors le contact des matières, en agitant souvent jusqu'à dissolution de la litharge. Filtrez, etc (Codex).

En opérant à chaud, l'évaporation étant plus ou moins grande, il faut, après refroidissement, concentrer le liquide ou le diluer, pour lui donner la densité voulue, manipulations qui compliquent l'opération. Mais, puisqu'en opérant à froid, le tout avant la filtration doit peser 11000, il faut, en opérant à chaud, obtenir également ment 11000 avant de filtrer, ce qui est beaucoup plus simple.

Cette préparation peut se faire à feu nu, dans une bassine de cuivre, mais en mettant dans celle-ci une lame de plomb pour précipiter le cuivre (Deschamps).

L'agitation du liquide pendant la dissolution de la litharge doit se faire avec une spatule en bois qui ne sert qu'à cet usage.

La densité indiquée par le Codex pour l'extrait de Saturne est trop élevée puisqu'elle doit correspondre à 35 Baumé (Voyez Codex de 1866).

Cette préparation devrait être formulée de façon à ce que le sel de plomb et l'eau se trouvent dans un rapport simple.

Acétate de potasse sec

$$\text{Éq}: \text{C}^4 \text{H}^3 \text{O}^3, \text{K O} = 98,1$$
$$\text{Form. atom. } \text{C}^2 \text{H}^3 \text{O}^4 \text{K} = 98,1$$

Carbonate de potasse pur	1000
Acide acétique à 1060	1740
Eau distillée	1740

Dissolvez le carbonate de potasse par petites portions dans l'acide acétique étendu préalablement de son poids d'eau. Agitez le mélange pour faciliter la dissolution ; laissez la liqueur faiblement acide ; filtrez et évaporez dans une capsule en argent ou en porcelaine.

Lorsque la liqueur sera arrivée à un certain degré de concentration, vous verrez se former à la surface une pellicule légère boursoufflée, dont l'épaisseur augmentera successivement.

Rejetez cette pellicule sur le bord de la capsule à l'aide d'une spatule et quand la liqueur sera entièrement évaporée, laissez encore, pendant quelques instants, l'acétate de potasse exposé à l'action de la chaleur, afin de le bien déssécher, mais en évitant de le fondre, puis enfermez-le encore chaud dans des flacons que vous boucherez hermétiquement.

Quand on opère sur des quantités un peu considérables, il faut, lorsque la dissolution a été évaporée à pellicule, la diviser en petites parties que l'on évapore séparément à siccité (Codex).

Acide acétique cristallisable

ACIDE ACÉTIQUE MONOHYDRATÉ. — ACIDE ACÉTIQUE PUR

Eq : $C^4 H^3 O^3 H O = 60$. F. Atom. $C^2 H^4 O^2 = 60$.

6 de cet acide sont saturés par 5,3 de carbonate de soude pur et anhydre.

Acide acétique à 1060

L'acide acétique à 1060 à $+ 20$ contient 50 % d'acide cristallisable, 12 de cet acide sont saturés par 5,3 de carbonate de soude pur et anhydre.

Acide azotique monohydraté

ACIDE NITRIQUE MONOHYDRATÉ

Eq : $Az. O^5 H O = 63$. $Az. O^5 H = 63$.

6,3 de cet acide sont saturés par 5,3 de carbonate de soude pur et anhydre.

Acide azotique officinal

ACIDE AZOTIQUE PURIFIÉ

Sa densité est de 1390 à + 15; il entre en ébullition à 119 et contient, pour 100, 54,5 d'acide azotique anhydre ou 63,6 d'acide azotique monohydraté. Le Codex ajoute qu'il peut être représenté par un acide à 5 équivalents d'eau.

Il eut été plus commode pour l'usage de lui donner un degré de concentration tel que 100 contiennent exactement 54, ou 1 équivalent d'acide azotique anhydre correspondant à 63 ou 1 équivalent d'acide monohydraté.

Acide azotique alcoolisé

ESPRIT DE NITRE DULCIFIÉ. — ALCOOL NITRIQUE

Acide azotique officinal.... 78
Eau distillée............... 22
Alcool à 90°............... 300 (Codex).

Mêlez l'acide avec l'eau et versez peu à peu ce mélange dans l'alcool contenu dans un flacon à l'émeri. Débouchez de temps en temps, pendant deux ou trois jours, pour donner issue aux gaz que l'action chimique développe.

Dans le Codex de 1866, cette préparation contenait le huitième de son poids d'acide azotique monohydraté, pourquoi dans le Codex de 1884 n'a-t-on pas conservé cette proportion ?

Acide bromhydrique officinal

Il contient le dixième de son poids d'acide bromhydrique gazeux (H Br). Sa densité est de 1077 à + 15.

Acide chlorhydrique officinal

D'après le Codex, cet acide aurait une densité égale à 1171 à + 15 et contiendrait 34,4 % d'acide chlorhydrique gazeux. D'après la table dressée par J. Kolb il n'en contiendrait que 33,9.

100 d'acide chlorhydrique officinal devraient contenir 36,5, ou 1 équivalent d'acide gazeux.

On serait encore loin de la saturation puisque l'eau peut en dissoudre près de 43 %, à la température de + 20 et à la pression normale.

Acide chromique dissous

SOLUTÉ OFFICINAL D'ACIDE CHROMIQUE

Acide chromique cristallisé...... 100
Eau distillée................... 100

Mettez l'acide et l'eau dans un flacon à l'émeri, bouchez et agitez pour opérer la dissolution. L'acide chromique et son soluté étant décomposés par les matières organiques, il faut éviter de se servir de papier pour peser l'acide et de filtres en papier pour son soluté.

Acide cyanhydrique dissous au 100ᵉ

ACIDE CYANHYDRIQUE OFFICINAL. — ACIDE PRUSSIQUE

Cet acide contient le centième de son volume d'acide cyanhydrique anhydre.

Dans le Codex de 1866, cet acide est au 1/10 en poids, pourquoi le Codex de 1884 le met-il au 1/100 en volume quand, pour tous les autres acides dilués, la teneur en acide anhydre est indiquée en poids ?

Le titre de l'eau de laurier-cerise étant indiqué en poids, il faudrait qu'il en fût de même pour l'acide cyanhydrique officinal, afin qu'on vît de suite dans quel rapport se trouve l'acide cyanhydrique anhydre dans ses deux préparations.

Acide lactique

Eq : $C^6 H^5 O^5$, $H O = 90$. P. Atom. $C^3 H^6 O^3 = 90$.

La densité de cet acide est de 1215 à $+ 20$.

Acide phosphorique officinal

La densité de cet acide est à $+ 15$ de 1,35, 100 d'acide phosphorique officinal renferment 50 d'acide phosphorique trihydraté correspondant à 36,4 d'acide phosphorique anhydre et sont neutralisés par 27 de carbonate de soude pur et anhydre, pour former le composé $Ph O^5$, $Na O$, $2 H O$ (Codex).

Acide salicylique en solution au 1/100

Acide salicylique......	1
Alcool à 95°..........	33
Eau distillée	66

Dissolvez l'acide dans l'alcool et ajoutez l'eau.

L'acide salicylique, additionné de son poids de borate de soude, se dissout facilement dans l'eau.

Acide sulfurique officinal

ACIDE SULFURIQUE PUR. — ACIDE SULFURIQUE MONOHYDRATÉ.

$$\text{Eq} : S\,O^3\,HO = 49. — S\,O^4\,H^2 = 98.$$

4,9 de cet acide doivent être saturés par 5,30 de carbonate de soude pur et anhydre. Sa densité à $+$ 15 est
de 1,8426. Il bout à 326.

Acide sulfurique dilué

Acide sulfurique officinal......... 100
Eau distillée 900

Introduisez l'eau dans un flacon et mêlez-y, peu à peu,
l'acide sulfurique, en agitant chaque fois, pour répartir
uniformément la chaleur (Codex).

Si l'on versait l'eau dans l'acide, l'élévation subite de
la température occasionnerait la rupture du vase.

L'acide sulfurique dilué renferme le dixième de son
poids d'acide monohydraté.

On le conserve dans des flacons bouchés à l'émeri.
Préparez de même les acides azotique, chlorhydrique et
phosphorique dilués.

Acide sulfurique alcoolisé

EAU DE RABEL. — ALCOOL SULFURIQUE

Acide sulfurique officinal 100
Alcool à 90°.. 300
Pétales de coquelicot............ 4

Introduisez l'alcool dans un matras, versez-y l'acide

sulfurique, par petites quantités, en agitant avec soin le mélange. Ajoutez les pétales de coquelicot au liquide refroidi. Laissez macérer pendant quatre jours, filtrez. Conservez dans un flacon à l'émeri.

Lorsque l'acide sulfurique alcoolisé n'était pas coloré (Codex de 1837), on s'en servait toujours pour dissoudre le sulfate de quinine entrant dans le sirop, les solutés, les potions, les lavements, etc., et il y avait avantage puisque, à proportions égales d'acide, son pouvoir dissolvant est plus grand que l'acide sulfurique dilué, observation que M. Carles a rappelée dans ces derniers temps.

Depuis que le Codex de 1866, sans qu'on s'explique pourquoi, a coloré en rouge l'eau de Rabel, elle est inusitée.

Alcoolé de camphre fort

ALCOOL CAMPHRÉ

Alcool à 90°............................... 900
Camphre.................................... 100

Mettez le camphre dans l'alcool, agitez pour faciliter la dissolution et filtrez.

Alcoolé de camphre faible

EAU-DE-VIE CAMPHRÉE

Alcool à 60°...................... 3900
Camphre........................... 100

Faites dissoudre. Filtrez (Codex).
Le camphre se dissolvant lentement dans l'alcool à 60, il est plus expéditif d'opérer ainsi :

Alcool à 90°...................... 1375
Alcool camphré.................... 1000
Eau distillée..................... 1625

Ajoutez à l'alcool à 90° d'abord l'alcool camphré, puis l'eau distillée et mêlez.

ALCOOLATS

Préparations obtenues par distillation au bain-marie, d'un alcool plus ou moins fort, dans lequel on a fait macérer préalablement une ou plusieurs substances fraîches ou sèches.

Les alcoolats préparés avec une seule substance qui figuraient dans le Codex de 1866 ont été remplacés, dans celui de 1884, par des solutés d'essences dans l'alcool à 90° et désignés sous le nom de teintures d'essences. Ce sont plutôt des alcoolés.

Alcoolat de cochléaria composé

ESPRIT ARDENT DE COCHLÉARIA

Feuilles fraîches de cochléaria.....	3000
Racine fraîche de raifort..........	400
Alcool à 80°......................	3500

Pilez le cochléaria avec le raifort, coupé préalablement en tranches minces ; mettez le tout dans l'alcool, laissez macérer deux jours et distillez au bain-marie pour recueillir 3000 d'alcoolat.

On pourrait porter la dose de raifort à 500, cet alcoolat perdant beaucoup de sa saveur aromatique en vieillissant.

Alcoolat de Fioraventi

BAUME DE FIORAVENTI. ALCOOLAT DE TÉRÉBENTHINE COMPOSÉ

Térébenthine du mélèze..	500	— Résine élémi....	100
Résine tacamaque.......	100	— Succin..........	100
Styrax liquide..........	100	— Galbanum	100
Myrrhe...............	100	— Baies de laurier..	100
Aloès.................	50	— Galanga	50
Gingembre	50	— Zéodaire........	50
Cannelle de Ceylan......	50	— Girofles........	50
Muscades..............	50	— Dictame de Crète.	50
Alcool à 80°............ 3000			

Réduisez en poudre grossière les baies de laurier, le galanga, le gingembre, le zédoaire, la cannelle de Ceylan, les girofles, les muscades, la dictame de Crète. Mettez toutes ces substances dans le bain-marie avec l'alcool. Après quatre jours de macération ajoutez le succin pulvérisé, la résine tacamaque, la myrrhe et l'aloès concassés, le galbanum divisé, puis la résine élémi, le styrax liquide et la térébenthine. Après deux jours de macération, pendant lesquels vous remuerez de temps en temps le tout, distillez au bain-marie pour recueillir 2500 d'alcoolat.

Que font la résine tacamaque, le succin et l'aloès au milieu de toutes ces substances très aromatiques ?

Alcoolat de Garus

Aloès...............	5	— Myrrhe..........	2
Girofles...........	5	— Muscades	10
Cannelle de Ceylan..	20	— Safran	5
Alcool à 80°........ 5000			

Faites macérer dans l'alcool pendant quatre jours toutes les substances concassées, filtrez le produit de la macération, puis ajoutez un litre d'eau et distillez au bain-marie pour obtenir 4,500 d'alcoolat.

L'élixir de Garus, préparé avec cet alcoolat, sent trop le girofle et surtout la myrrhe.

De plus, l'aloès qui entrait autrefois dans cette préparation était l'aloès succotrin dont l'odeur n'était pas désagréable comme celle de l'aloès du Cap actuellement employée.

On obtient un alcoolat donnant un élixir d'un goût agréable et tout aussi actif en suivant la formule ci-dessous :

Cannelle de Ceylan..	20	— Muscades	10
Safran	5	— Girofles........	2.50
Alcool à 80°.......	5500	— Eau............	1000

Concassez les substances, faites-les macérer pendant cinq jours dans l'alcool ; passez au travers d'une passoire métallique fine ; ajoutez l'eau et distillez au bain-marie pour retirer 5,000 d'alcoolat.

Alcoolat de mélisse composé

EAU DE MÉLISSE DES CARMES

Mélisse fraîche en fleurs.........	900
Zestes frais de citron............	150
Cannelle de Ceylan..............	80
Girofles......................	80
Muscades.....................	80
Coriandre....................	40
Racine d'angélique.............	40
Alcool à 80°...................	5000

Divisez la mélisse et les zestes de citron, concassez les

autres substances ; faites macérer le tout dans l'alcool pendant quatre jours, et distillez au bain-marie pour retirer 1,250 d'alcoolat.

On obtient l'eau de mélisse jaune en ajoutant, à 1000 de l'alcoolat ci-dessus, 5 de teinture de safran (Codex).

Je crois qu'il serait préférable d'employer la mélisse avant sa floraison : la mélisse en fleur ayant beaucoup de ses feuilles altérées.

Du reste, il est de règle de récolter les feuilles avant l'apparition des fleurs.

La formule qui suit me paraît plus rationnelle, tout en donnant un très bon produit :

Mélisse fraîche	1000
Cannelle de Ceylan	100
Girofles	100
Muscades	100
Côriandre	50
Racine d'angélique	50
Alcoolature de zestes de citron	500
Alcool à 80°	5500

Mettez dans le bain-marie l'alcool, l'alcoolature, puis la mélisse coupée et les autres substances concassées. Laissez macérer pendant cinq jours et distillez au bain-marie pour recueillir 5000 d'alcoolat.

Au mois de décembre, il est facile de se procurer dans le commerce des écorces fraîches de citron pour la préparation de l'alcoolature qui peut remplacer sans inconvénient l'écorce fraîche de citron.

On éviterait ainsi de perdre des citrons décortiqués dont on n'a pas l'emploi.

Alcoolat vulnéraire

EAU VULNÉRAIRE

Feuilles fraîches d'absinthe		100
»	» d'angélique	100
»	» de basilic	100
»	» de calamant	100
»	» de fenouil	100
»	» d'hysope	100
»	» de marjolaine	100
»	» de mélisse	100
»	» de menthe poivrée	100
»	» d'origan	100
»	» de romarin	100
»	» de rue	100
»	» de sariette	100
»	» de sauge	100
»	» de serpolet	100
»	» de thym	100
Sommités fleuries et fraîches d'hypéricum		100
»	» » de lavande	100
Alcool à 60°		4500

Incisez les plantes, faites-les macérer pendant six jours dans l'alcool et distillez au bain-marie jusqu'à ce que vous ayez obtenu 3000 d'alcoolat.

Il est difficile même à Paris de se procurer toutes ces plantes fraîches, aussi serait-il désirable de voir leur nombre considérablement diminué, en augmentant, bien entendu, la proportion de celles que l'on conserverait. La préparation ne pourrait certainement pas y perdre en arôme.

ALCOOLATURES

Préparations obtenues par la macération dans de l'alcool de plantes ou parties de plantes fraiches.

Alcoolature de digitale

Feuilles fraiches de digitale pourprée, cucillies
    au commencement de la floraison..... 1000
Alcool à 90°............................... 1000

Contusez les feuilles de digitale, faites-les macérer en vase clos dans l'alcool en agitant de temps en temps. Après dix jours de contact, passez avec expression, filtrez (Codex).

Préparez de la même manière les alcoolatures de :

Aconit, feuilles cueillies au commencement de la floraison. — Aconit, racine récoltée après la floraison. — Anémone pulsatille (feuilles et fleurs). — Arnica (capitules). — Belladone (feuilles). — Belladone (racine). — Bryone (racine). — Ciguë (feuilles). — Colchique (bulbe récolté pendant la floraison). — Colchique (fleurs). — Cresson de Para (capitules). — Drosera (plante entière). — Eucalyptus (feuilles). — Jusquiame (feuilles). — Stramonium (feuilles).

L'alcoolature de feuilles d'aconit, qu'on doit délivrer faute de désignation, est très active, si on n'emploie à sa préparation que des feuilles adultes et bien conservées.

Alcoolature de zestes de citron

Zestes frais de citron............ 1000
Alcool à 80º................... 2000

Coupez les zestes par morceaux, faites-les macérer pendant dix jours dans l'alcool en agitant de temps en temps, exprimez et filtrez.

Préparez de même l'alcoolature de zestes frais d'orange.

Alcoolature vulnéraire

EAU VULNÉRAIRE ROUGE

Feuilles fraiches d'absinthe..................			100
»	»	d'angélique................	100
»	»	de basilic.,..............	100
»	»	de calamant...............	100
»	»	de fenouil...............	100
»	»	d'hysope.................	100
»	»	de marjolaine............	100
»	»	de mélisse...............	100
»	»	de menthe poivrée.........	100
»	»	d'origan.................	100
»	»	de romarin...............	100
»	»	de rue...................	100
»	»	de sariette..............	100
»	»	de sauge.................	100
»	»	de serpolet..............	100
»	»	de thym..................	100
Sommités fraiches et fleuries d'hypéricum..			100
»	»	de lavande.............	100
Alcool à 80º..............................			3000

Incisez les plantes, faites-les macérer en vase clos

dans l'alcool, pendant dix jours, en agitant de temps en temps, passez avec expression et filtrez (Codex).

Même observation que pour l'alcoolat vulnéraire.

ALCOOLÉS

On les prépare en dissolvant, par simple mélange, ou au moyen du mortier, une ou plusieurs substances dans l'alcool, ce qui les distingue des teintures alcooliques qui se font par macération : les substances entrant dans ces préparations étant incomplètement solubles dans le véhicule.

Alcoolé d'essence de menthe

TEINTURE D'ESSENCE DE MENTHE. — ESPRIT DE MENTHE

Essence de menthe poivrée.....	2
Alcool à 90°....................	98

Mêlez et filtrez.

Préparez de même les alcoolés d'essence de :

Anis vert et ombellifères. — Badiane. — Bergamotte. — Cédrat. — Citron. — Genièvre. — Orange. — Oranger (*néroli*). — Romarin et Labiées.

Alcoolé d'essence de citron composé

EAU DE COLOGNE. — TEINTURE D'ESSENCE DE CITRON COMPOSÉE

Essence de bergamotte............		10
» de Portugal..............		10

Essence de citron...................... 10
»   de fleur d'oranger (*néroli*).   2
»   de romarin...............   2
Alcool à 90°...................... 1000

Faites dissoudre. Filtrez (Codex).

Alcoolé de trinitrine

Trinitrine...................... 1
Alcool à 90°...................... 99

Mêlez.

C'est ce soluté alcoolique qu'on emploie en médecine sous le nom de trinitrine.

Ammoniaque liquide

AMMONIAQUE. — ALCALI-VOLATIL

Sa densité est de 0,925. Elle contient 20 0/0, ou le cinquième de son poids, de gaz d'ammoniaque ($Az\,H^3$).

APOZÈMES

Liquides destinés à l'usage interne et obtenus par macération, par infusion ou par décoction d'une ou de plusieurs substances médicamenteuses dans de l'eau.

Les apozèmes s'administrent à doses plus élevées que les potions, mais en moindre quantité que les tisanes.

Apozème blanc

DÉCOCTION BLANCHE DE SYDENHAM

Phosphate tricalcique............	10
Mie de pain de froment.........	20
Gomme pulvérisée..............	10
Sucre blanc...................	60
Eau de fleur d'oranger..........	10
Eau distillée..	Q. S.

Triturez, dans un mortier en marbre, le phosphate de chaux et la gomme ; ajoutez la mie de pain et le sucre ; triturez de nouveau pour avoir un mélange exact. Versez-le dans un poêlon avec un peu plus d'un litre d'eau ; chauffez jusqu'à l'ébullition en agitant continuellement et faites bouillir, à petit feu, pendant un quart d'heure. Passez, avec une légère expression, à travers une étamine peu serrée, ou à travers une passoire très fine et ajoutez l'eau de fleurs d'oranger.

Les quantités précédentes doivent donner un litre de décoction blanche (Codex).

L'eau distillée ne me paraît pas nécessaire.

La mie de pain se divise mal, surtout si elle est tendre. Il est plus commode de faire sécher de la mie de pain, de la réduire en poudre, et de la mêler au phosphate, à la gomme et au sucre dans la proportion indiquée.

On conserve ce mélange dans un flacon bien bouché.

Prenez 100 de cette poudre pour préparer un litre de décoction blanche.

Apozème de Cousso

Poudre de Cousso..............	20
Eau bouillante.................	150

Délayez la poudre dans l'eau bouillante.

Ce mélange doit être donné au malade sans avoir été passé.

Apozème d'écorce de racine de grenadier

Ecorce récente de racine de grenadier. 60
Eau 750

Contusez l'écorce et faites-la macérer, pendant au moins six heures, dans l'eau. Faites ensuite bouillir sur un feu doux, jusqu'à réduction du tiers.

Passez, décantez, filtrez (Codex).

Réduction du tiers c'est-à-dire jusqu'à ce qu'il se soit évaporé 250 gr. d'eau.

Apozème laxatif

TISANE ROYALE

Feuilles fraîches de persil 15
    »   de séné mondé......... 15
Anis............................ 5
Coriandre 5
Sulfate de soude............... 15
Citron coupé par tranches....... N° 1
Eau froide.................... 1000

Faites macérer pendant vingt-quatre heures, en remuant de temps en temps.

Passez avec expression et filtrez (Codex).

Le Codex de 1837 prescrit le cerfeuil haché. Est-ce par erreur que ceux de 1866 et 1884 remplacent cette plante par le persil ? C'est sans doute par oubli qu'ils ne font pas piler ou hacher la plante fraîche, celle-ci ne cédant rien à l'eau froide si elle n'est pas préalablement divisée. Vingt-quatre heures pour préparer une tisane !

Apozème purgatif

MÉDECINE NOIRE

Feuilles de séné mondé 10
Rhubarbe de Chine 5
Sulfate de soude 15
Manne en sorte................. 60
Eau bouillante.................. 100

Versez l'eau bouillante sur le séné et la rhubarbe ; après une demi-heure d'infusion, passez avec expression ; ajoutez le sulfate de soude et la manne ; faites dissoudre à une douce chaleur ; passez ; laissez déposer et décantez. Les quantités précédentes doivent donner 180 d'apozème purgatif (Codex).

Il est matériellement impossible, avec les doses ci-dessus, d'obtenir 180 de produit.

Le Codex de 1866 porte la quantité d'eau bouillante à 120 et, comme celui de 1837, il n'indique pas la quantité de produit qu'on doit obtenir.

Arséniate ferreux

ARSÉNIATE DE FER

Arséniate de soude cristallisé... 50
Eau distillée.................. 500

Faites dissoudre.

Sulfate ferreux pur cristallisé...   10
Eau distillée................. 100

Faites dissoudre ; mêlez les deux solutions : l'arséniate ferreux se précipitera. Lavez à l'eau distillée ; séchez rapidement et conservez dans des flacons bien bouchés (Codex).

M. Schmist, professeur de chimie, qui critique avec raison la formule et le mode opératoire du Codex (voyez : *Répertoire de pharmacie*, tome 12, page 500), conseille de préparer ainsi ce produit qui est un arséniate ferroso-ferrique :

Arséniate de soude....   100
Eau distillée.......... 2000

Faites dissoudre, filtrez, portez à l'ébullition et versez, dans le liquide bouillant, la solution suivante :

Sulfate ferreux pur.....   88
Eau distillée.......... 1000

Faites bouillir cinq minutes, laissez déposer, lavez par décantation, égouttez sur une toile, faites sécher d'abord à l'air puis à l'étuve, à une température ne dépassant pas 75°.

Arséniate de soude

Eq : As O^5, 2 Na O, H O, 14 aq $= 312$.
F. atom. As O^4 Na^2, H $+$ 7 H^2 O $= 312$.

Azotate de soude.....   200
Acide arsénieux...... 116

Mélangez exactement les deux substances ; chauffez au rouge dans un creuset en terre, laissez refroidir et traitez le résidu par l'eau ; versez dans la liqueur du carbonate de soude en solution jusqu'à ce qu'elle ait une réaction alcaline bien prononcée ; faites évaporer et laissez cristalliser par refroidissement à une température comprise entre 15 et 20 (Codex).

A cette formule dont l'exécution n'est pas sans danger, je préfère celle ci-dessous, donnée par M. Fallière, de Libourne :

Cobolt ou Mort-aux-mouches en poudre. 15
Chlorate de soude.................... 10,65
Eau distillée......................... 40
Acide azotique.................. 10 à 12 gouttes

Mêlez et chauffez à 50 ou 60° jusqu'à disparition de l'odeur chlorée ; ajoutez alors un soluté contenant 18 de carbonate de soude cristallisé pour 40 d'eau distillée. Mêlez, filtrez la liqueur, faites évaporer et laissez cristalliser par refroidissement. Rejetez les eaux mères et lavez rapidement les cristaux avec un peu d'eau distillée.

Conservez ce sel dans des flacons bien bouchés afin d'éviter qu'il ne s'effleurisse.

AXONGE

GRAISSE DE PORC. — SAINDOUX

Panne de porc ...   Q. V.

Retranchez de la panne la membrane qui la recouvre, ainsi que toutes les parties rouges qui peuvent y adhérer ; coupez-la par morceau, écrasez-la dans un mortier en marbre et chauffez-la au bain-marie, jusqu'à ce que la masse soit complètement fondue et claire. Passez à travers un linge serré. Agitez modérément la graisse fondue jusqu'à ce que, étant encore demi-liquide, elle soit devenue blanche et opaque. Coulez dans des pots que vous remplirez entièrement et que vous conserverez dans un lieu frais.

Préparez de la même manière les graisses suivantes : Moelle de bœuf, Suif de mouton, Suif de bœuf, Suif de veau. Si on se servait de vase en cuivre non étamé, pour fondre ces corps gras, ils prendraient une légère teinte verdâtre.

Ce mode opératoire s'applique mal à la purification de la moelle de bœuf, je préfère le suivant :

Pilez la moelle de bœuf, faites-la fondre avec quatre à cinq fois son poids d'eau, laissez refroidir ; enlevez la couche de moelle solidifiée qui surnage le liquide ; essuyez-la avec du papier à filtrer pour enlever complètement l'eau qui y adhère, faites-la refondre au bain-marie et passez-la, sans expression, à travers un linge peu serré.

Axonge benzoïnée

Axonge........................	1000
Teinture de benjoin...........	5

Faites fondre l'axonge au bain-marie, ajoutez la teinture de benjoin et agitez jusqu'à refroidissement.

Le Codex de 1866 faisait digérer pendant deux ou trois heures, 40 de benjoin concassé dans 1000 d'axonge.

A ces deux formules, je préfère la suivante donnée par Soubeiran :

Axonge 1000
Teinture de tolu épuisé à P. E.   20

Faites fondre l'axonge au bain-marie; ajoutez la teinture; continuez à chauffer jusqu'à ce que l'alcool soit évaporé; passez et agitez jusqu'à ce que l'axonge soit en partie refroidie.

Soubeiran ne dit pas de passer, mais on a alors dans l'axonge des grumeaux de tolu.

La teinture se prépare en mettant dans un flacon 100 de baume de tolu ayant servi à la préparation du sirop et 100 d'alcool à 90°. On agite pour faciliter la dissolution.

Azotate mercurique liquide

NITRATE ACIDE DE MERCURE. — NITRATE DE DEUTOXYDE

DE MERCURE DISSOUS

Mercure purifié 100
Acide azotique officinal... 165
Eau distillée 35

Faites dissoudre le mercure dans l'acide et l'eau préalablement mélangés; évaporez la dissolution jusqu'à ce qu'elle soit réduite à 225.

Le Codex ne dit pas combien ce soluté contient de sel mercurique.

BAINS MÉDICINAUX

Les bains médicinaux se préparent en ajoutant aux 250 à 300 litres d'eau contenus dans une baignoire pour adulte, une ou plusieurs substances médicamenteuses.

La quantité de substance active à mettre dans des baignoires plus petites doit être proportionnelle à leur contenance.

Bain alcalin

    Carbonate de soude cristallisé....   250

Faites dissoudre dans le bain (Codex).

Bain aromatique

    Espèces aromatiques.......   500

Placez les espèces dans un nouet très lâche de toile peu serrée. Faites infuser, pendant une demi-heure, dans 10 litres d'eau que vous verserez dans le bain (Codex).

Préparez de même le bain de tilleul (fleurs et bractées) et autres bains de même nature.

Bain dit de Barèges

    Monosulfure de sodium cristallisé......   60
    Carbonate de soude sec du commerce..   30
    Chlorure de sodium purifié   60

Mêlez et enfermez dans un flacon. Versez les sels dans l'eau au moment de prendre le bain (Codex).

Bain gélatineux

Gélatine pulvérisée.......... 500

Faites dissoudre à chaud la gélatine dans deux litres d'eau et versez le liquide dans l'eau du bain (Codex).

Bain ioduré

Iode...................... 10
Iodure de potassium 20
Eau 250

Faites dissoudre et enfermez le liquide dans un flacon. pour un bain qu'on prendra dans une baignoire en bois (Codex de 1866).

Bain de sel marin

Sel marin.......... 5000

Faites dissoudre le sel dans l'eau du bain.

Bain de sublimé corrosif

Bichlorure de mercure....... 20
Chlorhydrate d'ammoniaque.. 20
Eau distillée................ 200

Faites dissoudre et enfermez le liquide dans un flacon. pour un bain qui doit être pris dans une baignoire non métallique.

Bain sulfuré

BAIN SULFUREUX SOLIDE

Trisulfure de potassium solide.... 100

Concassez grossièrement, le sulfure et enfermez-le dans un flacon.

Faites dissoudre dans le bain, au moment de le prendre.

Bain sulfuré liquide

BAIN SULFUREUX LIQUIDE

Trisulfure de potassium en solution, au tiers. 300

A verser dans l'eau du bain.

Ce bain, comme le précédent, ne peut être pris dans des baignoires en cuivre étamé.

Bain dit de Vichy

Bicarbonate de soude 500

Faites dissoudre le sel dans l'eau au moment de prendre le bain (Codex).

Bain de pieds sinapisé

Farine de moutarde......... 150
Eau tiède.................... Q. S.

Pour un bain de pieds dont la température ne devra pas dépasser 40° (Codex).

Baume Nerval

Moelle de bœuf purifiée	350
Beurre de muscade.....................	450
Huile d'amande douce	100
Essence de romarin ....·	30
» de girofle	15
Camphre	15
Baume de Tolu.........................	30
Alcool à 80°......	60

Faites liquéfier à une douce chaleur, la moelle de bœuf et le beurre de muscade dans l'huile d'amandes douces, passez à travers un linge au-dessus d'un mortier en marbre. Remuez jusqu'à ce que le mélange ait pris, par refroidissement, la consistance d'une huile épaisse. Ajoutez les essences, le camphre et le soluté alcoolique de baume de Tolu, préalablement passé. Mêlez exactement (Codex).

En se servant de beurre de muscade purifié et d'une teinture de tolu au tiers, préparée avec l'alcool à 90, on obtient un produit toujours identique, quelle que soit la quantité qu'on prépare. Voici alors comment on opère.

Faites fondre, au bain-marie, la moelle et le beurre de muscade dans l'huile. Lorsque ce mélange aura la consistance voulue, ajoutez peu à peu en remuant continuellement, le mélange d'essences et de teinture dans lequel vous aurez fait dissoudre le camphre.

Baume opodeldoch

Savon animal râpé et desséché...	120
Camphre pulvérisé....................	96

Ammoniaque liquide 40
Essence de romarin................... 24
Essence de thym 8
Alcool à 90°......................... 1000

Faites dissoudre, au bain-marie, dans un matras, le savon dans l'alcool; ajoutez le camphre et filtrez rapidement. Recevez la liqueur dans un flacon de capacité suffisante pour contenir la quantité totale de baume, en ayant soin de placer ce flacon dans un vase contenant de l'eau chaude : puis ajoutez au liquide filtré les essences et l'ammoniaque.

Agitez le liquide et divisez-le dans des flacons bien secs que vous boucherez de suite avec des bouchons en liège entourés d'une feuille d'étain.

Cette préparation devrait avoir la même formule que le baume opodeldoch liquide, sauf le savon médicinal qui serait remplacé par le savon animal, et l'alcool à 80 par l'alcool à 90.

La préparation de ce baume n'est pas sans danger. Pour éviter tout accident, il faut rester auprès du matras pendant la dissolution du savon dans l'alcool afin que celui-ci n'entre pas en ébullition; si ce fait se produisait, il faudrait retirer le tout du feu et attendre un peu avant d'agiter. Sans cette précaution, le liquide pourrait être projeté au dehors et s'enflammerait au contact du feu sur lequel on opère.

Du reste, il est toujours prudent d'agiter le matras contenant l'alcool à une certaine distance du fourneau.

Baume opodeldoch liquide

Savon médicinal râpé et desséché 100
Camphre pulvérisé 90
Essence de romarin................... 20

Essence de thym 40
Ammoniaque liquide............. 30
Alcool à 80° 1000

Faites dissoudre au bain-marie le savon dans l'alcool ;
ajoutez le camphre, laissez refroidir, filtrez ; ajoutez
les essences et l'ammoniaque. Conservez dans un flacon
bien bouché (Codex).

Prenez, pour la dissolution de savon dans l'alcool, les
précautions indiquées plus haut.

Baume opodeldoch opiacé

Baume opodeldoch............. .. 90
Teinture d'extrait d'opium 10

Faites fondre le baume opodeldoch au bain-marie, à
une douce chaleur, ajoutez la teinture, bouchez et agitez.

Préparez de même le baume opodeldoch au chloroforme et au laudanum.

Il serait préférable pour ces préparations d'employer
le baume opodeldoch liquide.

Benzoate d'ammoniaque

Éq : $C^{14} H^5 O^3$, Az H^4 O $= 139$.
F. atom. $C^7 H^5 O^2$, Az $H^4 = 139$.

Acide benzoïque................. 100
Ammoniaque liquide officinale ... Q. S.

Mettez dans un ballon 80 environ d'ammoniaque.
Ajoutez-y l'acide benzoïque. Chauffez doucement en
agitant le mélange : l'acide se dissoudra et vous obtien-

drez, par refroidissement, des cristaux de benzoate neutre d'ammoniaque (Codex).

Dès qu'on chauffe le mélange d'acide et d'ammoniaque, le tout se prend en masse. Ne serait-il pas nécessaire d'additionner l'ammoniaque d'une certaine quantité d'eau distillée ?

Egoutez-les cristaux de benzoate d'ammoniaque, faites les sécher rapidement entre deux feuilles de papier à filtrer blanc et enfermez-les dans un flacon bien bouché.

Benzoate de chaux

$$Eq : C^{14} H^5 O^3, Ca\ O, 4\ aq = 177.$$
$$F.\ atom.\ (C^7 H^5 O^3)^2 Ca + 4\ H^2 O = 354.$$

Acide benzoïque........ 100
Chaux vive............ Q. S.

Préparez un lait de chaux dans lequel vous délayez l'acide benzoïque, faites bouillir pendant quelques minutes, filtrez ; concentrez fortement les liqueurs, filtrez encore, si cela est nécessaire, et abandonnez à la cristallisation. Décantez les eaux mères, placez les cristaux sur des feuilles de papier à filtrer blanc et achevez la dessication à l'étuve, à une chaleur très modérée (Codex).

Combien de lait de chaux ? quel degré de concentration à donner à la liqueur ?

La chaux provenant des fours à chaux, contenant toujours des impuretés, il est préférable de la remplacer par le carbonate de chaux pur qui se trouve dans toutes les pharmacies. Voici alors comment on opère :

Acide benzoïque.................. 10
Carbonate de chaux pur.......... 5
Eau distillée..., ... 150

Faites dissoudre à chaud l'acide dans l'eau, ajoutez le carbonate de chaux; continuez à chauffer jusqu'à ce que la dissolution soit complète, sauf un petit excès de carbonate; filtrez bouillant et laissez cristalliser.

Benzoate de lithine

Eq : $C^{14} H^5 O^3$, Li O 2 aq $= 146$.
F. atom. $C^7 H^5 O_2$, Li $+ H^2 O = 146$.

Acide benzoïque................... 100
Carbonate de lithine............   30,3
Eau distillée.................... 270

Chauffez dans une capsule l'eau et le carbonate de lithine; ajoutez peu à peu l'acide benzoïque; concentrez légèrement; filtrez et laissez le sel cristalliser, par refroidissement. Décantez l'eau mère et séchez les cristaux, à l'air libre, sur du papier à filtrer blanc. Conservez à l'abri de la lumière dans des flacons bouchés.

Les eaux mères concentrées donnent de nouveaux cristaux.

Bromure ferreux en solution

SOLUTÉ OFFICINAL DE BROMURE DE FER AU TIERS

Limaille de fer   20
Brôme   40
Eau distillée........ 100

Introduisez l'eau, puis le brôme, dans un matras et ajoutez peu à peu la limaille de fer. Agitez jusqu'à ce que le liquide ait pris une belle couleur verte. Versez alors le tout dans un flacon à l'émeri contenant des pointes de Paris.

Ce soluté se conserve mal ; l'oxygène de l'air l'altère.

Préparez de même, mais avec les doses ci-dessous le soluté officinal d'iodure de fer en tiers :

$$
\begin{array}{ll}
\text{Iode} \dots\dots\dots\dots\dots\dots & 12,70 \\
\text{Limaille de fer} \dots\dots\dots & 5 \\
\text{Eau distillée} \dots\dots\dots\dots & 31
\end{array}
$$

CACHETS

Forme médicamenteuse imaginée par mon regretté ami Limousin.

Un cachet se compose de deux disques semblables, en pain azyme, concaves à leur centre et à bords plats. Dans la concavité de l'un d'eux, on met le médicament à administrer, on le recouvre avec l'autre disque dont on mouille légèrement les bords qu'on fait adhérer en exerçant une légère pression ou moyen d'appareils *ad hoc*.

Préparé, chaque cachet à l'aspect d'une lentille biconvexe.

Limousin a également imaginé des cachets-cuillères pour l'administration des huiles de ricin et de foie de morue, des opiats, etc., qui se prennent à haute dose. On ne doit les préparer qu'au moment du besoin, surtout pour les huiles.

CAPSULES

Les capsules, comme les cachets, servent à envelopper certains médicaments, pour en dissimuler l'odeur et la saveur. Elles en diffèrent par leur forme, la nature de l'enveloppe qui est à base de gélatine, et leur contenu qui est généralement liquide ou de consistance molle.

La formule suivante est donnée par le Codex pour la préparation des capsules :

Gélatine incolore (grenétine)	25
Sucre	8
Glycérine.........................	10
Eau distillée, environ.............	45

Faites dissoudre au bain-marie.

Plongez dans cette solution de petites olives en fer étamées, légèrement huilées, et fixées sur un plateau au moyen d'une tige mince. Au bout de quelques instants, retirez le plateau et imprimez-lui un mouvement circulaire jusqu'à ce que la matière gélatineuse soit un peu refroidie, puis portez le plateau dans une étuve très légèrement chauffée.

Lorsque la capsule est assez sèche, retirez-la par un brusque mouvement de traction et coupez, avec des ciseaux, l'excédent qui termine l'olive.

Pour procéder au remplissage, disposez plusieurs capsules sur des supports en bois percés de trous ; introduisez alors le liquide avec une burette effilée.

Fermez ensuite chaque capsule au moyen d'une goutte de la solution gélatineuse chaude ; puis, pour rendre plus unie la partie supérieure des capsules, plongez-les de nouveau jusqu'au quart environ de leur longueur, dans la solution gélatineuse et laissez-les sécher à l'air ou dans une étuve légèrement chauffée (Codex).

Pour préparer les capsules contenant des opiats ou autres préparations analogues, voici comment on opère :

Donnez à la préparation médicamenteuse la consistance pilulaire, un peu molle ; divisez-la en bols de 0,75 ou de 1 gr. auxquels vous donnerez la forme olivaire ; fixez-les, par l'une de leurs extrémités, à une petite tige en fer de cinq à six centimètres de long, par laquelle vous les tiendrez pour les plonger dans la solution gélatineuse. En les retirant, roulez la tige entre vos doigts, pour égaliser la couche de gélatine ; puis faites-les sécher en fixant leur support dans du sablon contenu dans une boite sans couvercle.

Lorsque l'enduit gélatineux est sec, chauffez légèrement la tige en fer à la lampe à alcool ; retirez-la et fermez immédiatement l'ouverture qu'elle a laissée, en appuyant le doigt dessus.

Il existe des appareils spéciaux pour la fabrication en grand des capsules ovoïdes ou rondes. Ces dernières sont généralement désignées sous le nom de Perles (Perles d'éther, perles de chloroforme).

Carbonate de chaux précipité

CARBONATE DE CHAUX PRÉPARÉ. — CRAIE PRÉPARÉE

Éq. CO_2 Ca O = 50. F. atom. CO_3, Ca = 100.

Chlorure de calcium fondu..... 100
Carbonate de soude cristallisé.. 260

Dissolvez chacun des deux sels dans un litre d'eau distillée : filtrez les deux solutions et mêlez. Lorsque le carbonate de chaux sera bien déposé, décantez la liqueur surnageante, et remplacez-la par une égale quantité d'eau distillée. Répétez la même opération jusqu'à ce que l'eau filtrée ne précipite plus l'azotate d'argent. Recueillez alors le dépôt et faites-le sécher (Codex).

Carbonate de soude pur cristallisé

$$Eq. \ C\,O^2\,Na\,O; \ 10 \ aq = 143$$
$$F. \ atom. \ C\,O^3\,Na^2 + 10 \ H^2\,O = 286.$$

Carbonate de soude sec du commerce .   1000
Eau distillée...........................   2500

Dissolvez le sel à chaud, dans la quantité d'eau prescrite ; filtrez la solution et mettez-la à cristalliser dans un lieu frais. Après 24 heures de repos, décantez l'eau-mère, mettez les cristaux à égoutter, essuyez-les rapidement entre des feuilles de papier à filtrer blanc, et, aussitôt qu'ils commencent à s'effleurir, renfermez-les dans des flacons bouchés (Codex).

Ne serait-il pas préférable d'employer le bicarbonate de soude qui est plus pur, et que l'eau bouillante transforme en carbonate ?

Si on emploie le carbonate de soude cristallisé du commerce, il faut réduire la quantité d'eau à 1000.

CATAPLASMES

Les cataplasmes se préparent en délayant une ou plusieurs poudres dans l'eau ou dans des infusés, des décoctés, etc., pour obtenir, à froid ou à chaud, une pâte molle qu'on enveloppe dans une mousseline claire pour être appliquée sur la partie malade. A moins d'indications contraires, les cataplasmes se posent à une température un peu supérieure à celle du corps.

Lorsqu'on ajoute à un cataplasme des substances actives, généralement on les répand ou on les étend à la surface, au moment de l'appliquer.

Cataplasme de farine de lin

Farine de lin.................. Q. V.
Eau froide .... Q. S.

Délayez la farine dans l'eau, de manière à en faire une bouillie très claire, et faites chauffer en remuant continuellement, jusqu'à ce que la masse ait pris une consistance convenable (Codex).

Cataplasme de fécule

Fécule de pomme de terre...... 100
Eau 1000

Délayez la fécule dans le double de son poids d'eau ; ajoutez, peu à peu, en remuant, le reste de l'eau portée à l'ébullition. Faites bouillir pendant quelques instants en agitant la masse.

Préparez de la même manière les cataplasmes de poudre d'amidon et de poudre de riz (Codex).

Je préfère délayer la fécule dans la totalité de l'eau froide, chauffer en agitant continuellement jusqu'à ce que le liquide se soit épaissi et ait pris un aspect opalin.

Cataplasme rubéfiant

SYNAPISME

Farine de moutarde récente ....   Q. V.
Eau à peine tiède ....   Q. S.

Délayez la farine dans l'eau, pour obtenir une masse en consistance de cataplasme que vous appliquerez immédiatement.

CAUSTIQUES

Préparations destinées à produire sur la peau, ou sur une partie dénudée, une action plus ou moins profonde.

Caustique au chlorure de zinc

PATE DE CANQUOIN

Chlorure de zinc..................... 32
Farine de froment séchée à 100°...... 24
Oxyde de zinc   8
Eau distillée........................   4

Dissolvez à froid le chlorure de zinc dans l'eau ; ajoutez l'oxide de zinc et la farine que vous aurez mélangés préalablement, et faites une pâte que vous pisterez dans un mortier.

Etendez cette masse en plaques, de l'épaisseur d'une pièce de dix centimes environ ; divisez-la en forme de flèche, ou autrement, et faites-là sécher complètement dans une étuve, en élevant graduellement la température de 50 à 100° (Codex).

Cette préparation doit être conservée dans un flacon bouché contenant de la chaux vive.

A l'Hôtel-Dieu d'Orléans on prépare ce caustique en suivant la formule ci-dessous qui donne un bon produit :

> Chlorure de zinc........ 50
> Farine de blé........... 50

Pulvérisez le plus finement possible le chlorure de zinc, mêlez-le intimement à la farine et ajoutez, goutte à goutte, Q. S. de glycérine, pour donner à la masse la consistance pilulaire. Il ne reste plus qu'à l'étendre et à la diviser.

Caustique de Filhos

> Potasse à la chaux 100
> Chaux vive pulvérisée.. 20

Faites fondre la potasse dans une cuillère en fer ; lorsqu'elle sera en fusion tranquille, ajoutez la chaux et coulez le mélange dans des tubes en plomb, de différents calibres, ou dans une lingotière. Dans ce dernier cas, il faut que les cylindres soient immédiatement enveloppés de gutta-percha.

. Conservez ces cylindres dans des tubes en verre contenant de la chaux vive et fermez (Codex).

Le Codex ne dit pas comment on enveloppe les cylindres de gutta-percha.

Caustique de Vienne

POUDRE DE VIENNE

| Potasse à la chaux..... | 50 |
| Chaux vive........... | 60 |

Réduisez la chaux vive en poudre très fine; d'autre part pulvérisez la potasse dans un mortier en fer, modérément chauffé, ajoutez-y la chaux et faites un mélange intime que vous introduirez rapidement dans un flacon à large ouverture, bien sec, que vous boucherez hermétiquement.

Pour faire usage de ce caustique, on le délaye avec un peu d'alcool à 90°, de manière à obtenir une pâte molle que l'on applique sur la partie où l'on doit produire l'eschare (Codex).

Soubeiran indique P. E. de potasse et de chaux et prépare la poudre de cette dernière en calcinant son hydrate pulvérulent.

La potasse à la chaux, préparée comme l'indique le Codex, a subi la fusion ignée, tandis que celle qu'on trouve dans le commerce n'a éprouvé que la fusion aqueuse, aussi est-il nécessaire, avant de l'employer, de la chauffer dans un vase en argent jusqu'à ce que fondue, elle ne dégage plus de vapeur d'eau.

Par la calcination la potasse à la chaux du commerce perd environ le tiers de son poids d'eau.

CÉRATS

Préparations à base de cire et d'huile, et qui, comme l'axonge, peuvent servir d'excipients à des substances plus ou moins actives.

Il ne faut pas préparer les cérats dans des vases en cuivre non étamés.

Cérat de Galien

```
Cire blanche................  100
Huile d'amande douce .....  400
Eau distillée de rose.......  300
```

Faites liquéfier la cire dans l'huile, à la chaleur du bain-marie. Coulez dans un mortier en marbre chauffé, et remuez continuellement le mélange afin d'éviter la formation de grumeaux. Quand il sera refroidi, incorporez-y l'eau de rose, que vous introduirez par petites parties, en agitant continuellement (Codex).

Le mode opératoire donné par le Codex de 1866 est plus expéditif.

Nombre de pharmaciens se sont élevés avec raison contre la présence de l'eau dans cette préparation, qui ne peut que la rendre plus altérable.

Si on veut conserver l'eau on ferait bien de remplacer l'huile par la vaseline comme l'ont conseillé MM. Lancelo.

Cérat laudanisé

```
Laudanum de Sydenham......  10
Cérat de Galien..............  90
```

Mêlez dans un mortier (Codex).

Cérat à la rose

POMMADE POUR LES LÈVRES

```
Cire blanche................  50
Huile d'amande douce .......  100
```

| Carmin n° 40 | 0,50 |
| Essence de roses | 10 gouttes |

Délayez sur un marbre le carmin avec Q. S. d'huile
d'amandes douces, pour en faire une pâte très molle ;
faites fondre au bain-marie la cire dans le restant de
l'huile ; lorsque le mélange sera un peu refroidi ajoutez
d'abord le carmin additionné d'huile, mêlez, et enfin
l'essence lorsque le cérat commencera à s'épaissir.

Cérat saturné

CÉRAT DE GOULARD

| Sous-acétate de plomb | 10 |
| Cérat de Galien | 90 |

Mêlez dans un mortier (Codex).

Ce cérat rancissant très vite devrait être préparé
avec un cérat à base de vaseline.

Cérat simple

| Cire blanche | 100 |
| Huile d'amande douce | 300 |

Faites fondre au bain-marie la cire dans l'huile et
agitez jusqu'à refroidissement.

Cold-Cream

Blanc de baleine	60
Cire blanche	30
Huile d'amande douce	215

    Eau de rose 60
    Teinture de benjoin 15
    Essence de roses........... 10 gouttes

Faites liquéfier au bain-marie la cire et le blanc de baleine dans l'huile. Versez dans un mortier en marbre chauffé et agitez jusqu'à refroidissement. Ajoutez l'essence, puis incorporez, par petites parties, le mélange d'eau et de teinture de benjoin passé préalablement à travers une mousseline.

Je préfère la formule ci-dessous qui donne un produit un peu moins ferme :

    Blanc de baleine........... 60
    Cire blanche............... 30
    Huile d'amande douce 230
    Eau de roses............... 60
    Teinture de benjoin de Siam. 20
    Essence de roses........... 10 gouttes

Chaux hydratée

CHAUX ÉTEINTE

$$Eq.\ Ca\ O,\ H\ O = 37.\ F.\ atom.\ Ca\ H^2\ O^2 = 74$$

    Chaux vive 100
    Eau pure, environ ... 40

Placez la chaux vive dans une terrine en grès et arrosez-là avec l'eau que vous laisserez tomber, peu à peu, et sous forme de filet très mince, à mesure qu'elle sera absorbée. Lorsque la chaux sera sous forme de poudre blanche très fine, tamisez-la rapidement et conservez-la dans un flacon bien bouché.

100 de chaux vive doivent donner 132 de chaux éteinte.

Chlorhydrophosphate de chaux en solution au 1/10

Phosphate bicalcique...................... 172
Eau distillée............................ Q. S.
Acide chlorhydrique officinal, environ. 106

Délayez le phosphate dans 2000 d'eau distillée, ajoutez l'acide. Lorsque la dissolution sera opérée, ajoutez Q. S. d'eau distillée pour que le poids total du soluté soit de 2445.

100 de ce soluté contiennent 10 de chlorhydrophosphate de chaux, qui sont formés par le mélange de 5,52 de phosphate monocalcique (Ph O³, Ca O, 2 H O + 2 H O) et de 4,48 chlorure de calcium hydraté (Ca Cl, 6 H O). Ainsi dosé, il peut servir à la préparation du sirop et de solutés moins concentrés.

Le Codex n'ayant pas donné de formule pour le soluté du chlorhydrophosphate de chaux, on pourrait, faute de désignation, délivrer un soluté à 5 0/0.

La solution du chlorhydrophosphate de chaux de Coirre est à 5 0/0 et celle de Bourguignon au 1/15.

Chlorure de chaux liquide

SOLUTÉ D'HYPOCHLORITE DE CHAUX

Chlorure de chaux sec.   100
Eau.................   4500

Triturez le chlorure de chaux dans un mortier en porcelaine avec une partie de l'eau ; quand il sera bien divisé, séparez, par décantation, les parties les plus ténues ; triturez le dépôt, délayez-le dans une nouvelle quantité d'eau, décantez encore et, ainsi de suite, jusqu'à ce que vous ayez parfaitement divisé le chlorure et employé toute l'eau prescrite ; mélangez les liqueurs, filtrez-les et conservez-les dans des vases, exactement remplis et bien bouchés, que vous tiendrez dans un lieu frais, à l'abri de la lumière.

Le chlorure de chaux liquide doit contenir deux fois son volume de chlore (Codex).

Chlorure ferrique liquide

PERCHLORURE DE FER LIQUIDE. — SOLUTION OFFICINALE DE PERCHLORURE DE FER

Sa densité est 1,26 et sa composition en centièmes est de chlorure ferrique anhydre 26, eau 74.

Cette solution, qui sert à préparer plusieurs produits chimiques, devrait être dosée de manière à contenir exactement le quart de son poids de chlorure anhydre.

Chlorure de soude liquide

HYPOCHLORITE DE SOUDE. — CHLORURE D'OXYDE DE SODIUM. LIQUEUR DE LABARRAQUE

Chlorure de chaux sec	100
Carbonate de soude cristallisé	200
Eau	4500

Triturez le chlorure de chaux avec 3000 d'eau en opérant comme il est dit pour le chlorure de chaux liquide ; ajoutez le carbonate de soude, dissous dans 1500 d'eau ; mêlez et filtrez.

Même dosage en chlore que le chlorure de chaux liquide et mêmes soins pour le conserver.

Cigarettes arsénicales

Arséniate de soude cristallisé..   1
Eau distillée.................. 20

Faites dissoudre le sel dans l'eau ; faites absorber la
totalité de cette solution par une feuille de papier à filtrer de Berzélius. Faites sécher et divisez cette feuille en
20 parties égales, qui contiendront chacune 0,05 d'arséniate de soude. On roule un de ces papiers sur lui-même
et on l'introduit dans un tube de papier à cigarettes
(Codex).

Cigarettes de belladone

Feuilles sèches de belladone..   Q. V.

Incisez les feuilles et introduisez-les, à l'aide d'un
moule spécial, dans des enveloppes de papier à
cigarettes.

Chaque cigarette doit contenir un gramme de feuilles
(Codex).

Préparez de la même manière les cigarettes de Digitale,
Eucalyptus, Jusquiame, Nicotiane, Stramonium.

Clous fumants

Benjoin   80
Santal citrin................   20
Azotate de potasse...........   40
Baume de Tolu...............   20
Charbon végétal............. 500
Mucilage de gomme adragante...   Q. S.

Réduisez en poudre chacune des substances; mélangez-les exactement, et transformez-les, au moyen du mucilage, en une pâte ferme que vous diviserez en petits cônes de trois centimètres environ de hauteur (Codex).

Pourquoi ne pas prendre toutes ces substances en poudre, sauf le baume de Tolu, qui, étant souvent trop mou pour se pulvériser, serait additionné de charbon, pour le réduire en poudre?

Pour la quantité ci-dessus il faut de 200 à 220 de mucilage.

Collodion

Fulmi-coton 5
Alcool à 95° 20
Ether rectifié du commerce ... 75

Faites dissoudre, en agitant dans un flacon bien bouché, le fulmi-coton dans le mélange d'éther et d'alcool.

En versant d'abord l'éther, puis l'alcool, la dissolution du fulmi-coton se fait plus rapidement.

On obtient le collodion élastique ou riciné, en ajoutant, à la préparation précédente, un quinzième de son poids d'huile de ricin.

Collodion iodé

Iode pulvérisé 5
Collodion 95

Mettez l'iode dans le flacon contenant le collodion, bouchez, et agitez jusqu'à dissolution.

Préparez de même le collodion à l'iodoforme.

Ce dernier doit être conservé à l'abri de la lumière.

Collodion mercuriel

COLLODION CORROSIF. — COLLODION CAUSTIQUE.

Bichlorure de mercure pulvérisé. 10
Collodion....................... 90

Opérez comme pour le collodion iodé.

Préparez de même le collodion au perchlorure de fer anhydre et au thymol.

Collodion morphiné

Chlorhydrate de morphine......   0,10
Collodion.......................   90
Alcool à 90°....................   10

Mettez le chlorhydrate de morphine et l'alcool dans un flacon, bouchez et agitez jusqu'à dissolution ; ajoutez le collodion et agitez pour opérer le mélange.

Collodion phéniqué

Phénol.................   2
Collodion..............   98

Opérez comme pour le collodion iodé.

Préparez de même le collodion à l'acide salicylique.

Collodion tannique

Tannin.................   5
Collodion..............   85
Alcool à 90°...........   10

Opérez comme pour le collodion morphiné.

COLLUTOIRES

Préparations, de consistance plus ou moins épaisse, qu'on applique avec un pinceau et qui servent à combattre certaines affections de la gorge ou de la bouche.

Collutoire au borate de soude

Borate de soude pulvérisé....... 5
Miel rosat :..................... 20

Mélangez dans un mortier et versez dans un flacon à large ouverture. Il faut agiter ce mélange avant de s'en servir.

N'y aurait-il pas avantage à faire entrer dans cette préparation de la glycérine pour dissoudre le borax ?

Préparez de même les collutoires à l'alun et au chlorate de potasse.

COLLYRES

Préparations généralement liquides; quelquefois solides, employées dans le traitement des maladies des yeux.

Collyre à l'azotate d'argent

Azotate d'argent cristallisé...... 0,05
Eau distillée.................. 30

Mettez l'azotate et l'eau distillée dans un flacon en verre jaune, préalablement rincé à l'eau distillée; bouchez et agitez jusqu'à dissolution.

Collyre au calomel

Calomel à la vapeur......... 10
Sucre en poudre............ 10

Triturez les deux substances dans un mortier, de manière à avoir un mélange bien homogène et en poudre impalpable.

Collyre à la pierre divine

Pierre divine............. 0,40
Eau distillée............. 100

Faites dissoudre la pierre divine dans l'eau et filtrez.

Collyre au sulfate d'atropine

Sulfate d'atropine.......... 0,02
Eau distillée.............. 10

Mettez le sulfate et l'eau distillée dans une fiole et agitez jusqu'à dissolution.

Les solutés contenant des sel sd'alcaloïdes se conservent mieux, préparés ainsi, qu'en faisant usage du mortier.

Collyre au sulfate d'éserine

Sulfate d'éserine............. 0,05
Eau distillée................ 10

Opérez comme pour le sulfate d'atropine.

Collyre au sulfate de zinc

Sulfate de zinc pur......... 0,15
Eau distillée de roses...... 100

Mettez le sel et l'eau dans une fiole et agitez.

CONSERVES

La plupart des conserves sont préparées avec des plantes fraiches, des pulpes de fruits, ou des poudres végétales, mélangées à du sucre. Elles ont généralement la consistance du miel.

Conserve de cochléaria

Feuilles fraiches de cochléaria.... 100
Sucre blanc 300

Pilez la plante et le sucre dans un mortier en marbre pour réduire le tout en une pulpe homogène que vous passerez à travers un tamis de crin n° 2.

Préparez de même les conserves de toutes les plantes fraîches (Codex).

Conserve de cynorrhodons

Cynorrhodon .... Q. V.
Sucre...................... Q. S.

Récoltez les cynorrhodons un peu avant leur maturité. Coupez le limbe du calice et l'extrémité renflée du pédoncule. Rejetez les akènes et les poils intérieurs. Mettez la chair dans un vase en faïence ou en porcelaine, arrosez-la avec un peu de vin blanc : placez le vase dans un lieu frais et remuez de temps en temps. Quand la masse sera ramollie, pistez-la dans un mortier en marbre et pulpez-la sur un tamis de crin n° 2. Ajoutez alors, pour deux parties de cette pulpe, trois parties de sucre en poudre. Chauffez quelques instants, au bain-marie, et, quand la conserve sera refroidie, enfermez-la dans un pot (Codex).

Conserve de rose

Pétales de rose rouge pulvérisés... 10
Sucre en poudre................... 65
Eau distillée de roses 20
Glycérine 5

Délayez la poudre de rose dans l'eau ; laissez en contact pendant deux heures. Ajoutez alors la glycérine et le sucre pour avoir un mélange exact (Codex).

Conserve de tamarins

Pulpe de tamarins	50
Sucre en poudre	125
Eau distillée	50

Faites ramollir au bain-marie la pulpe de tamarins avec l'eau; ajoutez le sucre, et faites évaporer jusqu'à ce que le produit pèse 200. Conservez dans un pot (Codex).

Préparez de même la conserve de casse.

Coton iodé

Coton cardé lavé et séché à l'étuve.	25
Iode finement pulvérisé	2

Répartissez, aussi uniformément que possible, l'iode dans le coton. Après avoir introduit le coton, ainsi préparé, dans un flacon d'un litre, à large ouverture et bouchant à l'émeri, vous placerez ce dernier tout débouché dans un vase de capacité suffisante, au fond duquel vous aurez préalablement mis un linge plié en deux ou en quatre. Le flacon étant bien assujetti : l'eau s'élevant presque au niveau du col, vous chauffez et lorsque le liquide est sur le point de bouillir, vous bouchez le flacon dont vous maintenez le bouchon au moyen d'une ficelle. Entretenez alors l'ébullition pendant deux heures au moins et laissez refroidir le flacon dans l'eau sans le déboucher.

Le coton iodé se conserve dans des flacons bouchés.

CRAYONS MÉDICAMENTEUX

Préparations sous forme de cylindres, de la grosseur d'une plume, que l'on obtient soit par la fusion d'un sel coulé ensuite dans une lingotière, soit par la confection d'une pâte à laquelle on donne la forme cylindrique et que l'on fait sécher.

Crayons d'azotate d'argent

PIERRE INFERNALE

Azotate d'argent cristallisé...... Q. V.

Faites fondre ce sel dans un creuset d'argent ou de porcelaine et coulez-le dans une lingotière.

Préparez de même les crayons de sulfate de cuivre et de sulfate de zinc, mais en pulvérisant grossièrement ces sels avant de les faire fondre.

Crayons d'azotate d'argent mitigé

Azotate d'argent cristallisé. 90
Azotate de potasse........ 10

Pulvérisez les deux azotates dans un mortier en porcelaine; mêlez et faites fondre ce mélange dans un creuset d'argent ou de porcelaine, et coulez dans une lingotière.

Crayons d'huile de croton à 50 %

Huile de croton..... 50
Cire blanche........ 49
Beurre de cacao..... 10

Faites fondre au bain-marie le beurre de cacao et la cire ; ajoutez l'huile de croton et lorsque le mélange sera en partie refroidi, coulez dans des moules en papier.

Crayons de tannin

Tannin pulvérisé.................. 10
Gomme pulvérisée........... 0,50
Eau distillée et glycérine à P. E..... Q. S.

Mélangez d'une part le tannin et la gomme ; et, d'autre part, l'eau et la glycérine ; ajoutez Q. S. de ce dernier mélange au premier pour obtenir une masse de consistance pilulaire que vous roulerez et que vous diviserez en cylindres, plus ou moins gros et plus ou moins longs, suivant l'usage auquel on les destine.

Préparez de même les crayons d'iodoforme.

DRAGÉES

Les dragées médicamenteuses ne sont autre chose que des pilules recouvertes de sucre. Elles sont ordinairement du poids de 0,50 environ, de forme sphérique ou ovoïde, blanches ou roses.

Le procédé de dragéification employé par les confiseurs, n'est applicable que pour des quantités égales ou supérieures à 5 kilog.

Pour dragéifier de petites quantités de pilules, Dorvault donne le procédé suivant :

Mettez les pilules dans une casserole à fond rond ou dans une boîte à argenter, humectez-les avec un peu de mucilage clair ou de blanc d'œuf, saupoudrez-les avec un mélange de sucre, d'amidon et de gomme arabique en poudre et imprimez au contenant un mouvement circulaire pour faire adhérer la poudre.

EAUX DISTILLÉES

En distillant dans un alambic, à feu nu, de l'eau, on obtient l'eau distillée simple : si, préalablement, on a mis dans cette eau certaines substances végétales, ou si on fait passer sur celles-ci un courant de vapeur d'eau on obtient des eaux distillées plus ou moins chargées de principes aromatiques qu'on désigne sous le nom d'hydrolats.

Il faut que la quantité d'eau mise dans la cucurbite soit bien supérieure à celle qu'on veut recueillir par distillation.

En général, les eaux distillées aromatiques acquièrent plus de suavité après quelques mois de préparation, et celles qui ont été obtenues à feu nu perdent, au bout d'un certain temps, l'odeur légèrement empyreumatique qu'elles ont lorsqu'elles viennent d'être distillées.

On conserve les eaux distillées aromatiques dans des bouteilles pleines, bien bouchées, qu'on tient couchées dans un endroit frais.

Voyez pour plus de détails l'article *Distillation*.

Eau distillée

Eau de rivière ou de source..   Q. V.

Distillez à feu nu dans un alambic, à une ébullition modérée.

Ne recueillez, comme eau distillée pure, que celle qui est sans action sur le papier de tournesol bleu ou rouge et qui ne se trouble ni par l'azotate d'argent, ni par le chlorure de baryum, ni par l'oxalate d'ammoniaque, ni par le bichlorure de mercure.

Il faut choisir pour distiller une eau contenant peu de matières minérales et organiques. L'eau de pluie, recueillie dans de bonnes conditions, me paraît devoir être préférée pour cet usage.

Pour beaucoup de préparations pharmaceutiques, on n'a pas besoin d'eau chimiquement pure, aussi peut-on, une fois l'alambic monté, distiller sans discontinuer, en ajoutant de temps en temps de l'eau dans la cucurbite. Mais comme il est important dans ce cas de ne pas laisser la cucurbite à sec, M. L. Dufour, actuellement pharmacien de 1re classe, a imaginé, lorsqu'il faisait son stage chez moi, d'adapter à l'une des tubulures de la cucurbite un bouchon, percé d'un trou dans lequel passe un tube en verre dont l'extrémité inférieure se trouve à environ 10 centimètres du fond de la cucurbite et dont l'extrémité supérieure dépasse le bouchon de quelques centimètres. Dès que la partie inférieure du tube ne plonge plus dans le liquide, la vapeur d'eau sort par l'autre extrémité. Il faut alors enlever le bouchon, verser de l'eau dans la cucurbite, au moyen d'un entonnoir en métal, remettre le bouchon et continuer la distillation.

Eau distillée de cannelle

Cannelle de Ceylan concassée .   1000
Eau.......................... Q. S.

Laissez macérer pendant deux heures et distillez à feu nu pour obtenir 4000 de produit.

Après vingt-quatre heures de repos, filtrez au papier préalablement mouillé avec de l'eau distillée.

Préparez de même les eaux distillées de Badiane, de Bourgeon de sapin, de Valériane.

Eau distillée de fleur d'oranger

Fleurs d'oranger récemment cueillies..   4000
Eau................................... Q. S.

Distillez à la vapeur et recevez le liquide dans un récipient florentin, afin d'isoler l'essence que l'eau n'a pu dissoudre. Continuez la distillation, jusqu'à ce que vous ayez obtenu 2000 de produit.

Il faut connaître la contenance du récipient florentin pour ne recueillir en tout que la quantité d'eau distillée indiquée plus haut.

Eau distillée de laitue

Laitue au moment de la floraison et mondée . 1000
Eau 2000

Placez dans la cucurbite la laitue contusée et l'eau et distillez à feu modéré, jusqu'à ce que vous ayez obtenu 1000 de produit.

Préparez.de même l'eau distillée de Plantain et autres plantes non aromatiques.

L'eau de laitue, n'ayant aucune vertu calmante, n'y aurait-il pas avantage à la remplacer par l'eau distillée de belladone ?

Eau distillée de laurier-cerise

Feuilles de laurier-cerise fraîches . . 1000
Eau 4000

Incisez les feuilles, contusez-les dans un mortier en marbre et distillez-les avec l'eau, à feu modéré, ou à la vapeur, jusqu'à ce que vous ayez obtenu 1500 de produit.

Lorsque l'opération sera terminée agitez fortement l'eau distillée pour la saturer d'huile volatile, et filtrez à travers un filtre de papier mouillé, pour en séparer complètement l'essence non dissoute (Codex).

La distillation à la vapeur donne un produit peu chargé de principes actifs.

Les feuilles de laurier-cerise se contusent mal ; je crois qu'on peut se contenter de les diviser transversalement en tranches minces au moyen d'un coupe-racine. En opérant ainsi, j'ai obtenu dans le mois d'avril une eau qui titrait plus de 100.

L'eau distillée de laurier-cerise ne doit contenir que 50 milligrammes d'acide cyanhydrique par 100. Il faut donc rechercher la quantité de cet acide qu'elle renferme et ajouter Q. S. d'eau distillée pour la ramener au titre légal.

Pour titrer l'eau distillée de laurier-cerise, mettez 100 centimètres cubes de ce liquide dans un petit ballon ou dans un vase à précipiter, posé sur un papier blanc, ajoutez 5 centimètres cubes d'alcool à 90 et 10 centimètres cubes d'ammoniaque. Versez, goutte à goutte, dans ce mélange, une solution titrée de sulfate de cuivre contenue dans une burette graduée divisée en dixièmes de centimètres cubes, en ayant soin d'agiter après chaque addition. Arrêtez-vous dès que le liquide aura acquis une coloration bleu violacé persistante.

Si on a employé 60 divisions de la burette pour obtenir la coloration bleu violacé, cela indique que l'eau contient par 100 grammes, 60 milligrammes d'acide cyanhydrique. Pour ramener cette eau au titre de 50 milligrammes, on multiplie par 60 la quantité d'eau de laurier-cerise obtenue, puis on divise le produit par 50 : la différence entre le quotient trouvé et la quantité d'eau de laurier-cerise recueillie égale la quantité d'eau distillée à ajouter.

Soit 1500 la quantité recueillie : $\dfrac{1500 \times 60}{50} = 1800$. La différence entre 1800 et 1500 étant 300, c'est donc 300 d'eau distillée à ajouter.

La solution titrée de sulfate de cuivre se prépare en dissolvant 23,09 de sulfate de cuivre pur et cristallisé dans Q. S. d'eau distillée, pour obtenir 1000 centimètres cubes de liquide.

Eau distillée de menthe poivrée

    Sommités fraîches de menthe poivrée.....   1000
    Eau ....   Q. S.

Coupez la menthe, distillez à la vapeur, recevez le liquide dans un récipient florentin pour séparer l'essence non dissoute et recueillez en tout 1000 de produit.

Préparez de même les eaux distillées de : Absinthe, Hysope, Mélisse, Thym.

Eau distillée de roses

    Pétales de roses pâles récemment cueillies..   1000
    Eau ....   Q. S.

Distillez à la vapeur jusqu'à ce que vous ayez obtenu 1000 de produit.

Le codex de 1866 faisait préparer, avec raison, cette eau par distillation à feu nu.

Eau distillée de tilleul

    Fleurs sèches de tilleul avec bractées....   1000
    Eau ....   Q. S.

Distillez à la vapeur, jusqu'à ce que vous ayez obtenu 1000 de produit.

Préparez de même les eaux distillées de : Anis, Camomille, Eucalyptus, Fenouil, Maticot, Mélilot, Sureau.

Je ne m'explique pas pourquoi on distille la badiane à feu nu et l'anis à la vapeur.

EAUX MÉDICINALES

La plupart sont des solutés de composés chimiques.

Certaines préparations, à base d'alcool, sont quelquefois désignées à tort sous le nom d'eau (eau de mélisse, eau vulnéraire, etc.)

Eau albumineuse

Blanc d'œuf......................	4
Eau de fleur d'oranger.........	10
Eau	1000

Délayez les blancs d'œufs dans une petite quantité d'eau, ajoutez le reste du liquide, passez à travers une étamine et ajoutez l'eau de fleur d'oranger.

Eau blanche

LOTION A L'ACÉTATE DE PLOMB

Sous-acétate de plomb liquide.....	20
Eau............................	980

Mêlez.

Agitez chaque fois au moment du besoin.

En remplaçant dans cette préparation 80 d'eau par 80 d'alcoolat vulnéraire, on obtient *l'eau végéto-minérale* ou *lotion de Goulard*.

Pourquoi ne remplacerait-on pas dans cette dernière formule l'alcoolat vulnéraire par l'eau-de-vie camphrée, et ne désignerait-on pas cette préparation sous le nom d'eau blanche ou d'eau végéto-minérale ?

Eau camphrée

```
Camphre......................   2
Eau distillée................  1000
```

Réduisez le camphre en poudre dans un mortier à l'aide de quelques gouttes d'alcool; délayez-le dans la quantité d'eau prescrite, mettez le tout dans un flacon bouché et filtrez au moment du besoin.

Eau de chaux

```
Chaux éteinte récemment préparée..   Q. V.
Eau distillée........................  Q. S.
```

Mettez la chaux dans un flacon avec 30 ou 40 fois son poids d'eau, agitez à plusieurs reprises, laissez déposer, et rejetez le liquide par décantation. Versez sur le dépôt de l'eau (environ 100 fois le poids de la chaux employée), agitez de temps en temps et conservez dans un flacon bien bouché. Filtrer au moment de s'en servir.

Il est bon d'agiter de temps en temps l'eau de chaux pour remplacer la chaux qui se précipite à l'état de carbonate sous l'influence de l'acide carbonique de l'air.

Eau chloroformée saturée

```
Chloroforme pur.........   15
Eau distillée...........  1000
```

Mettez le tout dans un flacon à l'émeri d'une capacité de 1 litre 1/2, agitez fortement pendant une demi-heure, laissez déposer jusqu'à ce que le chloroforme soit complètement séparé et décantez avec soin.

L'eau dissout environ le centième de son poids de chloroforme.

Eau chloroformée au 1/200

Chloroforme pur................. 5
Eau distillée.................... 995

Mettez dans un flacon à l'émeri suffisamment grand pour ne pas être rempli par les liquides, et agitez fortement jusqu'à dissolution complète.

C'est cette dernière préparation qu'on doit délivrer lorsque le médecin prescrit de l'eau chloroformée sans autre désignation.

Eau de goudron

Goudron pulvérulent............ 15
Eau distillée.................... 1000

Laissez en contact pendant 24 heures en agitant de temps en temps et filtrez.

Eau phagédénique

Bichlorure de mercure........ 0,40
Eau distillée................. 10
Eau de chaux................. 120

Faites dissoudre le bichlorure de mercure dans l'eau

distillée et versez cette solution dans l'eau de chaux. Il se forme un précipité d'oxyde jaune de mercure.

Le mélange doit être agité avant de s'en servir.

Eau phéniquée (usage interne)

Acide phénique cristallisé pur....   1
Eau distillée...................... 1000

Mettez l'acide dans l'eau et agitez.

Eau phéniquée (usage externe)

Acide phénique cristallisé......... 20
Eau distillée...................... 980

Mettez l'acide et l'eau dans une bouteille et agitez.

Eau sédative

Ammoniaque liquide....... 60
Chlorure de sodium........ 60
Alcool camphré........... 10
Eau 1000

Dissolvez le sel dans l'eau, filtrez, ajoutez l'alcool camphré puis l'ammoniaque et agitez.

L'eau sédative doit être agitée avant de s'en servir. Il est commode pour préparer l'eau sédative, d'avoir une solution filtrée de chlorure de sodium au cinquième (1000 pour 4000 d'eau).

Eau de sedlitz des pharmacies

A la formule du Codex, je préfère la suivante :

Dissolvez 1000 de sulfate de magnésie dans 3000 d'eau et filtrez.

Pour préparer une bouteille d'eau de sedlitz à 50, par exemple, prenez 200 du soluté ci-dessus, mettez-le dans une bouteille à limonade, ajoutez Q. S. d'eau pour que le niveau du liquide soit un peu au-dessous du col de la bouteille, ajoutez 2 de bicarbonate de soude et, au moment de boucher, 10 d'acide sulfurique au 1/10, bouchez et ficelez.

Pour ne pas peser son soluté et son acide, on peut se servir de flacon à large ouverture qu'on gradue soi-même.

Eau sulfocarbonée

Sulfure de carbone pur............   20
Eau distillée   1000

Mettez le tout dans un flacon et agitez à plusieurs reprises pour saturer l'eau. Laissez déposer et décantez avec soin. L'eau dissout environ 2/1000 de sulfure de carbone.

ELECTUAIRES

Les électuaires sont des pâtes molles obtenues en incorporant à des liquides plus ou moins épais, des substances réduites en poudre fine.

Le mélange doit être bien homogène et si avec le temps les électuaires prennent un aspect granuleux, on les pile à nouveau dans un mortier.

Pour des électuaires, peu employés du reste, le Codex dit de traiter par décoction certaines substances végétales entrant dans leur composition; sans doute parce qu'il y a un siècle les auteurs conseillaient la décoction; mais actuellement, tous les praticiens savent qu'à part de très rares exceptions, les décoctés sont moins chargés de principes actifs que les infusés ou les macérés.

Certains électuaires sont quelquefois désignés sous le nom d'opiat.

Électuaire de copahu

OPIAT DE COPAHU

Baume de copahu...................... 100
Cachou pulvérisé 50
Cubèbe pulvérisé 150
Essence de menthe.................... 3

Mêlez dans un mortier le copahu, le cachou et le cubèbe et ajoutez l'essence.

Électuaire dentifrice

OPIAT DENTIFRICE

Poudre dentifrice acide............... 100
Glycérine officinale 25
Miel blanc 75

Mêlez dans un mortier le miel et la glycérine, ajoutez peu à peu la poudre et faites une pâte homogène.

Électuaire diascordium

DIASCORDIUM

Feuilles sèches de scordium.........	60
Racine de bistorte	20
id. de tormentille.	20
Gingembre	10
Cannelle de Ceylan	40
Benjoin....	20
Gomme arabique	20
Extrait d'opium...................	10
Pétales de roses rouges.............	20
Racine de gentiane.................	20
Semence d'épine-vinette	20
Poivre long......................	10
Dictame de crête..................	20
Galbanum......................	20
Poudre de bol d'Arménie	80
Vin de grenache	200
Miel rosat.........................	1300

Faites évaporer le miel rosat jusqu'à ce qu'il soit
réduit à 1000 et tandis qu'il est encore chaud, ajoutez
l'extrait d'opium dissous dans le vin, puis, peu à peu,
toutes les autres substances préalablement et simultané-
ment réduites en poudre fine. Pistez la masse de
manière à obtenir un mélange exact et conservez
l'électuaire dans un pot (Codex).

Ce mode opératoire est défectueux ; d'abord le galbanum ne se pulvérise pas ; ensuite par la pulvérisation
il se produit une perte qui sera proportionnellement
beaucoup plus grande pour de petites quantités que
pour de grandes ; ce qui modifiera notablement la composition de ce médicament qui, d'après le Codex, doit

contenir environ 0,0005 d'extrait d'opium par gramme.

Pour ces motifs je préfère le mode opératoire suivant qui donne un produit toujours identique :

Prenez toutes les substances solides en poudre, sauf le galbanum et l'extrait d'opium. Mêlez intimement toutes les poudres dans les proportions indiquées par le Codex et conservez ce mélange dans un flacon bouché et étiqueté : *Poudre pour le diascordium.*

Pour préparer l'électuaire diascordium ; prenez par exemple :

Poudre pour le diascordium.	36
Galbanum purifié	2
Extrait d'opium	1
Vin de grenache	20
Miel rosat	130

Concentrez le miel rosat à feu nu, dans un mouloir en porcelaine, jusqu'à ce qu'il ne pèse plus que 100, délayez-y le galbanum. D'autre part, dissolvez, dans le mortier qui doit vous servir à préparer l'électuaire, l'extrait dans le vin ; ajoutez-y le miel rosat contenant le galbanum, en ayant soin d'enlever avec une carte tout ce qui reste adhérent au mouloir; mêlez le contenu du mortier et incorporez peu à peu la poudre, en pistant continuellement, de manière à obtenir un électuaire bien homogène.

Je crois qu'on pourrait sans inconvénient supprimer plusieurs substances de cette préparation. La formule donnée par Lémery n'en contient que quinze. Nous ne sommes pas en progrès.

Electuaire thériacal

THÉRIAQUE

Préparation qui heureusement tombe en désuétude et

cessera bientôt, je l'espère, de figurer dans nos formulaires.

« Nous voyons, dit Leméry, que les receptes des mé-
« decins anciens et modernes les plus experimentez sont
« courtes ; mais il y a de l'apparence que ceux qui ont
« inventé la thériaque, le mithridate et plusieurs autres
« compositions de pharmacie semblables, ont crû qu'en
« mêlant ensemble une grande diversité de mixtés, ils
« obtiendraient par l'un ce qu'ils ne pouraient pas obte-
« nir par l'autre, le remède se trouvant quelquefois plus
« sçavant que celuy qui le donne. »

Déjà, du temps de l'auteur que je viens de citer, un M. d'Aquin avait donné une formule de thériaque réformée ne contenant que 35 substances, et le Codex en fait entrer 56 dans cette préparation !

ELIXIRS

On devrait conserver ce nom aux liquides alcooliques sucrés, mais on le donne à certains alcoolés et à quelques teintures composées.

Elixir de créosote

Créosote de hêtre.......	10
Vin de Malaga..........	600
Alcool à 80°...........	190
Sirop de sucre..........	200

Faites dissoudre la créosote dans l'alcool, ajoutez le vin puis le sirop. Mêlez.

Elixir dentifrice

Essence de cannelle de Ceylan ..	1
Essence de girofle................	2
Teinture de benjoin de Siam.....	8
Teinture de Gayac	8
Essence de Badiane.............	2
Essence de menthe poivrée	8
Teinture de cochenille	20
Teinture de pyrèthre...........	8
Alcool à 80°....................	1000

Mêlez. Filtrez après quelques heures (Codex).

Elixir de Garus

Alcoolat de Garus...........	1000
Safran....................	0,50
Vanille incisée	1

Faites macérer pendant deux jours. Filtrez.

D'autre part, prenez :

Capillaire du Canada..	20
Eau distillée bouillante.......	500

Faites infuser une demi-heure ; passez avec expression.

Ajoutez :

Eau de fleur d'oranger.	200
Sucre blanc	1000

Faites par solution, à froid, un sirop que vous mêlerez à la macération du safran et de la vanille dans l'alcoolat. Filtrez (Codex).

Le mode opératoire suivant est plus simple et plus expéditif :

        Alcoolat de Garus............ 1000
        Safran.................... 0.50
        Vanille................... 1

Faites macérer deux jours et ajoutez :

    Sirop de capillaire préparé par macération 600
    Sirop de sucre......................... 900
    Eau de fleur d'oranger 200

Mêlez et filtrez.

Elixir à la pancréatine

    Pancréatine extractive 10
    Sirop de sucre................ 300
    Vin de Malaga............. 600
    Alcool à 80°................. 90

Faites dissoudre au mortier la pancréatine dans le vin ; ajoutez le sirop de sucre puis l'alcool. Mêlez et filtrez.

Elixir parégorique

TEINTURE D'OPIUM CAMPHRÉE

    Extrait d'opium............. 3
    Essence d'anis.............. 3
    Acide benzoïque............ 3
    Camphre................... 2
    Alcool à 60°................. 650

Faites macérer en vase clos pendant huit jours. Filtrez (Codex).

Pourquoi ne pas dissoudre la substance dans l'alcool à l'aide du mortier ?

D'après le Codex, 10 de cette teinture renferment 0,05 d'extrait d'opium.

Pour que ce rapport fut vrai, il faudrait que le poids total des substances entrant dans cette préparation soit de 600.

Elixir de pepsine

Pepsine médicinale en poudre............	50
ou pepsine extractive	20
Eau distillée............................	450
Alcool à 80°.............................	150
Sirop simple.............................	400
Essence de menthe ou autre pour aromatiser. Q. S.	

Délayez ou dissolvez la pepsine dans l'eau ; ajoutez le sirop, puis l'alcool dans lequel vous aurez fait dissoudre l'essence. Laissez en contact pendant 24 heures. Filtrez.

Avec la pepsine extractive, la filtration se fait beaucoup plus rapidement.

Il est regrettable que le Codex n'ait pas indiqué la quantité d'essence et ait laissé au préparateur le choix de celle-ci. Voici pourquoi : si on délivre au même malade cette préparation plus ou moins aromatisée, ou aromatisée différemment, il peut croire à une erreur, ce qui est toujours très fâcheux.

Pour obvier à cet inconvénient, ne pourrait-on pas remplacer dans cette formule 5 d'alcool à 80° par 5 d'alcoolé d'essence de menthe ?

Elixir de peptone (Adrian)

Peptone sèche	50
Sucre blanc	250
Alcool à 95°	100
Eau	200
Vin de Frontignan	400

Faites dissoudre à froid, d'abord la peptone dans l'eau puis le sucre; ajoutez le vin, puis l'alcool. Mêlez et filtrez.

EMPLATRES

Les emplâtres sont des préparations à base de corps gras, de résine, de cire, etc., destinées à être appliquées sur la peau.

Ils ont généralement une consistance assez ferme et leur point de fusion est assez élevé pour ne pas couler sous l'influence de la chaleur du corps.

Il est important de n'employer que la térébenthine du mélèze, qui n'est pas siccative, dans la préparation des emplâtres qui en contiennent. Avec les térébenthines siccatives, il se formerait à leur surface une croûte dure.

Les pharmacologistes divisent les emplâtres en deux classes selon qu'ils contiennent ou non de l'emplâtre simple. Cette division n'a aucune importance pratique.

On divise la plupart des emplâtres en magdaléons.

Ceux-ci ont l'aspect de cylindres dont la longueur est d'environ dix centimètres et le poids de 25,50 ou 100 gr.

Pour mettre l'emplâtre en magdaléon, on commence par le ramollir à une douce chaleur ou en le malaxant, c'est-à-dire en le pétrissant dans les mains préalablement mouillées, afin de l'empêcher d'adhérer à la peau. Lorsque l'emplâtre est suffisamment ramolli on le roule avec la main, ou avec une planchette mouillée, sur un marbre également mouillé, pour lui donner la forme et la longueur voulues.

On laisse les magdaléons se durcir à l'air avant de les envelopper.

Il faut avoir les mains d'une propreté irréprochable pour malaxer un emplâtre afin de ne pas laisser l'empreinte de ses doigts sur la masse emplastique.

En malaxant les emplâtres, on les rend plus homogènes.

Par extension, on donne également le nom d'emplâtres aux masses emplastiques étendues sur de la peau, sur du sparadrap ou sur un tissu. On les nomme aussi, mais plus rarement, écussons.

On donne ordinairement à ceux-ci une forme ronde, ovale, ou carrée à angles arrondis.

Pour préparer un écusson sur peau, prenez une feuille de papier bleu que vous plierez en quatre, marquez sur les deux côtés à partir du centre la moitié des deux dimensions (longueur et largeur) puis avec des ciseaux, coupez le papier en partant d'une des marques pour aller rejoindre l'autre en arrondissant plus ou moins, suivant la forme à donner. Vous obtiendrez ainsi un

moule dont la partie enlevée représentera exactement
la dimension qu'aura l'écusson. Mouillez ce moule avec
de l'eau et appliquez-le sur le côté plucheux de la peau
blanche en ayant soin de laisser à celle-ci un ou deux
centimètres de bord suivant la grandeur de l'écusson.
Faites fondre alors, à une douce chaleur, la masse emplastique et quand elle sera semi-liquide, coulez-la dans
l'espace laissé libre par le papier, étendez-la rapidement
et aussi uniformément que possible avec un couteau,
puis polissez sa surface, soit avec la lame du couteau
légèrement chauffée, soit avec un fer à emplâtre également chauffé. Enlevez le papier et régularisez les bords.

Pour préparer les écussons sur sparadrap, faites un
moule en papier blanc que vous ferez adhérer au sparadrap par une légère pression et, avec un couteau,
étendez à froid la masse emplastique.

On étend sur peau les emplâtres fermes comme ceux
de poix de Bourgogne, de ciguë, de vigo, etc., et sur
sparadrap, ceux de consistance molle comme l'emplâtre
vésicatoire.

Les écussons d'opium se font sur du taffetas d'Angle-
terre noir ou sur du sparadrap. Étendez la masse
emplastique avec le pouce légèrement mouillé.

Quelquefois les médecins font saupoudrer les écussons
avec certains composés chimiques que vous ferez
adhérer à leur surface, soit par une légère pression
avec le doigt, soit au moyen d'un peu d'alcool.

Pour camphrer les vésicatoires, vous versez dessus Q. S.
d'éther saturé de camphre dont vous enduisez toute la
surface avec le doigt.

Emplâtre d'acétate de cuivre

CIRE VERTE

Cire jaune	100
Térébenthine du mélèze	25
Poix blanche	50
Sous-acétate de cuivre porphyrisé	25

Incorporez sur un marbre le sous-acétate à la térébenthine ; ajoutez ce mélange à la cire et à la poix blanche préalablement fondues à une douce chaleur et agitez jusqu'à ce que l'emplâtre soit suffisamment refroidi. Roulez en magdaléons.

Emplâtre brun

ONGUENT DE LA MÈRE THÉCLE

Huile d'olives	1000
Beurre	500
Cire jaune	500
Poix noire purifiée	100
Axonge	500
Suif de mouton	500
Litharge en poudre	500

Chauffez, dans une bassine de cuivre un peu plus grande que ne le comporte le volume de ces substances, l'huile, l'axonge, le beurre, le suif et la cire, jusqu'à ce qu'il se dégage des vapeurs dues à l'altération des corps gras ; ajoutez la litharge, en la faisant passer à travers un tamis de crin et en remuant continuellement avec une spatule de bois. Continuez à chauffer et à agiter jusqu'à ce que la masse ait acquis une couleur brun foncé. Ajoutez alors la poix noire et, lorsque la masse sera en partie refroidie, coulez dans un pot ou dans un moule rectangulaire en papier fort.

Le fond de ce moule doit avoir comme surface autant de centimètres carrés environ qu'il y a de fois 2 grammes dans le poids total de l'emplâtre.

Ne pourrait-on, dans cette formule, remplacer le beurre par son poids d'axonge ou par P. E. de suif et d'axonge ?

Emplâtre de Canet

ONGUENT DE CANET

Emplâtre simple	100
Cire jaune	100
Colcothar porphyré	100
Emplâtre diachylon	100
Huile d'olive	100

Mélangez le colcothar avec 50 d'huile d'olive et incorporez ce mélange aux autres substances préalablement liquéfiées. Agitez jusqu'à ce que le tout soit en partie refroidi. Roulez en magdaléons.

Emplâtre de ciguë

Galipot	940
Cire jaune	640
Feuilles fraîches de ciguë	2000
Poix blanche	440
Huile de ciguë	130
Gomme ammoniaque purifiée	500

Faites liquéfier dans une bassine en cuivre, placée sur un feu doux, le galipot, la poix blanche, la cire et l'huile de ciguë; ajoutez les feuilles de ciguë contusées et continuez à chauffer, jusqu'à ce que toute l'eau de végétation de la plante soit dissipée. Soumettez la matière chaude à la presse. Faites fondre de nouveau la masse emplastique et laissez-la refroidir lentement afin d'obtenir le dépôt des matières étrangères. Enlevez alors avec précaution la masse emplastique purifiée et faites-la fondre en y ajoutant la gomme ammoniaque. Lorsque l'emplâtre sera suffisamment refroidi, divisez le en magdaléons.

Outre les nombreuses critiques faites sur cette préparation, on peut se demander si l'action prolongée de la chaleur qu'elle nécessite ne volatilise pas ou n'altère pas la conicine et, s'il en reste, ne disparaît-elle pas avec le temps comme dans l'extrait de ciguë?

Pour obvier à tous ces inconvénients, ne pourrait-on préparer l'emplâtre de ciguë d'après la formule ci-dessous, d'une exécution facile qui donne un emplâtre d'une odeur caractéristique de ciguë et d'un beau vert?

Galipot	35
Cire jaune	25
Ciguë de l'année en poudre fine	20
Éther	20
Poix de Bourgogne	15
Huile d'olive	5
Gomme ammoniaque purifiée	20
Alcool à 90°	20

Traitez la ciguë dans un appareil à déplacement par le mélange d'alcool et d'éther; faites écouler le liquide qui reste dans la poudre en versant de l'eau à la surface de celle-ci, mais en évitant avec soin de laisser passer de ce dernier liquide.

D'autre part, faites fondre, à une douce chaleur, dans un mouloir en cuivre rouge, le galipot, la poix de Bourgogne, la cire et l'huile; ajoutez la gomme ammoniaque. Retirez du feu, plongez le fond du mouloir dans l'eau bouillante loin de tout foyer, ajoutez petit à petit le liquide obtenu par lixiviation, en agitant continuellement jusqu'à ce que l'alcool et l'éther se soient volatilisés. Coulez alors dans un pot, ou roulez-le en magdaléons.

Emplâtre diachylon gommé

Litharge pulvérisée	620
Axonge	620
Huile d'olive	620
Eau	1250
Cire jaune	120
Poix blanche	120
Térébenthine du mélèze	120
Gomme ammoniaque	190
Galbanum	100
Essence de térébenthine	60

Préparez l'emplâtre simple avec la litharge, l'axonge, l'huile d'olive et l'eau, en ayant soin à la fin de l'opération de laisser évaporer la plus grande partie de l'eau afin de conserver la glycérine.

D'autre part, mettez au bain-marie, avec quatre fois leur poids d'eau, la gomme ammoniaque et le galbanum concassés et l'essence de térébenthine; agitez continuellement jusqu'à ce que les gommes-résines soient émulsionnées aussi complètement que possible, passez à travers une toile. Faites évaporer cette émulsion à feu nu jusqu'à consistance de miel épais. Mélangez ce produit avec l'emplâtre simple que vous aurez liquéfié à une douce chaleur. Enfin, ajoutez, après les avoir fait fondre ensemble et passé à travers une toile, la cire jaune, la poix blanche et la térébenthine en remuant jusqu'à ce que la masse emplastique soit suffisamment refroidie, puis divisez-la en magdaléons.

Cette formule donne lieu à quelques observations.

D'abord, comme beaucoup de celles qui sont inscrites au Codex, elle a l'inconvénient de ne pas donner un produit toujours identique parce qu'en passant le mélange de gommes-résines et celui de cire, de poix blanche et de térébenthine fondues ensemble, on perd plus ou moins de produit et cette perte est, proportionnellement, beaucoup plus forte pour de petites quantités que pour de grandes. Et l'eau que la glycérine retient en quantité variable selon la température à laquelle on aura soumis l'emplâtre.

Ensuite, pourquoi laisser la glycérine dans l'emplâtre simple puisqu'elle ne peut que diminuer le pouvoir adhésif du sparadrap diachylon?

Enfin si l'emplâtre simple est agglutinatif lorsqu'il vient d'être préparé cela tient à ce que la saponification des corps gras n'est pas alors complète.

En résumé, il y a avantage à éliminer la glycérine et à ajouter à l'emplâtre simple sec une certaine quantité d'huile qui le rend mou et adhésif comme l'emplâtre récemment préparé.

Pour ces motifs nous croyons que la formule ci-dessous qui est d'une exécution facile et qui donne un produit toujours identique, pourrait être substituée à celle du Codex :

Emplâtre simple récent..............	700
Huile d'olive	50
Cire jaune	100
Galbanum purifié	40
Gomme ammoniaque purifiée......	40
Térébenthine du mélèze............·	70

Faites fondre à une douce chaleur, l'emplâtre-simple et la cire, ajoutez les gommes-résines et la térébenthine. Mèlez.

On peut avec cette formule ne préparer que la quantité dont on a besoin pour faire son sparadrap.

L'emploi d'un emplâtre simple anciennement préparé nécessite la substitution de 50 d'huile d'olive à une quantité égale d'emplâtre.

Emplâtre diapalme

```
Emplâtre simple........... 800
Sulfate de zinc pur........   25
Cire blanche.....  ........   50
```

Faites dissoudre le sulfate de zinc dans une petite quantité d'eau et ajoutez le soluté à l'emplâtre et à la cire liquéfiés ensemble. Chauffez modérément ce mélange en l'agitant continuellement jusqu'à ce que l'eau soit évaporée (Codex).

Il faut environ 20 d'eau pour dissoudre le sulfate de zinc.

Dans la formule ci-dessous qui se rapproche beaucoup de celle du Codex de 1837 le sulfate de zinc se trouve dans la proportion de 3 0/0 :

```
Emplâtre simple..... 910
Sulfate de zinc....... 30
Cire blanche........ 60
```

Emplâtre d'extrait d'opium

```
Extrait d'opium................... 90
Résine-élémi purifiée............. 10
Emplâtre diachylon gommé....... 20
```

Faites fondre à une douce chaleur la résine et l'emplâtre et incorporez l'extrait.

Préparez de la même manière les emplâtres avec les extraits alcooliques de : belladone, ciguë, digitale, stramonium, etc. (Codex).

La résine-élémi purifiée peut être molle ou sèche selon la température à laquelle elle a été portée et l'époque plus ou moins éloignée de sa purification. L'emplâtre diachylon du Codex durcit également avec le temps, de là des différences dans la consistance de ces emplâtres.

De plus l'emplâtre d'extrait d'opium, ainsi préparé, devient dur et cassant en vieillissant, soit par l'action du temps sur la résine et sur l'emplâtre, soit par la dessication de l'extrait d'opium. Dans le premier cas, il faut ajouter de l'huile ; dans le second de l'eau. Mais si on ignore la cause qui rend l'emplâtre trop dur et qu'on ajoute de l'huile quand il faut de l'eau et inversement on obtiendra un emplâtre grenu dont on ne pourra se servir.

Pour obvier à ces inconvénients, on pourrait revenir à la formule donnée par Planche et légèrement modifiée, que j'indique ci-dessous :

Extrait d'opium	90
Cire blanche	10
Résine-élémi purifiée et sèche	15
Térébenthine du mélèze	5

Faites fondre à une très douce chaleur la résine-élémi et la cire, ajoutez la térébenthine puis l'extrait et mêlez.

Si cet emplâtre, ainsi préparé, devient trop cassant, c'est toujours de l'eau qu'il faut y ajouter ce qu'on fait en le ramollissant préalablement au bain-marie.

Emplâtre mercuriel

EMPLATRE DE VIGO CUM MERCURIO

Emplâtre simple 2000
Cire jaune 100
Colophane 100
Bdellium en poudre.................. 30
Gomme ammoniaque purifiée.... 30
Oliban en poudre..................... 30
Myrrhe en poudre.................... 30
Safran en poudre..................... 20
Mercure 600
Styrax liquide purifié................ 300
Térébenthine du mélèze........... 100
Essence de lavande.................. 10

Triturez dans un mortier en fer, légèrement chauffé, le styrax, la térébenthine et l'essence en y ajoutant peu à peu le mercure jusqu'à disparition complète des globules métalliques. D'autre part faites liquéfier l'emplâtre simple avec la cire, la colophane et la gomme ammoniaque, et dans ce mélange incorporez les poudres. Quand l'emplâtre aura pris, par refroidissement, la consistance d'une pommade molle, ajoutez le mélange mercuriel que vous incorporerez en remuant jusqu'à ce que la masse soit homogène. Laissez refroidir et divisez en magdaléons.

La liquéfaction de l'emplâtre simple et des autres substances doit se faire dans un vase en fonte.

Pour malaxer et diviser cet emplâtre en magdaléons, il faut employer le moins d'eau possible, afin de ne pas dissoudre la matière colorante du safran.

Il serait à désirer, selon moi, qu'on réduisît le nombre des substances entrant dans cette préparation et que le mercure y fût dans la proportion d'un cinquième.

Emplâtre de poix de Bourgogne

Poix de Bourgogne.................... 3000
Cire jaune 1000

Faites fondre à une douce chaleur et passez à travers un linge (Codex).

En employant de la poix de Bourgogne purifiée, il n'est pas nécessaire de passer l'emplâtre.

Emplâtre simple

Litharge pulvérisée 1000
Axonge 1000
Huile d'olive 1000
Eau 2000

Mettez l'axonge, l'huile d'olive et l'eau dans une bassine en cuivre dont la capacité soit environ trois fois plus grande que le volume des matières employées; faites liquéfier sur un feu modéré, ajoutez la litharge en la faisant passer à travers un tamis et remuez avec une spatule en bois. Maintenez l'ébullition en ayant soin de remplacer de temps en temps par de l'eau chaude celle qui s'évapore. Agitez continuellement les matières avec une spatule jusqu'à ce que l'oxyde de plomb ait tout à fait disparu, et que la masse ait acquis une couleur blanche uniforme et une consistance emplastique, ce dont vous vous assurerez en jetant une petite quantité de la matière emplastique dans l'eau froide, et en la pétrissant entre les doigts. Laissez alors refroidir, jusqu'à ce que la masse soit maniable; et, tandis que l'emplâtre est encore chaud et mou, malaxez-le pour éliminer l'eau, et roulez en magdaléons (Codex).

Je crois qu'une bassine qui ne contiendrait que trois fois le volume des matières employées, serait trop petite.

En général la quantité d'eau indiquée par la formule est suffisante pour terminer l'opération, mais si vous vous apercevez que la masse s'affaisse et que l'ébullition cesse, ajoutez petit à petit de l'eau chaude. Si, par négligence, vous avez laissé la masse emplastique atteindre une température bien supérieure à 100 degrés, retirez la bassine du feu et attendez que le tout soit un peu refroidi pour y ajouter de l'eau; autrement celle-ci portée rapidement à une température élevée se réduirait immédiatement en vapeur et projetterait l'emplâtre hors de la bassine

La litharge destinée à cette préparation doit se dissoudre complètement dans un excès d'acide azotique étendu d'eau et donner un soluté incolore.

Emplâtre vesicatoire

Résine-élémi	100
Huile d'olive................	40
Onguent basilicum...........	300
Cire jaune...................	400
Cantharide en poudre fine....	420

Faites fondre la résine élémi dans l'huile d'olive; ajoutez l'onguent basilicum et la cire jaune, et, lorsque la masse sera fondue, passez, incorporez la poudre de cantharide et remuez jusqu'à ce que l'emplâtre commence à se figer. Coulez dans un pot (Codex).

En passant les matières fondues à travers un linge, on éprouve une perte de substance, perte qui sera proportionnellement beaucoup plus grande si on opère sur de petites quantités. De plus la poudre de cantharide s'incorpore mal.

On obvie à ces deux inconvénients en employant de la résine-élémi purifiée, ce qui dispense de passer, et en incorporant à froid sur un marbre, ou dans un mortier, la poudre de cantharide à l'onguent basilicum. On ajoute ce mélange en dernier.

A la formule du Codex je préfère la suivante qui donne un emplâtre ayant toujours la même consistance :

Poix de Bourgogne purifiée ...	50
Cire jaune....................	400
Cantharide en poudre fine ...	400
Axonge	50
Onguent basilicum..........	300

Faites fondre, à une douce chaleur, la poix de Bourgogne, l'axonge et la cire jaune, ajoutez l'onguent basilicum dans lequel vous aurez préalablement incorporé la cantharide et mêlez.

ÉMULSIONS

Préparations liquides dont l'apparence laiteuse est due à des huiles, des gommes-résines ou des résines qu'elles tiennent en suspension.

Emulsion d'amande

LAIT D'AMANDE. — EMULSION SIMPLE

Amandes douces mondées	50
Sucre blanc	50
Eau........................	1000

Pilez les amandes avec le tiers du sucre et une petite quantité d'eau, dans un mortier en marbre, de manière à obtenir une pâte très fine. Délayez cette pâte avec le reste de l'eau. Passez avec expression à travers une étamine. Ajoutez le reste du sucre (Codex).

On prépare de la même manière les émulsions de : Amandes amères, Chènevis, Pistaches.

Pour monder les amandes laissez-les quelques minutes dans l'eau bouillante et pressez-les entre le pouce et l'index.

Pour bien réussir cette émulsion, pilez d'abord les amandes avec le sucre puis ajoutez une petite quantité d'eau de manière à obtenir une pâte ferme à laquelle vous donnerez facilement la finesse voulue ; mais si vous ajoutez trop d'eau vous aurez une pâte molle qui fuira sous le pilon, ce qui rendra la division des amandes sinon impossible, au moins très difficile et très longue.

Pour délayer la pâte ajoutez l'eau petit à petit.

Emulsion de baume de tolu

Baume de tolu.................	20
Teinture de bois de panama....	100
Alcool à 90°..................	100
Eau chaude...................	780

Dissolvez le baume de tolu dans l'alcool. Ajoutez la teinture.

Faites l'émulsion en ajoutant l'eau graduellement (Codex).

On prépare de la même manière les émulsions de : Baume de copahu, Huile de cade, Goudron.

Emulsion de coaltar

Teinture de bois de Panama coaltarée.   100
Eau...................................   400

Mêlez.

Cette émulsion au cinquième est ordinairement, au moment du besoin, étendue d'eau dans une proportion plus ou moins grande.

La teinture de bois de Panama coaltarée s'obtient de la manière suivante :

Goudron de houille............   1000
Teinture de bois de Panama.....   4000

Dans un vase approprié et muni d'un couvercle, placez le goudron que vous maintiendrez à l'état fluide en opérant au bain-marie ; ajoutez la teinture de manière à bien délayer le goudron ; fermez le vase et maintenez la chaleur du bain-marie pendant une heure, en ayant soin d'agiter le mélange. Retirez alors du feu et agitez jusqu'à refroidissement. Passez à travers une toile.

Emulsion purgative à l'huile de ricin

Huile de ricin....................   30
Eau distillée de menthe poivrée..   15
Sirop de sucre..................   30
Gomme arabique pulvérisée.....   8
Eau   60

Mettez la gomme arabique avec son poids d'eau dans un mortier de marbre ; faites un mucilage dans lequel.

vous incorporerez l'huile de ricin, et, quand vous aurez obtenu un mélange intime, délayez-le peu à peu avec le reste de l'eau et le sirop (Codex de 1866).

Emulsion purgative avec la résine de Jalap

Résine de Jalap	0,50
Eau de fleur d'oranger ..	10
Jaune d'œuf........... .	nº 1/2
Sucre blanc...........	30
Eau	120

Triturez la résine de Jalap avec une petite partie du sucre pour la réduire en poudre très fine : ajoutez peu à peu le jaune d'œuf et triturez pendant longtemps, pour diviser parfaitement la résine ; alors ajoutez le reste du sucre et l'eau par petites portions (Codex de 1866).

Emulsion purgative avec la scammonée

Scammonée d'Alep......	1
Sucre blanc	15
Lait de vache..........	120
Eau de laurier-cerise.....	5

Triturez dans un mortier de marbre la scammonée avec le sucre et quand elle sera bien divisée, ajoutez peu à peu le lait et l'eau de laurier-cerise (Codex de 1866).

Préparez de même l'émulsion à la résine de scammonée, mais en n'employant que 0, 50 de cette dernière.

Il me semble que l'émulsion à la résine de scammonée devrait se préparer comme celle de Jalap.

Eponges torréfiées

Eponges fines brutes et non lavées.   Q. V.

Déchirez ces éponges par petits fragments, pour en séparer le gravier, les coquillages et autres débris calcaires. Dépoudrez-les ensuite en les secouant dans un sac de toile claire et mettez-les dans un brûloir semblable à celui qui sert pour le café. Torréfiez-les sur un feu modéré et dès qu'elles auront perdu le quart de leur poids, retirez le produit de couleur brun noirâtre qui provient de la torréfaction. Pulvérisez-le et renfermez la poudre obtenue dans un flacon bouché.

ESPÈCES

On désigne sous ce nom des mélanges de plantes ou partie de plantes, qui servent à préparer des infusés, des décoctés, etc.

Espèces aromatiques

Feuilles et sommités d'absinthe..........	100
— — de menthe poivrée..	100
— de romarin.........	100
— — d'hysope...........	100
— — d'origan............	100
— — de sauge............	100

Feuilles et sommités de serpolet......... 100
—   —   de thym............ 100

Incisez et mêlez.

Espèces carminations

SEMENCES CARMINATIVES

Fruits d'anis vert.. 100
  —   de coriandre 100
  —   de carvi 100
  —   de fenouil... 100

Espèces diurétiques

CINQ RACINES APÉRITIVES

Racine d'ache.......   100
  —   de fenouil ...   100
  —   de fragon....   100
  —   d'asperge   100
  —   de persil.....   100

Incisez et mêlez.

Espèces émollientes

Feuilles de bouillon blanc.. 100
  —   de mauve.........   100
  —   de guimauve......   100
  —   de pariétaire...... 100

Incisez et mêlez.

Espèces pectorales avec les fleurs. — Fleurs pectorales

```
Fleurs de bouillon blanc ...   100
   —     de guimauve........   100
   —     de pied-de-chat .....   100
   —     de violettes .........   100
   —     de coquelicot .......   100
   —     de mauve...........   100
   —     de tussilage ........   100
```

Mêlez.

On désigne souvent ces espèces sous le nom de quatre fleurs parce que les fleurs pectorales du Codex de 1837 ne contiennent que quatre sortes de fleurs.

Espèces pectorales avec les fruits. — Fruits pectoraux

```
Dattes privées de leur noyau . :   100
Figues . . . . . . . . . . . : . . . . .   100
Jujubes. . . . . . . . . . . . . . . .   100
Raisins de Corinthe. . . . . . . .   100
```

Incisez et mêlez.

Espèces purgatives

THÉ DE SAINT-GERMAIN

```
Feuilles de séné . . . .   2
Fruits d'anis vert. . .   1
Bitartrate de potasse.   0,50
```

Fleurs de sureau. . . 1
Fruits de fenouil. . . 0,50

Mêlez.

Cette dose est pour une tasse d'eau bouillante.

Espèces sudorifiques

Bois de gayac râpé et dépoudré. . 100
Racine de squine coupée 100
Salsepareille fendue et coupée. . . 100
Racine de sassafras coupée. 100

Mêlez.

Espèces vulnéraires

THÉ SUISSE

Feuilles et sommités d'absinthe 100
—   —   de bugle 100
—   —   de chamœdrys. . . 100
—   —   de lierre-terrestre. 100
—   —   d'origan 100
—   —   de romarin. 100
—   —   de sauge 100
—   —   de bétoine 100
—   —   de calament 100
—   —   d'hysope 100
—   —   de millefeuille. . . 100
—   —   de pervenche. . . . 100
—   —   de sanicle 100
—   —   de scolopendre. . . 100
—   —   de scordium 100
—   —   de véronique. . . . 100

11

Fleurs de pied de chat. 100
Feuilles et sommités de thym. 100
Fleurs d'arnica. 100
Fleurs de tussilage. 100

Incisez les plantes, ajoutez-y les fleurs, et mêlez.

Ether iodoforme

Iodoforme. 10
Ether officinal. 90

Mettez l'iodoforme et l'éther dans un flacon en verre jaune. Bouchez et agitez jusqu'à dissolution.

Décantez et conservez dans un flacon en verre jaune à l'abri de la lumière.

Ether officinal

ETHER PUR

Sa densité est de 0,736 à 0° et de 0,720 à + 15.

Il bout à 34,5. Il reste complètement incolore au contact d'un cristal de fuchsine.

Ether officinal alcoolisé

ETHER SULFURIQUE ALCOOLISÉ. — LIQUEUR D'HOFFMANN

Ether officinal. . . . 100
Alcool à 90 100

Mêlez et conservez dans un flacon bien bouché. Ce mélange marque 0,783 au densimètre à+15.

Ether rectifié du commerce

Sa densité doit être de 0.724 à+15. Il contient environ 3 0/0 d'alcool et des traces d'eau.

Éther à 0,758

Ether rectifié du commerce......... 700
Alcool à 90°............................... 300

Mêlez et conservez dans un flacon bien bouché.

Ce mélange est employé principalement pour la préparation des teintures et des extraits éthérés.

EXTRAITS

Préparations obtenues par l'évaporation d'un liquide tenant en dissolution des principes, le plus ordinairement d'origine végétale.

Les liquides qui servent à la préparation des extraits sont : l'eau, l'alcool et l'éther.

On prépare également des extraits en évaporant le suc des plantes fraîches, préalablement clarifié.

La préparation des extraits comprend deux opérations: l'obtention du liquide et son évaporation.

Pour obtenir le liquide, on traite la substance, plus ou moins divisée, par lixiviation, macération, digestion, infusion ou décoction avec l'eau, l'alcool ou l'éther, et quelquefois avec ces deux derniers liquides.

Les liquides obtenus par l'un ou l'autre de ces traitements doivent être aussi concentrés que possible afin de diminuer les chances d'altération qui se produisent toujours pendant l'évaporation. Celle-ci doit se faire aussi rapidement que possible et à une température inférieure à 100°.

Il existe des appareils spéciaux pour l'évaporation des liquides extractifs mais, dans la plupart des laboratoires de pharmacie, on les évapore au bain-marie, dans des bassines en cuivre étamé, et en agitant continuellement le liquide avec une spatule en bois, jusqu'à ce que l'extrait soit en consistance molle ou ferme.

On reconnaît que l'extrait est suffisamment évaporé en mettant un peu de celui-ci sur le bord d'une assiette en porcelaine ou sur une plaque de verre : au bout de quelques instants, l'extrait est refroidi, et, avec le doigt, on juge de son degré de concentration.

Lorsque l'extrait est en consistance voulue, on le met dans un pot, et, pour détacher ce qui reste adhérent à la bassine, on expose l'intérieur de celle-ci à l'action de la vapeur d'eau pendant quelques minutes; l'extrait se ramollit et s'enlève facilement. Il ne reste plus qu'à mettre au bain-marie le pot contenant l'extrait et à remuer celui-ci avec une spatule pour le rendre homogène.

Certains extraits sont hygrométriques; la plupart s'altèrent sous l'influence de l'humidité, aussi faut-il les conserver dans un endroit sec.

Pour assurer la conservation des extraits, je renferme les pots qui les contiennent dans des boites en fer blanc munies d'un support formé de deux bandes de fer blanc disposées en croix et soudées au centre. On courbe à angle droit les extrémités des bandes, de façon à laisser, entre la partie qui supporte le pot et le fond de la boite, un espace de plusieurs centimètres dans lequel on peut mettre quelques fragments de chaux vive, si l'extrait a attiré l'humidité.

On délivre toujours l'extrait aqueux, faute de désignation spéciale, lorsqu'il existe plusieurs extraits d'une même substance.

EXTRAITS (SOLUTÉS TITRÉS D')

Pour la préparation de plusieurs médicaments, il est commode d'avoir certains extraits sous forme de solutés titrés qu'il ne faut pas confondre avec les extraits fluides du commerce.

On choisit le véhicule selon la nature de l'extrait et on la prépare à P. E., au tiers, au quart, au cinquième ou au dixième, suivant l'usage auquel on la destine.

Ci-dessous quelques formules de ces solutés pouvant servir de types pour toutes les préparations analogues.

Soluté d'extrait d'ipécacuanha au 1/10. (Falière, de Libourne)

Extrait d'ipécacuanha ...　10
Sucre ....　40
Eau distillée...........　80
Alcool à 60°...........　20

Faites dissoudre l'extrait dans l'eau distillée froide; filtrez; ajoutez le sucre; faites évaporer à une douce chaleur jusqu'à réduction au poids de 80. Laissez refroidir et ajoutez l'alcool.

Je crois qu'il serait préférable de n'employer que 60 d'eau pour dissoudre l'extrait, et de verser le restant sur le filtre pour enlever les principes solubles que celui-ci peut retenir.

Préparez de même le soluté d'extrait de pavot blanc à 1/10.

Soluté d'extrait d'opium au 1/10

Extrait d'opium...　10
Alcool à 60°........　90

Faites dissoudre dans un mortier et filtrez.

Soluté d'extrait de ratanhia au 1/4

Extrait de ratanhia....　25
Eau distillée.........　25
Alcool à 60°.........　25
Sirop de sucre ....　25

Faites dissoudre au bain-marie l'extrait dans le mélange d'eau et de sirop; laissez refroidir, ajoutez l'alcool puis Q. S. d'eau pour compléter 100.

Soluté d'extrait de ratanhia à P. E.

Extrait de ratanhia.. 50
Glycérine officinale.. 25
Eau distillée........ 25

Faites dissoudre au bain-marie l'extrait dans le mélange d'eau et de glycérine, laissez refroidir et ajoutez Q. S. d'eau distillée pour obtenir 100 de soluté.

Préparez de même les solutés de cachou, monésia et thridace.

Extrait de belladone (avec le suc)

Feuilles de belladone, à l'époque de la floraison.   Q. V.

Pilez la plante dans un mortier en marbre, exprimez-en le suc à la presse; soumettez ce suc à l'action de la chaleur, afin de séparer l'albumine qui entraîne la chlorophylle en se coagulant; passez. Évaporez au bain-marie le suc ainsi clarifié, en l'agitant continuellement, jusqu'à réduction au tiers du volume. Laissez refroidir le liquide, et mettez-le à déposer pendant douze heures. Séparez le dépôt, et terminez l'opération au bain-marie, pour obtenir un extrait mou (Codex).

Préparez de la même manière les extraits de sucs dépurés de Ciguë (feuilles), Jusquiame (feuilles), Laitue vireuse (feuilles), Stramoine (feuilles).

En pilant à nouveau le résidu de l'expression, on obtient de nouvelles quantités de suc, ce qui augmente le rendement en extrait.

Pour clarifier le suc, il ne faut pas le porter à l'ébullition, mais le retirer du feu dès que, en l'examinant dans une cuillère, on voit l'albumine coagulé nager dans un liquide clair.

Comme il est plus facile de prendre le poids d'un liquide, avant la tare du vase qui le contient, que son volume, il sera plus commode d'évaporer le suc au tiers de son poids qu'au tiers de son volume.

Si on opère sur de petites quantités de plantes, il serait plus simple de filtrer le liquide après l'avoir concentré. Si, au contraire, on opère sur des quantités un peu fortes, après avoir décanté, on verserait le dépôt sur un filtre afin de recueillir tout le liquide.

Pourquoi le Codex fait-il préparer cet extrait avec la plante fraîche quand il emploie la teinture de belladone à la préparation du sirop, et l'extrait d'aconit avec les feuilles sèches, quand on ne fait usage en pharmacie que des alcoolatures de cette plante ? Il serait pourtant plus facile aux pharmaciens de se procurer une petite quantité d'aconit frais fournissant 4 0/0 d'un extrait peu usité qu'une grande quantité de belladone fraîche ne fournissant que 2 0/0 d'un extrait très employé.

Extrait de Casse

Casse...................	1000
Eau distillée...........	1000

Ouvrez les fruits; enlevez, au moyen d'une spatule, les pulpes, les semences et les cloisons intérieures; délayez-les dans l'eau distillée; passez, sans expression, à travers une étamine. Lavez le résidu avec un peu d'eau froide, réunissez les liqueurs, et faites-les évaporer au bain-marie en consistance d'extrait mou (Codex).

Extrait alcoolique de ciguë (semences)

Ciguë (semences). . . . 1000
Eau distillée . . . . . . Q. S.
Alcool à 60°. 6000

Réduisez les semences en poudre grossière; faites-les digérer à une douce chaleur, pendant quelques heures, dans la moitié de l'alcool; passez, avec expression. Faites digérer le marc dans la seconde moitié de l'alcool; passez et filtrez les liqueurs réunies.

Retirez l'alcool par distillation au bain-marie et concentrez le résidu au bain-marie. Faites dissoudre le produit dans quatre fois son poids d'eau distillée, filtrez, évaporez au bain-marie en consistance pilulaire.

Préparez de la même manière les extraits alcooliques de Belladone (racine), Colchique (semences), Jusquiane (semences), Stramoine (semences).

'N'y aurait-il pas avantage à remplacer les digestions par deux ou trois macérations successives, dans le même liquide, avec forte expression après chacune d'elles, ce qui aurait pour effet d'expulser, en partie, l'huile contenue dans ces semences et de faciliter par cela même l'action dissolvante du véhicule ?

Le Codex ne dit pas quel degré de concentration on doit donner au résidu de la distillation.

C'est sans doute la consistance d'un extrait mou.

La dissolution de ce dernier dans l'eau distillée et la filtration du soluté ont sans doute pour but d'éliminer les corps gras contenus dans ces extraits; or, d'après les travaux de M. Houli, pharmacien à Paris, c'est précisément dans la matière grasse des semences de colchique que se trouve la plus grande partie de la colchicine cristallisable. N'en est-il pas de même pour les autres semences ?

La première édition du Codex de 1884 fait préparer l'extrait alcoolique de belladone avec les semences ; dans la seconde, on leur a subtitué la racine, sans modifier le mode opératoire. C'est une erreur, l'extrait de belladone avec la racine doit se préparer comme l'extrait alcoolique de digitale.

Extrait de cubèbe

Poudre de cubèbe. 1000
Ether rectifié du commerce . . 2000
Alcool à 95°. 2000

Epuisez la poudre de cubèbe dans un appareil à déplacement, d'abord par l'éther, puis par l'alcool.

Distillez séparément les deux teintures avec les précautions nécessaires ; évaporez au bain-marie le résidu alcoolique ; ajoutez l'extrait éthéré.

Ce mode opératoire est contraire aux indications données pour le traitement par lixiviation puisqu'il faut laisser écouler tout l'éther avant d'ajouter l'alcool.

Extrait de digitale

Feuilles sèches de digitale. . 1000
Eau distillée bouillante. . . . 8000

Réduisez les feuilles de digitale en poudre grossière, faites-les infuser pendant douze heures dans 6000 d'eau. Passez avec expression à travers une toile ; laissez déposer. Traitez le marc de la même manière avec le reste de l'eau. Concentrez au bain-marie la première infusion, ajoutez la seconde après l'avoir amenée à l'état sirupeux ; évaporez enfin en consistance d'extrait mou (Codex).

Préparez de la même manière les extraits aqueux de :
Absinthe, Aconit (feuilles), Armoise, Bourrache (feuilles),
Camomille, Centaurée (petite), Chamœdrys, Chardon
bénit, Chicorée (feuilles), Fumeterre, Noyer (feuilles),
Pissenlit, Séné (feuilles), Maïs (stigmates), Trèfle d'eau.

Les feuilles d'aconit sèches étant peu employées, on
est exposé à en recevoir de vieilles et, s'il faut les faire
sécher soi-même, il est plus commode de préparer
l'extrait d'aconit avec les feuilles fraîches (Voyez extrait
de belladone avec le suc).

Le Codex de 1837 faisait préparer l'extrait de digitale
et la plupart des extraits indiqués ci-dessus par lixiviation avec de l'eau distillée froide.

Pourquoi ne reviendrait-on pas à cette méthode qui
exige moins d'eau et qui donne des liquides plus limpides ? De plus, l'eau bouillante a l'inconvénient
d'entraîner de l'amidon et d'autres substances altérables
et de nuire, par cela même, à la conservation de ces
extraits. Enfin je crois que dans beaucoup de cas on
obtient plus d'extrait en traitant la substance par déplacement, qu'en la traitant par infusion.

Extrait de digitale (alcoolique)

Feuilles sèches de digitale. 1000
Alcool à 60° 6000

Réduisez les feuilles de digitale en poudre demi-fine
que vous introduirez dans un appareil à déplacement.
Versez sur cette poudre légèrement tassée, la quantité
d'alcool nécessaire pour qu'elle en soit pénétrée dans
toutes ses parties, fermez alors l'appareil et laissez les
deux substances en contact pendant douze heures. Au
bout de ce temps, rendez l'écoulement libre et faites

passer successivement sur la digitale la totalité de l'alcool prescrit.

Distillez la liqueur pour en retirer l'alcool et concentrez au bain-marie en consistance d'extrait mou (Codex).

Préparez de la même manière les extraits alcooliques de : Aconit (racine), Cascara sagrada, Chanvre indien (sommités fleuries), Coca, Gelseminum sempervirens (racine), Grenadier (écorce de racines), Ipécacuanha, Jaborandi, Kola (semences), Orme (écorce), Polygala, Quinquina gris, Quinquina jaune, Quinquina rouge, Rue, Sabine, Salsepareille, Serpentaire, Valériane.

Il ne faut fermer l'appareil que quand le liquide commence à s'écouler.

Lorsque l'écoulement a cessé, exprimez fortement la digitale pour en retirer l'alcool qu'elle retient, filtrez ; réunissez les liqueurs et distillez au bain-marie.

L'extrait d'ipécacuanha, ainsi préparé, contient une forte proportion de principe inerte et insoluble dans l'eau. Pour obvier à cet inconvénient, il faut verser le résidu de la distillation sur un filtre, laisser écouler le liquide, mettre le filtre et son contenu dans un linge serré, presser lentement et progressivement, filtrer le liquide obtenu, le réunir au premier et évaporer comme il est dit plus haut.

Extrait de fève de Calabar

Fève de Calabar. 1000
Alcool à 80° environ 5000

Réduisez les fèves en poudre très fine ; faites digérer cette poudre avec un litre d'alcool dans le bain-marie d'un alambic, que vous maintiendrez à une douce chaleur pendant deux heures environ. Après ce temps, introduisez le mélange dans un appareil à déplacement.

Lorsque le liquide aura cessé de couler, versez sur la poudre un deuxième litre d'alcool bouillant et continuez ainsi jusqu'à ce que le liquide passe à peine coloré.

Réunissez les liqueurs et distillez-les pour retirer l'alcool : achevez l'évaporation au bain-marie en consistance d'extrait ferme.

Il est nécessaire d'agiter sans cesse, vers la fin de l'opération, pour rendre le produit homogène.

Il me semble que la digestion au bain-marie et l'expression répétée après chaque digestion devrait donner un meilleur résultat.

Même observation sur le mode opératoire que pour l'extrait de cubèbe.

Extrait de fiel de bœuf

Vésicules biliaires de bœuf très récentes. . . Q. V.

Faites une ouverture aux vésicules, laissez couler la bile qu'elles contiennent sur une étoffe de laine ; recueillez le liquide qui passe, et faites-le évaporer au bain-marie, en consistance d'extrait ferme (Codex).

EXTRAITS FLUIDES

La pharmacopée des Etats-Unis contient un certain nombre de formules d'extraits fluides qui, toutes, donnent en produit un poids égal à celui de la substance employée.

Comme spécimen de ces préparations, je reproduis la formule ci-dessous :

Extrait fluide de quinquina

Quinquina jaune en poudre. . 100
Glycérine 25
Alcool à 90° . . . . Q. S.
Eau distillée. . . . . Q. S

Mêlez la glycérine avec 75 d'alcool. Humectez la poudre avec 35 de ce mélange. Introduisez dans l'appareil à déplacement, en tassant fortement. Versez le reste du mélange; et, dès que le liquide commencera à s'écouler, fermez le robinet.

Après 48 heures, ouvrez le robinet et, quand le liquide disparaîtra de la surface, versez sur la poudre le mélange suivant :

Alcool à 90° 300
Eau distillée. 100

jusqu'à complet épuisement.

Recueillez d'abord 75 de liquide que vous mettrez à part, et distillez au bain-marie le reste du liquide. Evaporez le résidu de la distillation, en consistance d'extrait mou. Dissolvez dans les 75 de liquide mis à part et ajoutez Q. S. du mélange d'alcool et d'eau distillée pour obtenir 100 de produit.

Il ne faut pas confondre ces extraits fluides avec les produits qu'on trouve sous ce nom dans le commerce et qu'on emploie à tort pour la préparation des sirops.

Extrait de fougère mâle

EXTRAIT OLÉO-RÉSINEUX DE FOUGÈRE MALE

Rhizomes de fougère mâle mondés des parties
   les plus anciennes et récemment séchés . .   1000
Ether rectifié du commerce.   2000

Réduisez les rhizomes en poudre demi-fine ; traitez la
poudre par déplacement ; recueillez la liqueur et filtrez
en vase clos. Distillez au bain-marie à une douce
chaleur, avec les précautions nécessaires.

Versez le résidu de la distillation dans une capsule
que vous maintiendrez pendant quelque temps au bain
marie en agitant continuellement, afin de volatiliser le
restant du liquide.

Conservez le produit dans un flacon bouché.

Préparez de la même manière les extraits éthérés de
Cantharide, Semen-contra.

Extrait de garou

EXTRAIT ÉTHÉRÉ DE GAROU

Ecorce de garou très divisée . . .   1000
Alcool à 80°.   7000
Ether rectifié du commerce. . . .   1000

Epuisez le garou, par déplacement, au moyen de
l'alcool. Distillez pour recueillir l'alcool ; introduisez le
résidu dans un flacon bouché à l'émeri ; ajoutez l'éther
et agitez souvent pendant vingt-quatre heures. Décantez
la liqueur éthérée, et soumettez-la à la distillation avec
les précautions nécessaires ; évaporez le résidu au bain-

marie, jusqu'à ce qu'il ait acquis la consistance d'extrait mou (Codex).

Le garou se divisant très mal, n'y aurait-il pas avantage à opérer par macérations successives, chacune d'elles étant suivie d'une forte expression ?

Extrait de gayac

Bois de gayac rapé   1000
Eau distillée.   18000

Faites bouillir le gayac pendant une heure dans la moitié de l'eau et passez à travers une toile.

Soumettez le résidu à une seconde décoction avec l'autre moitié de l'eau, laissez déposer pendant douze heures; évaporez au bain-marie les liquides décantés.

Lorsque le produit aura acquis une consistance molle, ajoutez-y environ le huitième de son poids d'alcool à 80°; mélangez exactement, et achevez l'évaporation, jusqu'à consistance d'extrait mou (Codex).

Extrait de genièvre

Baies de genièvre récemment séchées. 1000
Eau distillée tiède.   6000

Contusez légèrement les baies de genièvre dans un mortier en marbre, faites-les macérer dans la moitié de l'eau pendant vingt-quatre heures; passez avec légère expression. Versez la seconde moitié de l'eau sur le marc; laissez macérer pendant douze heures et passez. Filtrez séparément les liqueurs à travers une étoffe de laine. Concentrez au bain-marie la première solution; ajoutez la seconde, après l'avoir réduite à l'état sirupeux, évaporez en consistance d'extrait mou (Codex).

Extrait de gentiane

```
Racine de gentiane. . . . . . . . .   1000
Eau distillée . . . . . . . . . . . .   8000
```

Coupez la racine en tranches minces, et faites une première macération avec 5000 d'eau : après douze heures de contact, passez avec expression.

Faites avec le résidu et le restant de l'eau une seconde macération : réunissez les deux liqueurs ; laissez-les déposer ; décantez, évaporez au bain-marie en consistance d'extrait mou (Codex).

Préparez de la même manière les extraits aqueux de Aunée, Bardane, Bistorte, Chiendent, Douce-amère, Patience, Quassia amara, Ratanhia, Réglisse, Rhubarbe, Saponaire (racine).

Plusieurs des substances ci-dessus pourraient être traitées avantageusement par déplacement.

L'extrait mou de ratanhia moisit facilement.

Extrait de laitue cultivée (tige)

THRIDACE

```
Tiges fraiches de laitue officinale. . . .   Q. V.
```

Incisez les tiges : pilez-les dans un mortier en marbre ; exprimez fortement ; chauffez le suc, pour coaguler l'albumine qu'il renferme. Passez à travers un tissu de laine ; évaporez au bain-marie en consistance d'extrait ferme (Codex).

Extrait de malt

Orge germé desséché à 50° et dont la tigelle a
atteint les 2/3 de la longueur du grain. . . .   1000
Eau distillée. 2000

Broyez l'orge au moulin et divisez-le au mortier;
faites macérer six heures dans l'eau en, agitant de
temps en temps; passez avec expression: filtrez et
faites évaporer dans des vases à large surface à une
température ne dépassant pas 45°.

Extrait de muguet (aqueux)

Tiges et fleurs de muguet récemment récol-
lées et desséchées.   300
Feuilles sèches de muguet   100
Racines de muguet desséchées   100
Eau distillée bouillante 6000

Incisez les substances et faites-les infuser pendant
douze heures dans la moitié de l'eau. Exprimez et
faites de la même manière une seconde infusion avec le
reste de l'eau. Exprimez. Réunissez les deux liqueurs.
Evaporez en consistance d'extrait mou. Faites dissoudre
cet extrait dans une quantité suffisante d'eau distillée
froide. Filtrez. Evaporez au bain-marie en consistance
d'extrait ferme (Codex).

Extrait de muguet (avec le suc)

Tiges et fleurs fraiches de muguet .   3000
Feuilles fraiches de muguet.   1000
Racines fraiches de muguet.   1000

Contusez les substances dans un mortier en marbre, exprimez le suc à la presse. Soumettez ce suc à l'action de la chaleur afin de séparer l'albumine qui entraîne la chlorophylle en se coagulant. Passez. Evaporez au bain-marie le suc ainsi clarifié en agitant continuellement, en consistance d'extrait mou.

Faites dissoudre cet extrait dans l'eau distillée.

Filtrez, évaporez au bain-marie en consistance d'extrait ferme (Codex).

Les formules et les modes opératoires des extraits de muguet me paraissent pour le moins très singuliers.

Il me semble qu'un seul extrait eût suffit pour un médicament dont la valeur thérapeutique est si contestable.

Extrait de noix vomique

Noix vomique râpée............   1000
Alcool à 80º...................   8000

Faites macérer la noix vomique pendant trois jours dans les trois quarts de l'alcool. Passez avec expression, filtrez. Versez sur le marc le reste de l'alcool prescrit, laissez macérer de nouveau, passez, exprimez et filtrez.

Réunissez les deux liqueurs obtenues et soumettez-les à la distillation pour en retirer l'alcool; concentrez le résidu au bain-marie en consistance pilulaire (Codex).

La distillation doit se faire au bain-marie.

Extrait d'opium

EXTRAIT THÉBAÏQUE

Opium officinal...............   1000
Eau distillée................. 12000

Coupez l'opium en tranches très minces et divisez-le dans 8000 d'eau de façon à obtenir une bouillie claire. Laissez macérer pendant vingt-quatre heures, passez, exprimez. Versez sur le marc le reste de l'eau prescrite, agitez ; après douze heures de macération passez avec expression.

Réunissez les liqueurs, filtrez, évaporez au bain-marie en consistance d'extrait mou.

Reprenez cet extrait par dix fois son poids d'eau distillée, laissez reposer pour séparer les parties insolubles, filtrez, évaporez de nouveau au bain-marie en consistance d'extrait ferme (Codex). On ne laisse déposer le liquide que pour verser en dernier le dépôt sur le filtre.

Extrait de quinquina

Quinquina gris officinal.........   1000
Eau distillée bouillante.........   12000

Réduisez le quinquina en poudre grossière, faites-le infuser, pendant vingt-quatre heures, dans 8000 d'eau en remuant de temps en temps.

Passez le liquide à travers une toile ; laissez déposer. Versez sur le marc, le reste de l'eau et faites une deuxième infusion en opérant comme pour la première ; concentrez au bain-marie la première infusion, ajoutez la seconde, après l'avoir réduite séparément à l'état sirupeux ; évaporez en consistance d'extrait mou (Codex).

Selon moi, il est préférable de traiter le quinquina par digestion en opérant de la manière suivante :

Dans le bain-marie d'un alambic, plongeant dans l'eau de la cucurbite, mettez le quinquina en poudre grosse et 8000 d'eau distillée ; portez l'eau de la cucurbite à l'ébullition en agitant de temps en temps, avec une spatule en bois, le contenu du bain-marie ; retirez le feu sans déplacer ni la cucurbite ni le bain-marie que vous tenez couvert. Au bout de vingt-quatre heures, passez sur une toile, avec expression, et, avec le marc et le restant de l'eau, faites une seconde digestion en opérant comme la première fois.

Laissez déposer les deux liquides, décantez-les, versez les dépôts sur un filtre, et ajoutez le liquide filtré au dernier digesté.

Concentrez successivement, au bain-marie, les deux digestés, pour les réduire à l'état sirupeux, mêlez-les, et achevez l'évaporation au bain-marie en consistance d'extrait mou.

Faute de désignation, c'est l'extrait aqueux de quinquina gris qu'on doit délivrer.

Extrait sec de quinquina

Extrait de quinquina gris.......   Q. V.
Eau distillée.......... ....   Q. S.

Faites dissoudre l'extrait de quinquina dans Q. S. d'eau distillée, pour obtenir un liquide sirupeux que vous étendez uniformément sur des assiettes.

Faites sécher à l'étuve, et enfermez immédiatement le produit dans les flacons bien secs que vous boucherez hermétiquement.

Extrait de quinquina jaune

Quinquina Calisaya en poudre demi-fine..   1000
Alcool à 60º.............................   6000
Eau distillée...........................   1000

Traitez le quinquina avec l'alcool par déplacement ; distillez les liqueurs au bain-marie pour en retirer l'alcool. Versez l'eau distillée sur le résidu de la distillation, agitez de temps en temps. Après douze heures, filtrez le liquide, évaporez au bain-marie en consistance d'extrait ferme (Codex).

Préparez de la même manière l'extrait de quinquina rouge.

Le quinquina retenant de l'alcool, on l'exprime, pour retirer le liquide qu'on filtre et qu'on réunit au premier produit.

Extrait de scille

Squames sèches de scille en poudre grossière.   1000
Alcool à 60° 8000

Faites macérer pendant dix jours les squames de scille dans 6000 d'alcool; passez avec expression et filtrez. Versez sur le marc le reste de l'alcool; après trois jours, exprimez de nouveau, filtrez. Réunissez les teintures, distillez au bain-marie pour en retirer l'alcool; évaporez au bain-marie en consistance d'extrait mou (Codex).

Préparez de la même manière les extraits alcooliques de : Cantharide, Colombo, Coloquinte, Houblon, Lactucarium, Pavot blanc (capsules), Safran.

Extrait de seigle ergoté

ERGOTINE

Seigle ergoté broyé au moulin...   1000
Eau distillée....................   5000
Alcool à 90°....................   Q. S.

Mettez le seigle ergoté dans un appareil à déplacement avec le double de son poids d'eau; après un contact de douze heures, faites écouler le liquide que vous chaufferez au bain-marie pour obtenir un coagulum qui sera rejeté.

Epuisez le marc par le restant de l'eau, puis évaporez ce liquide jusqu'à consistance sirupeuse; ajoutez-y le premier liquide, et mettez le tout dans un flacon d'une capacité double; ajoutez de l'alcool à 90° en quantité suffisante jusqu'à ce que le liquide commence à perdre de sa transparence. Agitez alors le mélange, les parties insolubles s'attacheront aux parois du flacon, décantez, évaporez en consistance d'extrait mou (Codex). (Voyez *extrait de cubèbe*).

Ce mode opératoire est défectueux et sa rédaction manque de clarté.

Le second liquide amené en consistance sirupeuse et ajouté au premier, donnera un soluté d'extrait de concentration variable et dans lequel on versera une quantité indéterminée d'alcool à 90°.

Or, comme il se séparera d'autant plus de matières insolubles que le degré alcoolique du liquide sera plus élevé, on ne pourra, par le procédé ci-dessus, avoir une ergotine toujours identique.

Le mode opératoire donné par M. Carles présente les mêmes inconvénients que celui du Codex; quant à celui de M. Catillon il donne un extrait alcoolique qui doit différer sensiblement de l'ergotine Bonjean.

Les travaux faits sur le seigle ergoté étant contradictoires, ne peuvent servir à établir une formule rationnelle pour la préparation de l'ergotine; il faut alors chercher à obtenir un produit présentant les mêmes caractères que l'ergotine Bonjean, c'est-à-dire complètement soluble dans l'eau et dans l'alcool à 70° et peu soluble dans l'alcool à 90°.

Pour préparer l'ergotine, Soubeiran conseille de

traiter à plusieurs reprises l'extrait aqueux de seigle ergoté par l'alcool à 90° pour enlever toute la partie soluble dans ce liquide, de filtrer la liqueur alcoolique, de distiller au bain-marie et d'évaporer au bain-marie le résidu de la distillation en consistance d'extrait mou. Il suffit, dans l'opération précédente, de remplacer l'alcool à 90° par l'alcool à 70° pour obtenir une ergotine présentant tous les caractères de celle de Bonjean.

On pourrait abréger l'opération, si on connaissait la teneur du liquide en extrait, lorsque sa densité est par exemple à 1,25 à la température du bain-marie. Sachant le poids du liquide, la quantité d'extrait qu'il tient en dissolution, on aurait par soustracion, le poids de l'eau. Il ne resterait plus qu'à ajouter au liquide froid Q. S. d'alcool à 90° pour que la précipitation s'opère dans l'alcool à 70°.

Il suffirait de quelques essais pour fixer la quantité d'extrait contenu dans le liquide, à la température du bain-marie et pour une densité déterminée.

Faute de ces données, il y aurait avantage à dissoudre l'extrait dans son poids d'eau distillée et à ajouter par 100 gr. d'eau employée 270 gr. d'alcool à 90°. Décanter. Répéter à plusieurs reprises cette opération et filtrer les liqueurs réunies.

FOMENTATIONS

Médicaments liquides destinés à être appliqués sur une des parties du corps au moyen d'une éponge, d'un morceau de flanelle ou d'un linge trempé dans ce liquide.

Fomentation aromatique

Espèces aromatiques............ 30
Eau bouillante.................. 1000

Laissez infuser une heure; passez avec expression.
Le Codex fait bouillir dix minutes : pourquoi ?

Fulmicoton

Acide sulfurique officinal........ 1000
Acide azotique officinal.......... 500
Coton cardé et séché à 100°...... 55

Versez l'acide sulfurique dans l'acide azotique et laissez
refroidir le mélange jusqu'à la température de 30° environ; introduisez-y le coton, par petites portions, afin
d'éviter un trop grand développement de chaleur. Abandonnez le tout pendant 24, 36 ou 48 heures, selon que la
température sera de 35, 25 ou 15° centigrades. Retirez
alors le coton, et lavez-le à grande eau pour lui enlever
jusqu'à la dernière trace d'acide. Faites-le sécher à l'air
libre.

Conservez le fulmicoton à l'abri de l'humidité.

GARGARISMES

Médicaments liquides employés dans les affections
de la gorge et qui ne doivent pas être avalés.

Gargarisme astringent

```
Pétales de rose rouge............    10
Eau bouillante..................    250
Alun............................     5
Miel rosat......................    50
```

Faites infuser une demi-heure les pétales dans l'eau bouillante.

Passez avec expression à travers une étamine, faites dissoudre l'alun dans l'infusé et ajoutez le miel rosat.

Préparez de même le gargarisme au borate de soude.

Pourquoi faire entrer dans ces gargarismes un infusé de rose, puisqu'ils contiennent du miel rosat ?

La dose de borax est trop faible.

Gargarisme au chlorate de potasse

```
Chlorate de potasse..........     5
Eau distillée................    250
Sirop de mûres...............    50
```

Faites dissoudre le chlorate dans l'eau à l'aide du mortier et versez dans la fiole contenant le sirop. Bouchez et agitez.

Gargarisme émollient

```
Miel blanc...................    50
Orge.........................     5
Eau..........................   Q. S.
```

Faites bouillir l'orge jusqu'à ce qu'il soit crevé, dans

une quantité suffisante d'eau pour obtenir 250 de décocté, passez à travers une étamine, laissez reposer quelques instants, décantez ; ajoutez le miel et complétez avec de l'eau pour obtenir 300 de gargarisme.

GELÉES

Préparations dont les bases sont l'eau, un principe d'origine animale ou végétale qui leur donne la consistance de la gelée de groseille, et du sucre pour assurer leur conservation.

Ces préparations étant très peu employées nous ne donnerons comme spécimen de cette forme pharmaceutique que la gelée de carragaheen.

Gelée de carragaheen

Carragaheen	60
Sucre	125
Eau	Q. S.
Eau de fleur d'oranger	10

Lavez avec soin le carragaheen à l'eau froide, faites-le bouillir pendant une demi-heure dans une quantité d'eau suffisante pour obtenir, après expression, 250 de liquide. Passez à travers une étamine, ajoutez le sucre et faites réduire à 250. Après quelques instants, enlevez l'écume et coulez dans un pot où vous mélangerez la gelée avec l'eau de fleur d'oranger.

Les proportions indiquées ci-dessus doivent produire 250 de gelée.

GLYCÉRÉS

Préparations ayant pour base la glycérine seule ou un mélange de glycérine et d'amidon que l'on chauffe pour lui donner la consistance d'empois. Ne serait-il pas plus rationnel de donner à ces dernières le nom de glycérolés et de réserver celui de glycérés aux solutions dans la glycérine ?

Glycéré d'amidon

    Amidon en poudre   10
    Glycérine officinale. 140

Délayez l'amidon dans la glycérine ; faites chauffer le mélange dans une capsule en porcelaine, en agitant continuellement jusqu'à ce que la masse commence à se prendre en gelée.

Ce glycéré se fait mieux en délayant l'amidon avec 10 d'eau et 130 de glycérine.

Glycéré d'extrait de belladone

    Extrait de belladone.   10
    Glycéré d'amidon   90

Ramollissez l'extrait avec une petite quantité de glycérine et mêlez-le avec soin au glycéré d'amidon.

Préparez de même les glycérés d'extraits de Ciguë, de Jusquiame, d'Opium, etc.

Il serait peut-être plus commode de dissoudre l'extrait dans le glycéré au bain-marie.

Glycéré de goudron

        Goudron................... 10
        Glycéré d'amidon........ 90

Mêlez.

Préparez de même les glycérés de : Calomel, Soufre, Sous-Nitrate de bismuth, Laudanum de Sydenham.

Glycéré d'iodure de potassium

        Iodure de potassium...... 4
        Glycéré d'amidon........ 22
        Eau distillée............. 4

Faites dissoudre l'iodure dans l'eau distillée, et mêlez au glycéré d'amidon (Codex).

Pourquoi ne pas préparer ce glycéré au dixième comme la pommade d'iodure de potassium ?

Glycéré d'oxyde de zinc

        Oxyde de zinc par voie sèche...... 10
        Glycéré d'amidon................ 20

Mêlez.

Pourquoi ce glycéré n'est-il pas au dixième comme la pommade ?

Il est plus commode, pour préparer ce glycéré, de délayer avec la glycérine le mélange d'amidon et d'oxyde de zinc, puis de chauffer jusqu'à consistance voulue.

Glycéré de tannin

Tannin pulvérisé........... 10
Glycéré d'amidon......... 50

Mêlez avec soin.

Gomme ammoniaque purifiée

Gomme ammoniaque grossièrement concassée. Q. V.
Alcool à 60°................................... Q. S.

Dissolvez à chaud la gomme-résine dans une quantité suffisante d'alcool à 60°; passez avec expression à travers un linge peu serré; chassez l'alcool par évaporation au bain-marie, jusqu'à ce que le produit soit assez épaissi pour que quelques gouttes jetées dans l'eau froide prennent assez de consistance pour être malaxées entre les doigts sans y adhérer.

Purifiez de la même manière les gommes-résines suivantes : Asa-fœtida, Galbanum, Sagapenum.

Ce mode opératoire a l'inconvénient de volatiliser, pendant l'opération, une certaine quantité d'alcool et par cela même de diminuer le pouvoir dissolvant du liquide.

Pour ces motifs, je préfère opérer la division de la gomme-résine comme l'indique le Codex de 1866 et par 100 d'eau restant, ajouter 150 d'alcool à 90°.

Goudron pulvérulent

Goudron de Norwège................... 100
Sciure de bois de sapin.............. 200
Mêlez intimement au mortier.

Gouttes amères de Baumé

Fève de Saint Ignace râpée..   500
Suie   1
Carbonate de potasse...........   5
Alcool à 60°..........................   1000

Faites macérer en vase clos pendant dix jours en agitant de temps en temps. Passez avec expression. Filtrez.

Baumé prétend que le carbonate de potasse et la suie
modèrent la trop grande activité de ce remède; mais cet
auteur ignorait la composition de la fève de Saint-
Ignace.

Le carbonate de potasse doit agir sur la combinaison
naturelle des alcaloïdes; quant à la suie elle me paraît
inutile.

Gouttes blanches de Gallard

Chlorhydrate de morphine............ 0,10
Eau distillée de laurier-cerise.... 10

Mettez le sel de morphine et l'eau dans un flacon et
agitez jusqu'à la dissolution.

Gouttes noires anglaises

BLACK DROPS

Opium officinal	100
Acide acétique cristallisable	60
Eau distillée	540
Muscade	25
Safran	8
Sucre	50

Mélangez l'acide acétique avec la quantité d'eau prescrite, divisez l'opium; pulvérisez grossièrement la noix de muscade et incisez le safran; mettez ces substances dans un ballon avec les trois quarts de l'acide acétique dilué; faites macérer, pendant dix jours, en agitant de temps en temps. Chauffez au bain-marie pendant une demi-heure; passez, exprimez fortement. Ajoutez sur le marc le reste de l'acide acétique dilué; après vingt-quatre heures de contact, exprimez de nouveau à la presse. Réunissez ces liqueurs, filtrez; ajoutez le sucre et faites évaporer au bain-marie jusqu'à réduction à 200 gr.

La liqueur refroidie doit marquer environ 1,25 au densimètre.

Cette préparation représente la moitié de son poids d'opium ou le quart d'extrait d'opium : une partie équivaut à 2 parties de laudanum de Rousseau et à 4 parties de laudanum de Sydenham.

Les gouttes noires anglaises ainsi préparées ne sont pas aussi bien dosées que le prétend le Codex, car il reste dans le marc une quantité plus ou moins grande de principe actif, selon qu'il a été plus ou moins pressé; le linge dont on s'est servi pour l'exprimer en retient également plus ou moins; enfin, si l'on opère avec 1000 d'opium, la perte du liquide à évaporer sera proportionnellement moins grande que si on n'a pris que 100 d'opium; comme on doit obtenir en produit un poids double de celui de l'opium employé, on aura une préparation de concentration très variable ce qui n'est pas sans inconvénient pour un médicament aussi énergique.

Pour que les gouttes noires soient toujours identiques et répondent aux indications du Codex, voici, selon moi, comment il faudrait opérer :

Pour la quantité ci-dessus d'opium, d'acide acétique, de sucre, de safran, de muscade, prenez 840 d'eau distillée dans laquelle vous ferez dissoudre le sucre et l'acide acétique. Avec la moitié de ce liquide, divisez l'opium dans un mortier en porcelaine ; versez dans un matras ; passez le reste du liquide dans le mortier, et versez le tout dans le matras. Le contenu de celui-ci devra peser 1050. Ajoutez alors le safran coupé et la muscade en poudre grosse. Laissez macérer pendant dix jours en agitant de temps en temps. Mettez le matras au bain-marie pendant une demi-heure ; laissez refroidir, passez, exprimez fortement et filtrez.

Dans une capsule en porcelaine tarée, versez le liquide filtré, prenez-en le poids et évaporez-le au bain-marie jusqu'à ce qu'il soit réduit au cinquième de son poids. Versez dans un flacon et bouchez. Agitez après refroidissement.

Si, par exemple, vous avez 900 de liquide filtré, vous évaporerez jusqu'à ce qu'il ne pèse plus que 180.

Si on employait moins d'eau distillée, on obtiendrait moins de produit, le marc retenant plus de principe actif.

Huile de croton tiglium

Semences de croton tiglium mondées ... Q. V.

Lavez les semences à l'alcool; faites-les sécher sur un tamis; broyez-les et réduisez-les en pâte avec de l'éther à 0,758; épuisez cette pâte dans un appareil à déplacement, avec une nouvelle quantité d'éther que vous retirerez par distillation ou simple évaporation, suivant la quantité employée. Laissez déposer, décantez et filtrez.

Lorsque l'on opère sur une grande quantité de matière, on peut procéder par expression à l'extraction de l'huile. M. Julliard fait laver les semences à deux reprises dans l'eau froide, en les agitant dans ce liquide avec un bâton.

Voici un mode opératoire qui m'a toujours bien réussi :

      Croton tiglium (semences) 200
      Éther............................ Q. S.

Mettez des gants de peau pour monder les semences de leurs coques et ne conservez que les amandes non altérées. Pilez-les par fraction dans un mortier en fer pour les réduire en pâte fine que vous introduirez dans une allonge dont la douille sera garnie de coton; tassez fortement et versez sur cette pâte le double de son poids d'éther.

Si la pâte a été bien tassée l'éther pénètre très lentement dans la masse et s'écoule chargé d'huile. Lorsque l'écoulement a cessé, versez de l'eau dans l'allonge pour déplacer la majeure partie de l'éther, en évitant qu'il ne s'écoule du liquide aqueux.

Mettez le mélange d'éther et d'huile dans une capsule en porcelaine dont vous plongerez le fond dans l'eau

bouillante que vous renouvellerez au besoin pour volatiliser l'éther. Laissez refroidir et filtrez.

Il faut opérer la volatilisation de l'éther dans un endroit éloigné de tout corps en ignition, afin d'éviter l'inflammation de sa vapeur.

200 de semences de croton m'ont donné 100 d'amandes mondées qui elles-mêmes m'ont fourni 50 d'huile
en opérant par le procédé indiqué ci-dessus.

HUILES MEDICINALES

Préparations à base d'huiles fixes tenant en dissolution un ou plusieurs principes actifs.

On les obtient par simple mélange, par dissolution
à froid ou à chaud, par digestion ou par coction.

La plupart étant préparées avec l'huile d'olive, se
congèlent facilement l'hiver. Ne pourrait-on remplacer
l'huile d'olive par une huile qui n'aurait pas cet inconvénient?

Ces préparations ne se conservant pas très bien, il
faut les renouveler aussi souvent que possible.

Baume tranquille

HUILE DE BELLADONE COMPOSÉE

Feuilles fraîches de belladone...... 200
    »   »   de jusquiame...... 200
    »   »   de morelle........ 200

Feuilles fraîches de nicotiane...... 200
»   »   de pavot............ 200
»   »   de stramoine...... 200
Essence d'absinthe 0,50
»   d'hysope 0,50
»   de marjolaine 0,50
»   de menthe 0,50
»   de rue 0,50
»   de romarin 0,50
»   de sauge 0,50
»   de thym 0,50
Huile d'olive 5000

Contusez les plantes et mettez-les avec l'huile dans une bassine en cuivre; chauffez à un feu doux, jusqu'à ce que l'eau de végétation soit entièrement dissipée; ménagez alors le feu et, quand l'huile aura acquis une belle couleur verte, passez avec expression. Laissez refroidir, ajoutez les essences et filtrez

Lorsque l'eau de végétation est dissipée, les plantes sont sèches et cassantes.

D'après mon confrère, M. Constanty, si on ne fait pas cette préparation dans un vase en cuivre, non étamé, le baume est peu coloré, ce qui prouve que le cuivre combiné aux acides gras est pour beaucoup dans sa coloration.

Les auteurs du Codex auraient bien dû simplifier cette formule, d'abord en supprimant la morelle, la nicotiane, le pavot et en doublant la quantité des autres plantes, puis en ne mettant que l'essence de romarin et de thym à la dose de 2 gr. de chaque.

Le formulaire des hôpitaux militaires ne fait entrer dans cette préparation que de la belladone et de la jusquiame fraîche et des feuilles sèches de romarin.

Huile de camomille

Fleurs sèches de camomille romaine.....   100
Huile d'olive............................. 1000

Faites digérer pendant deux heures dans un bain-marie couvert, en agitant de temps en temps. Passez avec expression et filtrez.

Préparez de même les huiles de : Absinthe, Fénugrec, Millepertuis, Rose pâle.

Huile de camomille camphrée

Camphre râpé 100
Huile de camomille   900

Dissolvez le camphre dans l'huile au moyen du mortier et filtrez.

Huile camphrée

Camphre râpé 100
Huile d'olive...................   900

Dissolvez au moyen d'un mortier, le camphre dans l'huile et filtrez.

Huile de cantharide

Cantharides en poudre grossière.   100
Huile d'olive................... 1000

Faites digérer au bain-marie pendant six heures dans un vase fermé en ayant soin d'agiter de temps en temps ; passez avec expression et filtrez.

Huile de ciguë

Feuilles fraiches de ciguë....... 1000
Huile d'olive..................... 2000

Contusez les feuilles de ciguë, mélangez-les avec l'huile et faites bouillir sur un feu doux, jusqu'à ce que l'eau de végétation soit complètement dissipée ; passez avec expression et filtrez.

Préparez de la même manière les huiles de feuilles de : Belladone, Jusquiame, Morelle, Stramoine.

Ne serait-il pas préférable de préparer par digestion avec les semences, les huiles de Ciguë, Jusquiame, Stramoine ?

Huile de foie de morue créosotée

Créosote de hêtre............... 10
Huile de foie de morue........... 990

Mêlez.

Préparez de même l'huile de foie de morue au gaïacol.

Huile de foie de morue phéniquée

Phénol absolu............ 3
Huile de foie de morue .. 997

Mêlez et agitez jusqu'à dissolution.

Huile iodée (Berthé)

Iode...................... 5
Huile d'amandes douces... 1000

Triturez l'iode, dans un mortier en porcelaine, avec une petite quantité d'huile afin de bien le diviser ; ajoutez le reste de l'huile, versez ce mélange dans un ballon en verre ; chauffez au bain-marie pendant une heure ; laissez refroidir, et aromatisez avec quelques gouttes d'essence d'amandes amères.

Cette huile bien préparée, ne doit pas se colorer en bleu lorsqu'on l'additionne d'empois d'amidon.

Préparez de même l'huile de foie de morue iodée, mais en n'employant qu'un gramme d'iode.

Huile iodoformée

Iodoforme...................... 10
Huile d'amandes douces.......... 190

Mettez l'iodoforme et l'huile dans un ballon en verre et chauffez au bain-marie pour opérer la dissolution.

Huile morphinée

Oléate de morphine............ 20
Huile d'amandes douces........ 980

Dissolvez l'oléate dans l'huile.

Huile phéniquée

Phénol absolu 4
Huile d'amandes douces.......... 96

Dissolvez le phénol dans l'huile en agitant le mélange. (Usage externe).

Huile phosphorée

Phosphore blanc................ 1
Ether officinal.................... 4
Huile d'amandes douces décolorée. 95

Mettez l'huile dans un flacon bouchant à l'émeri, et d'une capacité telle qu'il soit rempli aux 9/10 ; ajoutez le phosphore et mettez le tout dans un bain d'eau chauffé graduellement jusqu'au voisinage de 80°. Débouchez le flacon deux ou trois fois pendant l'opération ; fermez-le ensuite exactement et agitez jusqu'à dissolution complète. Après refroidissement, ajoutez l'éther.

La décoloration de l'huile s'obtient en la chauffant pendant quelques instants à une température voisine de 250°.

Le maniment du phosphore étant très dangereux, il faut avant d'y toucher disposer, près de soi, un vase contenant de l'eau froide, pour l'y projeter s'il venait à s'enflammer.

Huile phosphorée au millième pour l'usage interne

Huile phosphorée au centième............. 10
Huile d'amandes douces décolorée........ 90

Mêlez.

Iodure mercureux

PROTOIODURE DE MERCURE

Eq. $Hg^2 I = 327$. F. atom : $Hg^2 I^2 = 654$

Mercure purifié 10
Iode................ 6
Alcool à 90°........ Q. S.

Triturez l'iode et le mercure dans un mortier en porcelaine, en ayant soin d'ajouter la quantité d'alcool strictement nécessaire pour former du tout une pâte homogène. Continuez la trituration jusqu'à ce que le mercure ait entièrement disparu et que la poudre ait pris une couleur vert foncé.

Introduisez le produit dans un matras, lavez-le à l'alcool bouillant, jusqu'à ce que la solution alcoolique ne contienne plus de biiodure, et faites-le sécher à l'abri de la lumière.

On ne doit jamais opérer sur de trop grandes quantités afin d'éviter le danger qui résulterait de l'échauffement de la masse et de sa projection hors du vase (Codex).

Pour laver le protoiodure de mercure, mettez-le dans un matras, avec trois à quatre fois son poids d'alcool à 90°; chauffez au bain-marie, en agitant fréquemment pour faciliter la dissolution du biiodure; lorsque l'alcool sera en ébullition, décantez et continuez ces lavages, jusqu'à ce qu'une goutte du liquide alcoolique déposée sur une lame d'acier bien poli ne laisse pas de trace, après quelques instants de contact.

Mettez l'iodure mercureux à sécher entre deux feuilles de papier à filtrer gris.

Iodure mercurique

BIIODURE DE MERCURE. — DEUTOIDURE DE MERCURE. —
IODURE ROUGE DE MERCURE

$$\text{Eq. Hg I} = 227. \text{ F. atom. Hg I}^2 = 454$$

Iodure de potassium ..	100
Chlorure mercurique..	80
Eau distillée............	2500

Faites dissoudre à froid, et séparément, l'iodure de potassium dans 1000 d'eau distillée, et le chlorure dans 1500 d'eau distillée. Versez le soluté de chlorure dans celui d'iodure, en agitant continuellement. Laissez déposer; décantez, et lavez le dépôt, par décantation avec l'eau distillée, jusqu'à ce que l'eau de lavage ne précipite plus, par l'addition de quelques gouttes d'une solution d'azotate d'argent.

Recueillez le précipité sur un filtre, pour le faire égoutter et faites-le sécher à une douce chaleur.

Iodure de plomb

$$\text{Eq. PbI} = 230,50. \text{ F. atom. Pb I}^2 = 461$$

Azotate de plomb ...	100
Iodure de potassium.	100
Eau distillée........	2000

Faites dissoudre à froid l'azotate dans 1500 d'eau distillée, et l'iodure dans les 500 d'eau qui restent. Versez la solution d'azotate dans celle d'iodure, en agitant continuellement. Laissez déposer; décantez; lavez le précipité à l'eau distillée, pour enlever l'azotate de potasse formé; mettez à égoutter sur un filtre, et faites sécher à une douce chaleur. Conservez-le à l'abri de la lumière.

Kermès par voie humide

KERMÈS OFFICINAL. — KERMÈS DE CLUZEL

Sulfure d'antimoine pur, en poudre fine.	60
Eau distillée............................	12800
Carbonate de soude cristallisé..........	1280

Mettez le carbonate de soude et l'eau dans une chaudière en fonte et portez à l'ébullition. Ajoutez le sulfure d'antimoine et agitez avec une spatule en bois. Après une heure environ d'ébullition, filtrez le soluté bouillant, et recevez le liquide dans des terrines en grès, préalablement chauffées et plongeant dans de l'eau chaude.

Laissez refroidir la liqueur aussi lentement que possible. Après complet refroidissement, recueillez sur un filtre le précipité qui s'est déposé; lavez-le sur le filtre même avec de l'eau froide, jusqu'à ce que l'eau de lavage s'écoule insipide. Faites sécher le kermès dans une étuve modérément chauffée; passez-le au tamis de soie nº 100 et conservez-le dans un flacon très sec, à l'abri de l'air et de la lumière.

Lactophosphate de chaux en solution

Phosphate bicalcique	17
Acide lactique officinal	19
Eau distillée...............	964

Divisez avec soin le phosphate dans l'eau distillée; ajoutez l'acide lactique, laissez la dissolution s'opérer pendant quelques minutes et filtrez.

15 grammes de cette solution, représentent 0,25 de phosphate bicalcique (Codex).

Ce mode de dosage est inexact, le lactophosphate de chaux ne contenant pas de phosphate bicalcique. De plus, d'après un travail de mon savant confrère M. Causse, il faut deux équivalents d'acide lactique pour un des équivalents de chaux du phosphate bicalcique.

Pour ces motifs, la formule ci-dessous me parait préférable à celle du Codex :

> Phosphate bicalcique....... 19,60
> Acide lactique Q. S. environ. 39
> Eau distillée .... Q. S.

Délayez le phosphate dans 900 d'eau distillée; ajoutez Q. S. d'acide lactique pour opérer la dissolution du sel de chaux puis Q. S. d'eau distillée pour obtenir 1000 de liquide.

100 de ce soluté contiendront 4 de lactophosphate de chaux; 100 de ce sel contiennent 33,35 de phosphate monocalcique et 61,65 de bilactate de chaux.

Lait de chaux

> Chaux hydratée, récemment préparée. 100
> Eau 900

Mêlez.

Lait de magnésie

Magnésie calcinée 10
Eau 80
Eau de fleur d'oranger.................. 10

Broyez la magnésie avec l'eau; portez à l'ébullition
dans un mouloir de porcelaine, en agitant sans cesse;
ajoutez Q. S. d'eau pour remplacer celle qui s'est évaporée; laissez refroidir un peu; ajoutez l'eau de fleur
d'oranger et passez à travers une passoire très fine.

Lait virginal

Teinture de benjoin de Siam......   5
Eau de rose............................... 495
Mêlez.

Laudanum de Rousseau

Opium officinal 200
Miel blanc 600
Eau distillée 3000
Levure de bière fraîche...   40
Alcool à 60° 200

Divisez l'opium; délayez-le dans l'eau chauffée à 30°
ou à 40°; ajoutez le miel; faites-le dissoudre, puis ajoutez la levure de bière. Mettez le tout dans un vase à
large ouverture que vous exposerez à une température

constante de 25° à 30° jusqu'à ce que la fermentation soit complètement terminée.

Filtrez la liqueur ; évaporez-la au bain-marie jusqu'à ce qu'elle soit réduite à 600; laissez-la refroidir. Ajoutez les 200 d'alcool; après 24 heures, filtrez de nouveau.

4 grammes de laudanum de Rousseau correspondent à environ 1 gramme d'opium et à 0,50 d'extrait d'opium.

C'est par oubli que le Codex ne dit pas d'exprimer avant de filtrer. Je conseille donc de passer le liquide fermenté à travers un linge tendu sur un cadre en bois et juste assez grand pour contenir le marc qu'on enveloppera et qu'on exprimera fortement à la presse.

Comme il reste une certaine quantité de principe actif dans le linge et dans le marc, il serait avantageux de délayer celui-ci dans 100 d'eau distillée et de l'exprimer à nouveau en se servant du même linge.

Pour entretenir une température constante nécessaire à la fermentation, je mets le ballon contenant le liquide sur un fourneau à casse ronde, sur la sole duquel est placée une petite lampe à pétrole donnant peu de flamme. Avec cette disposition, la fermentation s'effectue régulièrement, et tout aussi bien l'hiver que l'été.

La fermentation est terminée, lorsqu'il ne se forme plus de mousse à la surface du liquide.

Laudanum de Sydenham

VIN D'OPIUM COMPOSÉ

Opium officinal divisé	200
Safran incisé	100
Cannelle de Ceylan concassée	15
Girofles concassées	15
Vin de Grenache	1600

Faites macérer en vase clos, pendant quinze jours, en agitant de temps en temps, exprimez fortement. Filtrez.

4 grammes de laudanum de Sydenham correspondent environ à 0,50 d'opium et à 0,25 d'extrait d'opium.

Il ne suffit pas de diviser l'opium : si l'on veut dissoudre toute la partie extractive, il faut le délayer dans le vin, au moyen du mortier, après l'avoir préalablement coupé en tranches minces et l'avoir laissé en contact, pendant plusieurs heures, avec le double de son poids de vin.

LAVEMENTS

Médicaments destinés à être introduits dans le rectum et qui ne sont le plus souvent que de l'eau simple, un infusé ou un décocté.

A ces liquides on ajoute quelquefois des substances solubles ou insolubles.

Dans ces derniers cas, celles-ci doivent être très divisées et maintenues en suspension dans le liquide, au moyen de jaune d'œuf ou d'un mucilage.

Le lavement entier est de 500, le demi de 250 et le quart de 125.

On les prend le plus ordinairement tièdes, mais quelquefois froids.

Lavement à l'amidon

Amidon pulvérisé........   15
Eau   500

Délayez l'amidon dans 100 d'eau froide et ajoutez petit à petit, en agitant continuellement Q. S. d'eau bouillante pour obtenir 500 de liquide.

Lavement à l'asa-fœtida

    Asa-fœtida purifiée ou en poudre. ·   5
    Jaune d'œuf.....................   n° 1
    Eau   250

Mettez l'asa-fœtida dans un mortier; divisez-le bien exactement avec un peu de jaune d'œuf, ajoutez le reste de celui-ci, puis, petit à petit, l'eau en agitant continuellement.

Lavement camphré

    Camphre pulvérisé.............   4
    Jaune d'œuf...................   n° 1/2
    Décocté de graines de lin.......   500

Délayez dans un mortier le camphre dans le jaune d'œuf et ajoutez le décocté en continuant d'agiter.

Lavement laudanisé

    Laudanum de Sydenham.........   0,50
    Décocté de racines de guimauve..   250

Mêlez.

En remplaçant le décocté par 250 de lavement d'amidon on a le lavement d'amidon laudanisé.

Lavement laxatif

Mellite de mercuriale.... 100
Eau 400

Mêlez.

Lavement purgatif

Feuilles de séné   15
Sulfate de soude.........   15
Eau bouillante.......... 500

Versez l'eau bouillante sur la feuille de séné, laissez infuser une demi-heure; passez avec expression à travers une étamine et ajoutez le sulfate de soude.

LIMONADES

Boissons sucrées et acidulées.

Cette dernière saveur est due à la présence, en petite quantité, d'un acide minéral ou organique.

On ne doit pas les conserver dans des vases en métal attaquable par l'acide ou dans des poteries communes à couverte très plombifère.

Limonade commune

Citron................. n° 2
Eau bouillante......... 1000
Sucre en morceaux   70

Frottez le zeste de citron avec le sucre en morceau pour obtenir ainsi la partie aromatique. Coupez les citrons par moitié.

Exprimez le suc dans un vase en faïence ou en porcelaine. Ajoutez l'eau bouillante et le sucre aromatisé.

Laissez en contact pendant une demi-heure. Passez.

L'eau bouillante avait sa raison d'être dans la formule du précédent Codex, parce qu'on la versait sur les citrons coupés par tranches, mais comme on exprime le suc des citrons, je n'en vois plus l'utilité.

Le mode opératoire du Codex de 1866 étant plus simple, je crois que l'on ferait bien d'y revenir.

Limonade purgative au citrate de magnésie

Acide citrique............	30
Carbonate de magnésie...	18
Eau distillée............	300
Sirop de sucre...........	100
Alcoolature de citron.....	1

Faites dissoudre l'acide citrique dans l'eau, ajoutez le carbonate de magnésie; lorsque la réaction sera terminée filtrez la solution et ajoutez le sirop aromatisé.

Pour rendre cette limonade gazeuze remplacez 2 de carbonate de magnésie par 4 de bicarbonate de soude; introduisez-les dans la bouteille au moment de mettre le bouchon qui sera assujetti de la même manière que pour les eaux gazeuses.

Les doses ci-dessus donnent une limonade purgative contenant par bouteille 50 de citrate de magnésie (Codex).

Cette formule est défectueuse. L'eau distillée est inutile, l'eau ordinaire remplissant le même but : la quantité de sirop est trop forte, le poids total du liquide est trop faible pour remplir la bouteille à limonade dont la contenance est d'environ 500; enfin, pour 30 d'acide citrique et pour obtenir 50 de citrate de magnésie il faut près de 20 de carbonate de magnésie et non 18. Du reste, dans la formule donnée par le Codex pour la préparation du citrate de magnésie, la proportion est de 21 de carbonate pour 30 d'acide.

En adoptant pour la préparation des limonades purgatives à 50 la proportion de 20 à 30, le carbonate se trouvera être les 2/5 et l'acide les 3/5 du poids du citrate de magnésie, ce qui rendra les calculs très faciles, quelle que soit la quantité de citrate à obtenir.

Le Codex fait dissoudre l'acide citrique avant d'ajouter le carbonate de magnésie; j'ai observé que la réaction est plus rapide si on met l'acide et le carbonate dans l'eau sans agiter.

Ci-dessous une formule que je crois bonne pour la préparation des limonades purgatives à 50 :

Acide citrique	35
Carbonate de Magnésie...............	20
Sirop de sucre aromatisé au citron	60
Bicarbonate de soude...................	2,50
Eau	Q. S.

Mettez dans un vase en porcelaine 350 d'eau environ, ajoutez l'acide puis le carbonate et laissez la réaction s'opérer, sans agiter.

D'autre part, mettez dans une bouteille à limonade, bien sèche, le bicarbonate, puis le sirop.

Lorsque le liquide contenu dans le mortier sera clair, filtrez-le au-dessus de la bouteille; puis, ajoutez dans celle-ci Q. S. d'eau pour que le niveau du liquide soit un peu au-dessous du col. Bouchez, ficelez et agitez pour opérer le mélange et dégager l'acide carbonique. Le dégagement de ce gaz n'a lieu qu'à ce moment, le sirop étant interposé entre le bicarbonate et le liquide filtré.

Je mets 35 d'acide citrique, au lieu de 30, pour dégager l'acide carbonique et pour donner à la limonade une légère saveur acide qui la rend plus agréable.

Je prépare le sirop aromatisé en mélant 980 de sirop de sucre à 20 d'alcoolature de zeste de citron.

Au lieu de mettre 5 d'acide citrique, 2,50 de bicarbonate de soude et 60 de sirop, diminuez ces quantités pour les demi-bouteilles proportionnellement à leur contenance.

On peut sucrer les limonades avec du sirop aromatisé à l'alcoolature de zeste d'orange, ou avec les sirops de cerise, de framboise ou de groseille, mais seulement sur indication spéciale.

Limonade sulfurique

Acide sulfurique dilué au 10°.........	20
Eau	875
Sirop de sucre...........................	125

Mêlez.

Préparez de même les limonades : chlorhydrique, nitrique, phosphorique, avec les acides officinaux dilués au dixième.

La formule du Codex de 1866 porte 900 d'eau et 100 de sirop.

Limonade tartrique

Sirop d'acide tartrique..............	100
Eau	900

Mêlez.

Préparez de même la limonade avec les sirops de : limon, orange, cerise, framboise, groseille (Codex).

LINIMENTS

Médicaments, le plus souvent liquides, qu'on applique sur la peau et qui ont généralement pour base un liquide huileux ou alcoolique.

Liniment ammoniacal

LINIMENT VOLATIL

Huile d'amandes douces....... 90
Ammoniaque liquide.......... 10

Mélangez dans un flacon bouché.

En remplaçant l'huile d'amandes douces par l'huile camphrée on obtient le liniment ammoniacal camphré (Codex).

Liniment calcaire

LINIMENT OLEO-CALCAIRE

Huile d'amandes douces...... 100
Eau de chaux............... 100

Mêlez et agitez dans un flacon bouché (Codex).

Liniment au chloroforme

Huile d'amandes douces....... 90
Chloroforme................. 10

Mêlez et conservez dans un flacon bouché (Codex).

Préparez de même le liniment laudanisé (laudanum de Sydenham).

Liniment de Rosen

Beurre de muscade............	5
Essence de girofle............	5
Esprit de genièvre	90

Mélangez dans un mortier le beurre de muscade et l'essence; ajoutez peu à peu l'esprit de genièvre (Codex).

Liniment savonneux

Teinture de savon............	50
Huile d'amandes douces.......	5
Alcool à 80°.................	45

Mêlez et conservez dans un flacon bouché.

On prépare le liniment savonneux camphré en remplaçant, dans cette préparation, l'alcool à 80° par l'alcool camphré (Codex).

Looch blanc

Amandes douces mondées...	30
Amandes amères mondées...	2
Sucre blanc.................	30
Gomme adragante en poudre.	0,50
Eau de fleur d'oranger	10
Eau	120

Pilez les amandes et 25 de sucre environ dans un mortier en marbre avec pilon en bois, pour les réduire en poudre grosse ; ajoutez quelques grammes d'eau, et continuez à piler pour obtenir une pâte très fine que vous délayerez petit à petit dans le restant de l'eau. Passez ce liquide avec expression à travers une étamine à looch.

Dans le même mortier, lavé et bien essuyé, mettez le restant du sucre et la gomme adragante ; pulvérisez, mélangez et versez sur ce mélange environ 5 d'émulsion ; battez vivement pendant quelques minutes, puis ajoutez peu à peu le reste de l'émulsion et versez dans un goulot *ad hoc* contenant l'eau de fleur d'oranger. Agitez.

Le looch doit peser 150, mais les fioles à looch contiennent 180 environ ; on les remplit généralement.

Il est très important, dans cette préparation, de ne pas mettre trop d'eau pour piler les amandes, car on aurait une pâte molle qui fuirait sous le pilon, ce qui rendrait la division des amandes très difficile.

Le looch additionné de calomel doit se préparer avec le looch huileux.

La préparation des loochs étant toujours longue, on aurait avantage à se servir d'un sirop dont la formule est indiquée ci-dessous et qui donne, par simple mélange avec l'eau, un produit identique à celui du Codex.

Sirop pour loochs

Amandes douces mondées....	300
Amandes amères mondées...	20
Sucre blanc..................	350
Eau de fleur d'oranger.......	100
Gomme adragante pulvérisée.	5
Eau.........................	Q. S.

Pilez les amandes avec 50 de sucre dans un mortier en marbre en suivant les indications données plus haut et en se servant, pour diviser les amandes et délayer la pâte, de l'eau de fleur d'oranger additionnée de 50 d'eau. Enfermez la pâte molle, ainsi obtenue, dans une étoffe en laine, aussi petite que possible, afin d'éviter la perte d'une trop grande quantité de liquide, et exprimez fortement à la presse.

Délayez le marc avec une quantité suffisante d'eau pour que le poids de celle-ci et celui du liquide exprimé égalent 200. Exprimez fortement, réunissez les deux liquides et ajoutez, si cela est nécessaire, Q. S. d'eau pour obtenir 200 de liquide émulsif.

Triturez dans un mortier en marbre la gomme adragante et 20 de sucre environ, versez sur cette poudre à peu près 40 d'émulsion, battez vivement et ajoutez, petit à petit, le reste du liquide. Dans celui-ci, faites fondre à une douce chaleur le restant du sucre.

Ce sirop refroidi doit peser 500, et, s'il n'atteignait pas ce poids, il faudrait ajouter de l'eau pour le compléter.

En mettant dans une fiole 50 de ce sirop, 100 d'eau et en agitant fortement, on obtient le looch blanc du Codex.

Looch diacodé

Looch blanc 150
Sirop diacode 30

Mêlez (Codex).

Looch huileux

Huile d'amandes douces 15
Gomme arabique en poudre . . 15

Sirop de gomme...................... 30
Eau de fleur d'oranger.............. 15
Eau 100

Préparez un mucilage avec la gomme et deux fois son poids d'eau ajoutez l'huile par très petites parties et délayez dans le reste du liquide (Codex).

Il est plus commode et plus expéditif d'opérer ainsi: mêlez dans un mortier en marbre la gomme et l'huile, ajoutez 25 à 30 du mélange des autres liquides, battez vivement et continuez à remuer en ajoutant peu à peu le reste du liquide.

LOTIONS

Les lotions sont des liquides aqueux, contenant peu de principes actifs, destinés au lavage des plaies, ou à être appliqués en compresses sur la peau.

Lotion sulfurée

Trisulfure de potassium solide.. 20
Eau 1000

Faites dissoudre. Filtrez (Codex).

Comme dans la plupart des pharmacies on a pour les bains sulfureux une solution de trisulfure de potassium au tiers, il est plus simple d'ajouter à 60 de celle-ci 940 d'eau.

Mastic dentaire au chloroforme

Mastic en larmes 20
Chloroforme 10

Faites dissoudre dans un flacon bouché, et passez dans un entonnoir en verre dont la douille sera garnie d'un peu de coton cardé.

Mastic dentaire à l'éther

Mastic en larmes 20
Ether rectifié du commerce.......... 10

Opérez comme pour le mastic au chloroforme.

En remplaçant le mastic par le benjoin en larmes on a le mastic dentaire au benjoin (Codex).

MELLITES

Les Mellites sont des sirops dans lesquels le miel remplace le sucre.

Quelques-uns ont comme véhicule le vinaigre blanc ou un vinaigre médicinal. On les désigne alors sous le nom d'Oxymellites.

La clarification des mellites et des oxymellites se fait à la pâte de papier (procédé Desmarets). Pour de petites quantités on peut filtrer au papier.

Mellite de mercuriale

Mercuriale sèche............ 125
Eau bouillante............. 1000
Miel blanc................. 1000

Faites infuser la plante dans l'eau pendant douze heures; exprimez; laissez déposer; décantez et faites un mellite marquant 1.26 au densimètre. Clarifiez au papier (Codex).

Pour des motifs que j'énoncerai en parlant des sirops par infusion, je fais macérer pendant cinq jours la mercuriale dans 950 d'eau, additionnée de 50 d'alcool à 90, j'exprime fortement, je filtre et, avec ce liquide et le miel, je prépare un mellite.

Mellite de rose rouge

MIEL ROSAT

Roses rouges pulvérisées.. 1000
Miel blanc................ 6000
Alcool à 30°.............. Q. S.

Tassez la poudre dans un appareil à déplacement, et lessivez-la avec l'alcool, de manière à recueillir lentement trois litres de teinture; évaporez, ou mieux distillez-la au bain-marie pour retirer l'alcool et le réduire à 1500. Ajoutez le miel à ce résidu, portez à l'ébullition, écumez et filtrez au papier.

L'alcool qui passe à la distillation marque 50° environ. Il est légèrement aromatique et peut être utilisé dans une autre opération : il suffit, au moment du besoin, de l'étendre d'eau pour le ramener à 30° (Codex).

Cette formule et son mode opératoire présentent quelques lacunes.

Le Codex aurait du spécifier la rose de Provins, car qui sait si toutes les roses rouges sont astringentes ? Certaines variétés peuvent, comme la rose pâle, être laxatives.

Roses rouges pulvérisées : est-ce en poudre fine ou en poudre grosse? C'est sous cette dernière forme qu'on doit les employer.

Le Codex a omis de dire que le mellite bouillant doit peser 1,26 au densimètre et cependant, s'il était trop cuit, il se prendrait en masse.

Les roses retenant près de trois fois leur poids d'alcool à 30°, devraient être exprimées fortement.

En résumé, voici, selon moi, comment on devrait opérer :

Traitez les roses de Provins en poudre grosse par déplacement avec 6000 d'alcool à 30°. Lorsque le liquide a cessé de couler, exprimez fortement les roses, filtrez ce dernier liquide et réunissez-le au premier; distillez au bain-marie pour retirer l'alcool. Concentrez le résidu de la distillation au bain-marie jusqu'à ce qu'il pèse 1500. Avec ce liquide et le miel, faites un mellite marquant bouillant 1,25 au densimètre. Ecumez et filtrez au papier.

Mellite de scille

MIEL SCILLITIQUE

Squames de scille concassées..	100
Eau	570
Alcool à 90°	30
Miel blanc	1200

Faites macérer pendant cinq jours, en agitant de temps en temps, la scille dans le mélange d'eau et d'alcool; exprimez fortement; filtrez et faites un mellite marquant bouillant 1,25 au densimètre. Filtrez et clarifiez au papier.

Préparez de même le mellite de bulbes de colchique.

Le Codex de 1866 faisait préparer ces mellites par infusion.

Mellite simple

SIROP DE MIEL

Miel blanc 4000
Eau 1000

Faites, avec le miel et l'eau, un mellite marquant bouillant 1,25 au densimètre. Écumez et clarifiez à la pâte de papier (Codex.)

Mellite de vinaigre

OXYMEL SIMPLE

Miel blanc 2000
Vinaigre blanc 500

Mettez ces substances dans une capsule en porcelaine; chauffez jusqu'à ce que l'oxymellite marque 1,25 au densimètre.

Filtrez ou clarifiez à la pâte de papier (Codex.)

19

Mellite de vinaigre scillitique

OXYMEL SCILLITIQUE

Miel blanc...................... 2000
Vinaigre scillitique.............. 500

Opérez comme pour l'oxymel simple.
Préparez de même les autres oxymellites (Codex.)

Mercure purifié

Mercure du commerce 2000
Acide azotique officinal........ 20

Introduisez le mercure dans un flacon en verre fort, de capacité suffisante, avec l'acide azotique, préalablement étendu de deux fois son volume d'eau. Prolongez le contact pendant vingt-quatre heures, en agitant fréquemment la masse. Au bout de ce temps, enlevez par décantation la solution surnageante, lavez à grande eau le mercure et séchez-le avec soin (Codex).

En versant le mercure purifié dans une capsule en porcelaine, on peut enlever l'eau qui mouille sa surface avec du papier Joseph.

Pourquoi ne pas indiquer en poids la quantité d'eau distillée à ajouter à l'acide.

Les deux volumes d'eau correspondent à 29 environ.

Mouches de Milan

Poix de Bourgogne............	50
Cire jaune....................	50
Cantharides en poudre fine....	50
Térébenthine du mélèze.......	10
Essence de lavande..........	1
Essence de thym	1

Faites fondre ensemble la poix et la cire; passez-les à travers une toile; incorporez les cantharides et faites digérer ce mélange pendant deux heures à la chaleur du bain-marie. Ajoutez alors la térébenthine et, quand elle sera fondue, retirez le vase du feu, en ayant soin de remuer continuellement jusqu'à ce que la masse soit à demi refroidie; ajoutez alors les essences.

A moins d'indication spéciale, délivrez la masse emplastique divisée par petites boules aplaties, du poids de 1 gr. environ, enveloppées dans un morceau de taffetas noir de 6 centimètres de diamètre et replié sur lui-même.

Au moment du besoin on ouvre le morceau de taffetas et on étend l'emplâtre, en laissant un rebord suffisant (Codex).

En passant à travers une toile la poix et la cire, fondues ensemble, on éprouve une perte plus ou moins grande, qui fait que la masse emplastique ne peut avoir une composition toujours identique. On éviterait cet inconvénient, en employant de la poix de Bourgogne purifiée. Dans ce cas on pourrait ne mettre que 45 de cire et autant de poix, la cantharide entrerait ainsi pour un cinquième dans le poids de la masse emplastique.

MUCILAGES

On donne ce nom à des liquides plus ou moins épais qui doivent leur consistance à des substances gommeuses ou autres qu'ils tiennent en dissolution ou en suspension.

Mucilage de gomme

Gomme en poudre............. 100
Eau froide..................... 100

Divisez exactement dans un mortier en marbre (Codex).

On peut également le préparer en dissolvant la gomme entière dans l'eau froide, mais alors il faut passer le mucilage à travers une toile pour en séparer les impuretés que peut contenir la gomme.

Mucilage de gomme adragante

Gomme adragante entière et mondée...... 10
Eau froide................................. 90

Mettez la gomme dans un vase en faïence ou en porcelaine avec l'eau ; quand elle sera bien gonflée, passez avec forte expression à travers un linge de toile serrée. Battez le mucilage dans un mortier en marbre afin de le rendre bien homogène (Codex.)

Mucilage de semence de coing

Semences de coing 10
Eau tiède 100

Laissez en contact, pendant six heures, en agitant de temps en temps; passez avec expression.

Le mucilage de semence de coing se prépare aussi de la manière suivante :

Mucilage de semence de coing desséché... 1
Eau ....: 100

Pour obtenir ce mucilage desséché prenez :

Semences de coing.................. 100
Eau 1500

Faites macérer pendant douze heures; passez, sans expression, à travers un linge peu serré. Etendez le liquide ainsi obtenu sur des assiettes et desséchez-le complètement à l'étuve à une température qui ne dé passe pas 50 degrés.

Renfermez le produit dans des flacons bouchés (Codex).

Pourquoi ne dessécherait-on pas tout simplement le mucilage de semence de coing, on aurait bien moins de liquide à évaporer.

Préparez de même les mucilages de : semences de lin, semences de psyllium.

Oléate de morphine

Morphine 5
Acide oléique purifié.................. 95

Triturez dans un mortier la morphine, avec un peu d'acide oléique, et ajoutez peu à peu le reste de l'acide.

La proportion pour les oléates d'aconitine, d'atropine, de strychnine et de vératrine est de 2 d'alcaloïde pour 98 d'acide, et, pour la quinine, de 25 pour 75.

Opérez de même que pour l'oléate de morphine.

OLEOSACCHARURES

Préparations obtenues par le mélange du sucre avec une essence ou avec la partie externe et colorée de certains fruits de la famille des anrantiacées.

Oléosaccharure d'anis

```
Essence d'anis ........................... 1
Sucre blanc .............................. 20
```

Triturez dans un mortier.

Préparez de même les oléosaccharures de : Carvi, Fenouil, Menthe, etc.

Oléosaccharure de citron

```
Citron frais ....................... n° 1
Sucre blanc ....................... 10
```

Frottez avec le sucre la surface extérieure du citron pour en détacher toute la partie jaune; triturez ensuite dans un mortier pour avoir un mélange exact.

Préparez de même les oléosaccharures de : Bergamotte, de Cédrat et d'Orange.

Ces préparations doivent être faites au moment du besoin (Codex).

ONGUENTS

Médicaments pour l'usage externe, de consistance molle, et à base de résine et de corps gras.

Pour préparer les onguents, il semblerait rationnel d'opérer la fusion des composants par ordre de fusibilité décroissante, mais, pour obtenir des mélanges homogènes et éviter l'altération des résines, on fond généralement celles-ci avec la cire et les corps gras. On ajoute, en dernier, la térébenthine et les substances volatiles.

Lorsqu'il entre des poudres dans leur composition, elles doivent être bien divisées, mélangées préalablement avec Q. S. de corps gras et incorporées aux autres substances liquéfiées.

Comme pour les emplâtres et pour le même motif, c'est la térébenthine du mélèze qu'il faut employer, lorsque la térébenthine entre dans la composition d'un onguent.

On passe généralement à travers une toile les onguents fondus pour en séparer les impuretés, mais on peut éviter cette manipulation en employant des matières premières exemptes d'impuretés ou préalablement purifiées.

Onguent d'althæa

Huile de fenugrec	800
Cire jaune	200
Colophane	100
Térébenthine du mélèze	100

Faites liquéfier, à une douce chaleur, la cire et la colophane dans l'huile de fenugrec ; ajoutez la térébenthine ; passez à travers une toile, et remuez l'onguent jusqu'à ce qu'il soit presque entièrement refroidi.

Onguent d'arcæus. — Baume d'arcæus

Suif de mouton purifié	200
Axonge	100
Résine élémi	150
Térébenthine du mélèze	150

Faites liquéfier à une douce chaleur le suif, l'axonge et la résine ; ajoutez la térébenthine. Passez à travers une toile, remuez le mélange jusqu'à ce qu'il soit entièrement refroidi.

Onguent basilicum

Poix noire	100
Colophane	100
Cire jaune	100
Huile d'olive	400

Faites liquéfier à une douce chaleur la poix noire et la colophane ; ajoutez la cire et l'huile. Quand le mélange sera fondu, passez-le à travers une toile et remuez l'onguent, jusqu'à ce qu'il soit entièrement refroidi.

Onguent digestif simple

Térébenthine du mélèze.........   40
Jaune d'œuf...................   n° 1
Huile d'olive.................   10

Mêlez dans un mortier le jaune d'œuf et la térébenthine, et ajoutez, peu à peu, l'huile d'olive.

Onguent digestif animé

Onguent digestif simple..........   100
Styrax liquide purifié   100

Mêlez exactement dans un mortier.

Onguent digestif mercuriel

Onguent digestif simple..........   100
Pommade mercurielle double   100

Mêlez exactement dans un mortier.

Onguent de Styrax

Colophane...................   180
Résine élémi................   100
Cire jaune..................   100
Styrax liquide..............   100
Huile d'olive...............   150

Faites liquéfier, à une douce chaleur, la colophane, la résine élémi et la cire; retirez la bassine du feu; ajoutez le styrax, puis l'huile et passez à travers une toile.

Remuez l'onguent jusqu'à ce qu'il soit presque entièrement refroidi.

Cet onguent est un peu trop ferme, je crois qu'on ferait bien de ne mettre que 150 de colophane.

Oxyde mercurique

BIOXYDE DE MERCURE

Éq. Hg O = 108.   F. atom. Hg O = 216.

Il se présente sous deux aspects différents, selon qu'il a été obtenu par voie humide ou par voie sèche.

Oxyde mercurique

BIOXYDE DE MERCURE PAR PRÉCIPITATION

Bichlorure de mercure	100
Potasse caustique à l'alcool	60
Eau distillée	3000

Dissolvez le bichlorure dans 2000 d'eau distillée et faites dissoudre la potasse dans le reste de l'eau préalablement chauffée. Versez peu à peu, et en agitant sans cesse, la solution mercurielle dans la solution alcaline.

Il se formera aussitôt un précipité lourd, pulvérulent d'une belle couleur jaune. Laissez-le déposer et lavez-le complètement par décantation et à l'abri de la lumière directe, jusqu'à ce que l'eau de lavage ne trouble plus la solution d'azotate d'argent; jetez sur un filtre sans plis; faites sécher, à une douce chaleur, et conservez dans un flacon bouché à l'abri de la lumière (Codex).

Il est important de verser la solution de bichlorure dans celle de potasse, et, lorsque tout est mélangé, le liquide qui surnage le précipité doit contenir un petit excès de potasse afin d'éviter la formation d'un oxychlorure de mercure.

Oxyde mercurique rouge

PRÉCIPITÉ ROUGE. BIOXYDE DE MERCURE PAR VOIE SÈCHE

    Mercure purifié.............. 100
    Acide azotique officinal.......   80
    Eau distillée................   20

Introduisez le mercure et l'acide étendu d'eau dans un matras à fond plat que vous placerez sur un bain de sable tiède jusqu'à ce que le métal soit entièrement dissous. Augmentez alors la chaleur pour vaporiser le liquide. Quand l'azotate de mercure sera desséché, élevez la température pour le décomposer après avoir relevé le sable autour du matras. Maintenez l'action de la chaleur assez longtemps pour que la décomposition soit complète et pour qu'on ne voit plus se dégager de vapeurs nitreuses.

Laissez refroidir lentement; enlevez l'oxyde qui est d'un beau rouge orangé et d'aspect micacé. Conservez-le dans un vase fermé à l'abri de la lumière.

Lorsqu'on élève trop la température, ou qu'on prolonge trop l'action de la chaleur, l'oxyde se trouve décomposé en oxygène et en mercure. Au contraire, lorsqu'on ne chauffe pas suffisamment pour décomposer tout l'acide azotique, on obtient un oxyde mélangé de sous-azotate de mercure. Ce second inconvénient doit être évité plus soigneusement que le premier (Codex).

Oxygène

Eq. : O = 8. F. atom. : O = 16.

Chlorate de potasse, pulvérisé et desséché. .   100
Bioxyde de manganèse.....................   50

Assurez-vous d'abord que votre bioxyde de manganèse ne contient ni charbon, ni matières organiques, en chauffant 1 de celui-ci avec 2 de chlorate de potasse, dans une cuillère en fer ou sur une plaque de tôle : l'oxygène se dégagera sans qu'il se produise d'inflammation ; si, au contraire, l'oxyde contenait des matières combustibles, le mélange s'enflammerait instantanément, lorsque la température serait suffisamment élevée. Il y aurait danger à se servir d'un pareil bioxyde, car il produirait pendant l'opération une violente détonation.

Cette précaution prise, mélangez exactement le sel et le bioxyde ; introduisez le tout dans une cornue en verre, à laquelle vous adapterez un tube abducteur portant un tube de sûreté.

Chauffez graduellement la cornue à feu nu ; modérez le feu, si le dégagement a lieu trop rapidement, et poussez l'opération jusqu'à ce que le gaz cesse de se produire.

Recevez l'oxygène dans un récipient approprié, après l'avoir fait barbotter dans un flacon laveur contenant une lessive alcaline.

On peut remplacer la cornue en verre par une cornue en terre ou en fonte et le tube de sûreté par un flacon vide, relié à la cornue et au vase laveur par des tubes. Le tube qui conduit l'oxygène dans le flacon vide ne doit pas descendre dans celui-ci beaucoup au-dessous du col.

100 de chlorate de potasse donnent environ 27 litres d'oxygène.

Papier goudronné

EMPLATRE DU PAUVRE HOMME

Colophane	300
Goudron végétal purifié	200
Cire jaune	100

Faites fondre ensemble ces substances et étendez le mélange, en couches minces, sur des feuilles de papier au moyen du sparadrapier (Codex).

Il faut attendre que ce mélange soit en partie refroidi.

Papier nitré

Solution saturée à froid d'azotate de potasse..   Q. S.

Trempez dans ce soluté des feuilles de papier blanc, non collé, que vous étendez sur une corde pour les faire sécher.

PASTILLES ET TABLETTES

Les pastilles ont la forme d'une lentille plan-convexe. On les prépare en chauffant du sucre granulé, préalablement humecté d'eau. Dès que la masse a la consistance voulue, on la fait tomber goutte à goutte sur des plaques en fer blanc.

Les tablettes sont plates et de formes variées. Pour les préparer, on fait d'abord une pâte ferme avec du sucre en poudre fine et un mucilage de gomme adragante ou de gomme arabique ; on étend cette pâte sur un marbre saupoudré d'amidon, au moyen d'un rouleau en bois. Pour donner à la masse une épaisseur uniforme, on place sur le marbre deux règles en bois sur lesquelles s'appuient les deux extrémités du rouleau ; lorsque la pâte a l'épaisseur voulue, il ne reste plus qu'à la diviser au moyen d'un emporte-pièce et à faire sécher les tablettes.

Pour incorporer le sucre au mucilage, on met ce dernier dans un mortier en marbre ou en porcelaine, on ajoute peu à peu le sucre en pistant après chaque addition. Lorsque la pâte est assez ferme pour ne plus adhérer aux doigts, on la met sur un marbre et on la pétrit avec la main, pour incorporer le restant du sucre.

On fait entrer dans les tablettes des eaux aromatiques qui servent à préparer le mucilage ; des essences et des poudres qu'on mélange à une certaine quantité de sucre et qu'on n'incorpore à la pâte qu'en dernier lieu.

On emploie pour aromatiser les tablettes 1 gr. d'essence d'anis, de citron ou de menthe ou 10 de teinture de vanille par 100 de sucre. Pour celles qui doivent être aromatisées à la fleur d'oranger, ou à la rose, on se sert des eaux distillées de ces fleurs, pour préparer le mucilage.

Les quantités de mucilage indiquées par le Codex sont dans quelques cas erronées ; de plus, elles dépendent, dans une certaine mesure, de l'état hygrométrique de l'air, du sucre, et de l'habileté de l'opérateur.

Le Codex indique la quantité du principe actif contenu dans certaines tablettes, mais ce dosage me parait défectueux, parce que, dans certains cas, l'ouvrage officiel ne tient pas compte du mucilage et que, dans d'autres, il le fait figurer dans le poids de la masse, comme si l'eau ne devait pas s'évaporer. Dans le Codex de 1866 ce dosage est mieux fixé.

Dans la pratique, on désigne souvent les tablettes sous le nom de pastilles.

Pastilles de menthe à la goutte

Essence de menthe poivrée......	5
Sucre blanc granulé.............	1000
Eau.........................	125

Mélangez l'essence avec le sucre et faites une pâte ferme au moyen de l'eau.

Prenez cette pâte, par quantité de 120 environ, et faites-la chauffer dans un poëlon à bec, en agitant continuellement.

Quand la chaleur l'aura suffisamment ramollie, faites-la tomber goutte par goutte, à l'aide d'une tige métallique, sur une feuille de fer blanc.

Enlevez les pastilles lorsqu'elles seront refroidies et achevez la dessication à l'étuve à une douce chaleur.

Le sucre granulé, pour cette préparation, s'obtient en pilant du sucre qu'on passe d'abord au tamis de crin n° 2 puis au tamis de soie n° 100, pour séparer la poudre fine.

Tablettes de Baume de Tolu

Baume de Tolu...............	50
Sucre pulvérisé.............	1000
Gomme adragante..........	10
Eau distillée...............	100

Faites digérer au bain-marie pendant deux heures, le baume de Tolu dans l'eau, en ayant soin de remuer souvent. Filtrez à chaud. Avec 90 de la liqueur aromatique et la gomme adragante, faites un mucilage auquel vous incorporerez le sucre pour obtenir une masse que vous diviserez en tablettes du poids de 1 gr. que vous sécherez à l'étuve modérément chauffée.

La quantité de baume de Tolu est trop forte; avec une quantité beaucoup moindre on obtient un liquide saturé.

Voyez pour la digestion de Tolu : *Sirop de Baume de Tolu.*

Tablettes de bicarbonate de soude

PASTILLES DE VICHY

Bicarbonate de soude.........   25
Sucre pulvérisé..............   975
Mucilage de gomme adragante.   90

. Faites des tablettes du poids de 1 gr.; chaque tablette contient 0 g. 025 de bicarbonate de soude.

On aromatise ces tablettes soit avec des eaux distillées qui servent à préparer le mucilage, soit avec des essences ou de la teinture de vanille.

Tablettes de borate de soude

Borate de soude pulvérisé....   100
Sucre pulvérisé..............   900
Gomme adragante............   2.50
Eau distillée................   60
Teinture de benjoin.........   10

Préparez le mucilage avec la gomme adragante, 30 d'eau et 5 de teinture de benjoin. Mélangez le borate de soude avec la moitié du sucre et passez au tamis. Incorporez au mucilage l'autre moitié du sucre, le reste de l'eau et de la teinture de benjoin, et enfin le sucre boraté.

Faites des tablettes de 1 gr. qui contiendront 0,10 de borate de soude.

Formule et mode opératoire défectueux. La quantité de gomme adragante est trop faible. Pourquoi ne pas mélanger la teinture de benjoin avec la moitié du sucre et ne pas employer la totalité d'eau pour préparer le mucilage avec une proportion plus forte de gomme adragante?

Tablettes de cachou

Cachou pulvérisé.................. 50
Sucre pulvérisé.................. 400
Mucilage de gomme adragante.... 50

Faites des tablettes de 1 gr. qui contiendront chacune 0,10 de cachou. Il faudrait 450 de sucre pour que ce dosage fût exact.

Tablettes de calomel

Calomel à la vapeur.............. 5
Sucre pulvérisé.................. 90
Carmin n° 40................... 0.05
Mucilage de gomme adragante..... 10

Mêlez dans un mortier le carmin avec 5 de sucre, et le calomel avec 10. Faites, avec le restant du sucre et le mucilage, une pâte à laquelle vous incorporerez d'abord le calomel additionné de sucre, puis le mélange de carmin et de sucre.

Faites des tablettes du poids de 1 gr. qui contiendront 0 gr. 05 de calomel.

Pour que ce dosage fût exact il faudrait 95 de sucre.

Tablettes de charbon

Poudre de charbon végétal lavé... 200
Sucre pulvérisé.................. 200
Mucilage de gomme adragante.... 50

Mêlez le charbon et le sucre. Faites, avec le mélange, une pâte que vous diviserez en tablettes de 1 gr. qui contiendront 0 gr. 50 de charbon.

Tablettes de chlorate de potasse

Chlorate de potasse porphyrisé...	100
Sucre pulvérisé	900
Gomme adragante	10
Digesté de baume de Tolu.........	90

Dans un mortier en marbre ou en porcelaine, avec un pilon en bois, mêlez avec précaution, pour éviter tout danger d'explosion, le chlorate de potasse à son poids de sucre et, avec le reste de ce dernier et le mucilage de gomme adragante, préparé avec le digesté de baume de Tolu, faites une pâte à laquelle vous incorporerez le mélange de chlorate et de sucre.

Divisez en tablettes de 1 gr. qui contiendront 0 gr. 10 de chlorate de potasse.

Le précédent Codex ayant fait colorer ces tablettes avec 0,50 de carmin, il est à peu près impossible de se soustraire à cet usage.

Tablettes de chlorhydrate de cocaïne

Chlorhydrate de cocaïne pulvérisé	0,10
Sucre pulvérisé	100
Mucilage de gomme adragante......	9

Mêlez dans un mortier le chlorhydrate à 5 de sucre. Avec le restant de celui-ci et le mucilage faites une pâte, à laquelle vous incorporerez le mélange de sucre et de chlorhydrate de cocaïne. Divisez en tablettes de 1 g. qui contiendront 0,001 de chlorhydrate de cocaïne.

Tablettes de gomme

Poudre de gomme...................... 100
Sucre pulvérisé 900
Eau de fleur d'oranger................ 75

Faites un mucilage avec l'eau de fleur d'oranger, 75 de gomme et autant de sucre. Ajoutez le reste du sucre, que vous aurez préalablement mêlé avec le reste de la gomme, et faites des tablettes du poids de 1 gr.

Tablettes de guimauve

Poudre de guimauve 100
Sucre pulvérisé 1000
Mucilage de gomme adragante... 50

Mêlez la poudre de guimauve avec son poids de sucre; passez au tamis de crin; faites une pâte avec le mucilage et le reste du sucre; ajoutez-y le mélange précédent et faites des tablettes de 1 gr.

La quantité de mucilage me paraît trop faible. Le tamisage est-il nécessaire?

Dans le Codex de 1866, les proportions de guimauve et de sucre sont les mêmes, mais on employait le décocté de guimauve pour faire le mucilage.

En remplaçant le décocté par la poudre, il me semble qu'on devrait ne mettre que 50 de poudre et 950 de sucre.

Tablettes d'ipécacuanha

Poudre d'ipécacuanha 10
Sucre pulvérisé 990

Gomme adragante 8
Eau de fleur d'oranger 60

Mêlez la poudre d'ipécacuanha avec 40 de sucre. D'autre part, faites, avec la gomme adragante et l'eau de fleur d'oranger, un mucilage auquel vous incorporerez d'abord le reste du sucre, puis le mélange de sucre et d'ipécacuanha.

Divisez en tablettes du poids de 1 gr. Chaque tablette contient 0,01 d'ipécacuanha.

Tablettes de kermès

Kermès de Cluzel 5
Sucre 450
Poudre de gomme.............. 40
Eau de fleur d'oranger 40

Triturez exactement le kermès avec 20 de sucre. D'autre part, préparez le mucilage avec la gomme, 40 de sucre et l'eau de fleur d'oranger. Incorporez d'abord le reste du sucre, puis le mélange de sucre et de kermès. Faites des tablettes de 1 gr. qui contiendront 0,01 de kermès.

Il faudrait 455 de sucre pour que ce dosage fût exact.

Tablettes de lactate de fer

Lactate de fer................. 50
Sucre pulvérisé.............. 1000
Sucre vanillé 30
Mucilage de gomme adragante. 100

Triturez exactement le lactate de fer avec 250 de

sucre; préparez, d'autre part, la masse avec le mucilage et le reste du sucre mélangé au sucre vanillé; ajoutez enfin le sucre ferrugineux et divisez en tablettes de 1 gr. Chaque tablette contient 0,05 de lactate de fer.

Préparez de même les tablettes de citrate et de tartrate de fer ammoniacal.

Il ne faudrait que 920 de sucre pour que chaque tablette contienne 0,05 de sel ferrugineux. On devrait alors n'employer que 90 de mucilage.

Tablettes de lichen

Saccharure de lichen....	500
Sucre pulvérisé........	1000
Poudre de gomme.......	50
Eau distillée...........	150

Préparez un mucilage avec l'eau et la gomme mélangée préalablement avec 50 de sucre; ajoutez le saccharure, puis le reste du sucre, et faites des tablettes du poids de 1 gr.

En ne mettant que 950 de sucre, ces tablettes contiendraient le tiers de leur poids de saccharure.

Tablettes de magnésie

Carbonate de magnésie..........	200
Sucre pulvérisé.................	800
Mucilage de gomme adragante....	120

Mélangez le carbonate et le sucre et faites avec ce mélange et le mucilage une pâte que vous diviserez en tablettes de 1 gr. qui contiendront 0,20 de magnésie.

Tablettes de manne

Manne en larmes 200
Sucre pulvérisé 750
Poudre de gomme 50
Eau de fleur d'oranger 75

Faites fondre, à une douce chaleur, la manne dans l'eau de fleur d'oranger; passez à travers un linge; ajoutez la gomme, préalablement mêlée à 100 de sucre. Incorporez le reste du sucre et faites des tablettes de 1 gr. Chaque tablette contient 0,20 de manne.

Ne serait-il pas préférable d'employer de la manne purifiée ?

Tablettes de menthe

PASTILLES DE MENTHE ANGLAISE

Essence de menthe poivrée...... 10
Sucre pulvérisé 1000
Mucilage de gomme............ 100

Préparez une pâte à la manière ordinaire, avec la précaution de n'ajouter qu'en dernier lieu l'essence préalablement mêlée à 100 de sucre.

Faites des tablettes de 1 gr.

La quantité de mucilage est insuffisante. Le Codex de 1866 faisait employer 90 de mucilage de gomme adragante pour la même quantité de sucre et d'essence.

Tablettes de santonine

Santonine 5
Sucre pulvérisé 500
Mucilage de gomme adragante.... 45

Divisez très exactement, par trituration, la santonine dans 100 de sucre et incorporez en dernier lieu ce mélange à la pâte préparée avec le reste du sucre.

Faites des tablettes du poids de 1 gr., qui contiendront chacune 0,01 de santonine.

Cette formule ne devrait porter que 495 de sucre pour que la santonine s'y trouve dans la proportion d'un centième.

Tablettes de soufre

Soufre sublimé lavé..........	100
Sucre pulvérisé.............	900
Gomme adragante..........	10
Eau de fleur d'oranger.......	90

Mêlez le soufre à 100 de sucre. Avec le reste de celui-ci et le mucilage, préparé avec la gomme adragante et l'eau de fleur d'oranger, faites une pâte à laquelle vous incorporerez en dernier le mélange de soufre et de sucre.

Faites des tablettes de 1 gr. qui contiendront chacune 0,10 de soufre.

Tablettes de sous-nitrate de bismuth

Sous-nitrate de bismuth en poudre fine...	100
Sucre pulvérisé.........................	900
Mucilage de gomme adragante..........	90

Faites avec 800 de sucre et le mucilage une pâte à laquelle vous incorporerez le sous-nitrate de bismuth préalablement mélangé à 100 de sucre.

Faites des tablettes de 1 gr. qui contiendront chacune 0,10 de sous-nitrate de bismuth.

PATES

Les pâtes destinées à l'usage interne et employées pour calmer la toux sont des préparations à base de gomme et de sucre, auxquelles on donne par la cuisson une consistance ferme.

Pour dissoudre la gomme qui entre dans une pâte, on emploie soit l'eau, soit un soluté, un infusé ou un décocté médicamenteux.

La dissolution de la gomme s'opère au bain-marie ; mais, comme elle s'effectue lentement, une notable quantité d'eau s'évapore pendant l'opération et le soluté de gomme devient épais. Alors deux inconvénients se présentent : d'abord le liquide passe difficilement, par expression, à travers la toile ; ensuite la quantité de gomme perdue est d'autant plus grande que le liquide est plus concentré. Pour obvier à ces inconvénients, je conseille d'ajouter, avant de passer, Q. S. d'eau pour remplacer celle qui s'est évaporée. La dissolution du sucre et la cuisson de la pâte doivent s'opérer également au bain-marie.

Les pâtes peuvent être recouvertes d'une couche de sucre cristallisé (pâtes au candi). Pour candir les pâtes on les coupe en morceaux qu'on place, sans qu'ils se touchent, dans des plaques en fer blanc dont les bords doivent avoir 3 à 4 centimètres de hauteur.

On fait cuire Q. S. de sirop de sucre jusqu'à ce qu'il marque bouillant 130⁰ au densimètre (35 B.). Dès que ce sirop est froid, et avant qu'il ne cristallise, on le verse sur la pâte de manière à la recouvrir d'une couche d'un centimètre d'épaisseur au moins.

Lorsque la pâte est complètement recouverte de petits cristaux de sucre, ce dont on s'assure en retirant un morceau de pâte et en soufflant dessus pour écarter le sirop, on incline les plaques pour que le sirop s'écoule, puis on fait sécher la pâte à l'air, ou dans une étuve peu chauffée, et sans déplacer les morceaux.

Après dessiccation complète, on enlève la pâte et on l'enferme dans des boîtes ou dans des flacons à l'abri de l'humidité.

L'emploi de l'eau distillée que prescrit le Codex, pour la préparation des pâtes, me paraît inutile; toute eau potable remplira le même but.

Pâte de gomme

PATE DE GUIMAUVE

Gomme du Sénégal blanche....	1000
Sucre blanc....................	1000
Eau	1000
Eau de fleur d'oranger.........	100
Blancs d'œufs.................	n° 12

Lavez la gomme à deux reprises et laissez-la égoutter. Faites-la dissoudre dans l'eau au bain-marie. Passez le soluté à travers une toile serrée; ajoutez-y le sucre cassé et faites évaporer en agitant continuellement jusqu'à consistance de miel très épais.

D'autre part, battez les blancs d'œufs en neige avec l'eau de fleur d'oranger, et ajoutez-les, par portions, à la pâte que vous tiendrez sur le feu et que vous continuerez d'agiter très vivement jusqu'à ce qu'elle soit arrivée à une consistance telle qu'elle n'adhère plus en l'appliquant chaude avec la spatule sur le dos de la main. Coulez-la dans des boîtes saupoudrées d'amidon.

La préparation de la pâte doit se faire au bain-marie.

Pourquoi ne pas se servir d'un macéré de guimauve pour dissoudre la gomme? On sentirait moins le goût fade du blanc d'œuf coagulé.

On ajoute, aux pâtes de lichen et de réglisse, de l'extrait d'opium ; n'y aurait-il pas avantage à ajouter un peu de chlorhydrate de morphine à la pâte de guimauve pour la rendre plus active et la différencier de celle des confiseurs ?

Pâte de jujube

Jujubes	500
Gomme du Sénégal	3000
Sucre blanc	2000
Eau	3500
Eau de fleur d'oranger	200

Faites infuser les jujubes, après les avoir incisés, dans la quantité d'eau prescrite; passez sans expression.

D'autre part, lavez la gomme dans l'eau froide, à deux reprises, laissez-la égoutter; versez-y l'infusé de jujubes et faites fondre au bain-marie; ajoutez le sucre cassé et, lorsqu'il sera fondu, cessez de remuer et entretenez le bain-marie bouillant pendant douze heures. Au bout de ce temps, enlevez l'écume épaisse qui se sera formée, mélangez avec précaution l'eau de fleur d'oranger et coulez la pâte dans des moules en fer blanc, dont la surface sera légèrement enduite d'huile d'amande douce.

Continuez l'évaporation dans une étuve chauffée à 40°. Retournez la pâte dans les moules aussitôt qu'elle sera assez ferme et laissez-la à l'étuve jusqu'à ce qu'elle ait acquis la consistance convenable. Essuyez chaque plaque de pâte avec un papier non collé.

Ce mode d'opération ne réussit qu'en opérant sur des quantités trop fortes pour être à la portée de tous les pharmaciens. Selon moi, cette pâte devrait être préparée comme celle de lichen, en remplaçant le décocté de celui-ci par l'infusé de jujube.

Pâte de lichen

Lichen d'Islande	500
Gomme du Sénégal..........	2500
Sucre blanc.................	2000
Extrait d'opium	1
Eau	Q. S.

Mettez dans une bassine le lichen et assez d'eau pour qu'il baigne complètement. Chauffez jusqu'à l'ébullition; rejetez cette première eau et lavez le lichen, à plusieurs reprises, avec l'eau froide pour le priver de son amertume.

Faites bouillir ensuite, pendant une heure, le lichen dans Q. S. d'eau pour obtenir par expression 3000 de décocté, dans lequel vous ferez fondre au bain-marie la gomme préalablement lavée. Passez avec expression à travers une toile serrée. Remettez au bain-marie . ajoutez d'abord le sucre et, quand il sera fondu, l'extrait d'opium dissous dans une petite quantité d'eau. Faites évaporer, en agitant continuellement, jusqu'à ce que la masse n'adhère plus en l'appliquant chaude avec la spatule sur le dos de la main. Coulez alors la pâte dans des moules en fer-blanc légèrement enduits de vaseline. Après refroidissement, essuyez la pâte avec du papier non collé.

100 de pâte contiennent environ 0,02 d'extrait d'opium.

Le Codex de 1837 mettait pour les quantités ci-dessus 4 d'extrait d'opium, et celui de 1866, 1.50.

La formule du Codex porte : « lichen privé d'amertume », sans indiquer comment on l'obtient.

Pourquoi le même ouvrage prescrit-il de laisser déposer et de décanter le soluté de gomme, tandis qu'il ne l'indique pas pour les pâtes de gomme, de jujube, pectorale, et de réglisse noire ?

Pâte pectorale

Fleurs pectorales..........	100
Eau	3000
Gomme du Sénégal	3000
Sucre blanc...............	2000
Eau de laurier-cerise.......	100
Extrait d'opium...........	1,50

Faites infuser les fleurs dans la quantité d'eau prescrite; passez l'infusé refroidi, et, dans ce liquide, faites fondre au bain-marie la gomme préalablement lavée et égouttée; passez à travers une toile serrée. Ajoutez le sucre, puis l'extrait d'opium dissous dans l'eau de laurier-cerise, et continuez l'opération comme il a été dit pour la pâte de jujube.

100 de cette pâte contiennent environ 0,02 d'extrait d'opium.

Même observation que pour la pâte de jujube.

Pâte de réglisse brune

Suc de réglisse pur	100
Gomme du Sénégal	1500
Sucre blanc.................	1000
Eau.........................	2500
Extrait d'opium.............	0,75

Faites dissoudre le suc de réglisse dans l'eau froide; passez au blanchet; dans ce liquide, faites fondre la gomme au bain-marie, et terminez l'opération comme pour la pâte de lichen.

100 de cette pâte contiennent environ 0,02 d'extrait d'opium.

Pâte de réglisse noire

Suc de réglisse................	500
Gomme du Sénégal	3000
Sucre........................	2000
Eau.........................	3500

Opérez comme pour la pâte de jujube, en remplaçant l'infusé de ces fruits par le soluté de suc de réglisse.

Il me paraît inutile de préparer deux sortes de pâtes de réglisse. La formule de la pâte de réglisse brune étant d'une exécution plus facile devrait seule être conservée.

PEPSINE

D'après le Codex de 1884 la pepsine médicinale, ou pepsine amylacée, qui est un mélange de pepsine extractive et d'amidon, doit dissoudre 20 fois son poids de fibrine de porc, et la pepsine extractive 50 fois.

Pour le Codex de 1866, la pepsine médicinale était la pepsine extractive. Elle devait dissoudre 40 fois son poids de fibrine, et la pepsine amylacée 6 fois.

Il est regrettable que les membres chargés de rédiger le dernier Codex n'aient pas remplacé l'amidon par le sucre de lait, comme le demandait la Société de pharmacie de Paris.

Peptone (Catillon)

Viande de bœuf débarrassée des parties grasses et tendineuses et finement hachée.........	1000
Acide chlorhydrique officinal................	20
Eau	5000
Pepsine extractive	35
Bicarbonate de soude......................	Q. S.

Dissolvez la pepsine dans l'eau ; ajoutez l'acide. Délayez la viande dans ce liquide et faites digérer le tout pendant douze heures, à la température de 45°, en agitant de temps en temps le mélange. Passez et filtrez ; saturez ce liquide par le bicarbonate de soude et évaporez-le au bain-marie.

Lorsque la concentration est assez avancée, il se forme une pellicule à la surface ; si vous voulez obtenir de la peptone liquide, arrêtez l'évaporation. A ce degré de concentration, le soluté de peptone a une densité de 1,15 à froid et il contient sensiblement la moitié de son poids de peptone solide.

Pour obtenir la peptone solide, continuez l'évaporation au bain-marie jusqu'à dessiccation complète du produit.

Enfermez immédiatement celui-ci dans des flacons bien bouchés pour le préserver de l'humidité.

La filtration rapide est un indice que la transformation est assez complète. Le liquide filtré ne doit se troubler ni par l'ébullition, ni par l'acide azotique.

Voici comment se fait ce dernier essai : mettez dans un verre à expérience, une hauteur de quelques centimètres de soluté de peptone, puis versez lentement de l'acide azotique, en le faisant couler le long des parois du vase de façon à lui faire gagner le fond. Il ne doit se former aucun nuage à la surface de séparation des deux liquides.

Peptone (**A**. Petit)

Viande de bœuf privée de matières grasses, de
    tendons, et hachée finement.............. 1000
Acide tartrique 150
Eau 10000
Pepsine extractive........................ 35
Bicarbonate de potasse.................... Q. S.

Opérez comme il est dit plus haut, avec cette différence que vous saturez par le bicarbonate de potasse la moitié du liquide filtré, puis vous le mêlez à l'autre moitié. Il se formera de la crème de tartre que vous laisserez déposer. Décantez le liquide et évaporez-le au bain-marie en consistance sirupeuse. Laissez déposer, et décantez à nouveau pour séparer la crème de tartre qui se sera déposée et achevez l'évaporation au bain-marie.

D'après M. Petit, cette peptone, n'ayant pas la saveur salée que possède celle qui a été préparée avec l'eau acidulée par l'acide chlorhydrique, donnerait des préparations plus agréables au goût.

Peptone mercurique ammonique (E. Delpech)

Peptone sèche pulvérisée...... 15
Chlorure d'ammonium pur.... 15
Bichlorure de mercure......... 10

Mêlez avec soin et conservez dans un flacon bien bouché.

Peptone mercurique ammonique en soluté pour injections hypodermiques

Peptone mercurique ammonique.. 1
Eau distillée.................... 25
Glycérine pure.................. 4

Faites dissoudre et filtrez.

Il est important d'agiter ce soluté avant de s'en servir, pour redissoudre le léger précipité qui se forme au bout de quelque temps.

Ce soluté contient par seringue de 1.20, 0.01 de sublimé corrosif ou 0.04 de peptone mercurique ammonique.

Petit-lait

Lait de vache écrémé.......	1000
Acide citrique..............	1
Eau distillée..............	8
Blanc d'œuf................	n° 1

Portez le lait à l'ébullition; ajoutez-y, par petites portions, Q. S. d'acide citrique dissous dans l'eau distillée; quand le coagulum sera bien formé, passez sans expression.

Remettez le petit-lait sur le feu avec le blanc d'œuf, que vous aurez délayé dans une petite quantité d'eau. Portez de nouveau à l'ébullition, que vous arrêterez en versant un peu d'eau froide dans le liquide dès que celui-ci sera éclairci. Laissez refroidir; filtrez sur un papier préalablement lavé à l'eau bouillante (Codex).

Phénol

ACIDE PHÉNIQUE. ACIDE CARBOLIQUE

$$\text{Éq. : } C^{12} H^6 O^2 = 94. \quad \text{F. atom. : } C^6 H^5 OH = 94.$$

Il fond vers 42, se dissout, lorsqu'il est pur, dans 15 fois son poids d'eau froide; très soluble dans l'alcool, l'éther, les huiles fixes et volatiles.

Phénol en soluté caustique

Phénol pur........	100
Alcool à 90........	100

Mettez dans un flacon et agitez.

Phénol sodé dissous

SOLUTÉ DE PHÉNATE DE SOUDE

Phénol   70
Soude caustique liquide à 1.332...   100
Eau distillée ....   Q. S.

Diluez la soude liquide dans 500 d'eau environ; ajoutez-y l'acide phénique, puis Q. S. d'eau distillée pour
compléter le volume d'un litre.

PHOSPHATES DE CHAUX

En pharmacie on emploie trois phosphates de chaux:
le phosphate monocalcique, le phosphate bicalcique et
le phosphate tricalcique.

Les formules en équivalents ou en atomes de ces
sels ne sont pas identiques dans tous les ouvrages,
comme nous le verrons plus loin; les différences por-
tent sur l'eau d'hydratation.

Phosphate monocalcique

BIPHOSPHATE DE CHAUX. — PHOSPHATE ACIDE DE CHAUX

$$Eq. : Ph\ O^5\ (Ca\ O\ 2HO)\ 2HO = 135.$$
$$F.\ atom.\ (PhO^5,\ 2Ca\ H^4) + 2H^2O = 270.$$

Le Codex fait préparer ce produit en traitant les os
calcinés par l'acide sulfurique, mais M. Falière, dans

son travail sur les phosphates (*Union pharmaceutique 1875*), fait remarquer que le phosphate monobasique, ainsi préparé, contenant de l'acide phosphorique libre et de l'eau en quantité variable, est impropre aux usages pharmaceutiques. Il conseille de le préparer en faisant réagir l'acide phosphorique sur le phosphate bicalcique.

Pour obtenir 270 de phosphate monocalcique il faut 172 de phosphate bicalcique et 196 d'acide phosphorique officinal; ou pour 100, 63,70 de phosphate bicalcique et 72,60 d'acide.

On a proposé, récemment, de préparer ce phosphate en versant, petit à petit, de l'acide phosphorique officinal dans du phosphate tricalcique gélatineux jusqu'à dissolution, filtrant et faisant cristalliser.

Le phosphate monocalcique ne s'employant jamais à l'état solide, il est plus simple de préparer un soluté au 1/5 en suivant la formule ci-dessous :

> Phosphate bicalcique 86
> Acide phosphorique officinal......... 98
> Eau distillée .... Q. S.

Délayez le phosphate dans 400 d'eau distillée; versez dans ce mélange l'acide phosphorique et lorsque la dissolution sera opérée, ajoutez Q. S. d'eau distillée pour que le tout pèse 675.

Mêlez et filtrez.

Ou: 127,40 de phosphate bicalcique, 145,20 d'acide et Q. S. d'eau distillée pour obtenir 1000 de solution.

Si l'acide ne contient pas exactement la moitié de son poids d'acide phosphorique trihydraté, il faut l'ajouter petit à petit jusqu'à dissolution.

D'après un travail déjà ancien de mon ami Lebaigne et un autre récent, de M. H. Causse sur la solubilité des phosphates dans les acides, il y a avantage à préparer ce soluté au 1/5 en saturant de l'acide phospho-

rique par le phosphate tricalcique gélatineux, en suivant
la formule ci-dessous :

> Acide phosphorique officinal..... 195
> Phosphate tricalcique gélatineux . Q. S.
> Eau distillée.................... Q. S.

Saturez l'acide par Q. S. de phosphate gélatineux et
ajoutez Q. S. d'eau distillée pour obtenir 1000 de soluté.
Filtrez.

Phosphate monocalcique en soluté

> Soluté de phosphate monocalcique au 1/5... 150
> Eau distillée............................. 850

Mêlez.

Une cuillerée à bouche ou 15 contient 0,45 de phosphate monocalcique.

Phosphate bicalcique

PHOSPHATE NEUTRE DE CHAUX

$$\text{Éq. : } 2CaO \; HO \; PhO^5, \; 4HO = 172.$$

Le Codex donne pour formule de ce composé PhO^5
$2Ca \; O,HO = 136$. M. Petit, dans son rapport sur les médicaments nouveaux, publié en 1877, lui attribue la formule $2CaO, HO, PhO^5 \; 3HO = 163$, et il ajoute que ce sel
renferme 26 pour 100 d'eau. Or, pour contenir cette quantité, il faut que sa formule comporte : cinq équivalents
d'eau, un de constitution et quatre d'hydratation.

C'est en effet ce qu'indiquent M. Falière et d'autres
auteurs.

Voici comment le Codex indique de préparer le phosphate bicalcique :

22

Phosphate de soude.............. 100
Chlorure de calcium cristallisé.... 65
Acide chlorhydrique officinal..... 3 cm³
Eau distillée.................... Q. S.

Dissolvez le phosphate de soude dans suffisante quantité d'eau pour obtenir, avec les 3 centimètres cubes d'acide chlorhydrique, 700 cent. cubes de solution. D'autre part, faites avec le chlorure de calcium et suffisante quantité d'eau 300 cent. cubes de solution; mélangez à froid les deux liqueurs et laissez-les en contact pendant quelques heures, en ayant soin d'agiter de temps en temps. Lavez le précipité par décantation, recueillez-le sur un filtre et faites-le sécher à l'air libre.

On peut remplacer le chlorure de calcium cristallisé par 32 de chlorure de calcium fondu. Dans ce cas le sel contenant toujours un peu d'oxychlorure, il est nécessaire de neutraliser exactement la solution par l'addition d'une quantité convenable d'acide chlorhydrique, avant de compléter les 300 cent. cubes de liqueur.

Il serait beaucoup plus simple et plus commode d'indiquer toutes les quantités en poids. Je ne vois pas l'inconvénient qu'il y aurait à dissoudre le chlorure dans 300 gr. d'eau, le phosphate dans 700 gr., et d'ajouter à ce dernier soluté 3 gr. 50 d'acide chlorhydrique.

Il ne faut pas dessécher le phosphate bicalcique à l'étuve.

Phosphate tricalcique

PHOSPHATE BASIQUE DE CHAUX — PHOSPHATE DE CHAUX

Eq. : $Ph\,O^5\,3\,Ca\,O = 155$ (supposé anhydre).

Le mode opératoire que donne le Codex pour préparer le phosphate tricalcique est défectueux; d'abord parce qu'on ne peut pas toujours, même par une ébullition prolongée, détruire l'état gélatineux du précipité; ensuite, d'après M. Falière, le phosphate pulvérulent ainsi obtenu se dissout lentement dans les liqueurs acides faibles.

Voici la formule que donne M. Falière pour obvier à ces inconvénients :

Os calcinés à blanc et finement pulvérisés.	200
Acide chlorhydrique officinal............	320
Phosphate de soude cristallisé...........	100
Ammoniaque liquide.....................	150
Eau................................	800

Mettez la poudre d'os dans une terrine en grès ou dans un vase en porcelaine, délayez-la dans 200 de l'eau prescrite; ajoutez l'acide chlorhydrique, remuez de temps en temps. Après quelques jours de contact, ajoutez le phosphate de soude dissous dans les 600 d'eau restante; filtrez.

Versez l'ammoniaque dans le liquide obtenu; agitez vivement, à l'aide d'un fort balai d'osier.

Délayez le précipité dans 3000 d'eau froide; abandonnez au repos. Décantez, ajoutez de nouvelle eau, à cinq ou six reprises, de manière à laver méthodiquement le précipité avec 100 fois environ son poids d'eau.

Jetez alors le précipité sur un linge mouillé à l'avance; laissez-le s'égoutter. Quand il pourra être détaché du linge, tout d'une pièce, recueillez-le dans une terrine où vous battrez de nouveau et vivement avec un balai d'osier; si cela est nécessaire, ajoutez à la pâte une petite quantité d'eau pour l'éclaircir. Divisez rapidement en trochisques; prenez soin de battre à chaque fois la masse avant de recharger l'entonnoir.

Faites sécher les trochisques à l'air libre.

Au bout de sept à huit jours, par un temps sec, ils ne renferment plus que 30 à 35 pour 100 de leur poids d'eau. Par une dessiccation plus prolongée à l'air, ils ne contiennent plus que 25 pour 100 d'eau. A ce degré d'hydratation, ils ne perdent plus d'eau à la température ordinaire.

Phosphate tricalcique gélatineux

Os calcinés pulvérisés.......... 500
Acide chlorhydrique officinal... 800
Ammoniaque liquide officinale.. Q. S.

Mélangez dans une terrine en grès les os avec 500 d'eau, ajoutez l'acide en continuant à remuer et Q. S. d'eau pour obtenir une pâte presque liquide. Après cinq jours de contact, pendant lesquels vous remuerez de temps en temps la pâte, délayez celle-ci dans 6000 d'eau et filtrez.

Dans le soluté filtré, versez, en agitant continuellement, Q. S. d'ammoniaque pour le rendre légèrement alcalin. Lavez le dépôt gélatineux formé par décantation pour enlever tout le chlorure de calcium qu'il contient, en ayant soin de bien délayer le précipité chaque fois que vous renouvellerez l'eau. Faites égoutter le phosphate gélatineux sur une toile.

Conservez-le dans des pots couverts et, pour empêcher qu'il ne se dessèche, versez à sa surface un peu d'eau distillée.

Phosphate de chaux des os (Falière)

Dissolvez les os calcinés dans l'acide chlorhydrique; ajoutez de l'eau, filtrez. Versez dans la liqueur un excès d'ammoniaque pour précipiter tout le phosphate tricalcique, puis un soluté de carbonate de soude qui précipite toute la chaux du chlorure de calcium à l'état de carbonate de chaux. Lavez et séchez le précipité.

Il est difficile de faire perdre à ce précipité son état gélatineux.

PILULES — BOLS — GRANULES

On donne le nom de pilules à des médicaments de compositions variées, de forme sphérique et destinés à être avalés.

Lorsque les pilules sont grosses et qu'on leur a donné la forme olivaire pour en rendre l'administration plus facile, on les désigne sous le nom de Bols, et lorsqu'elles sont petites et recouvertes de sucre, on les nomme Granules. Ceux-ci diffèrent des dragées médicinales par leur volume beaucoup plus petit.

On nomme masse pilulaire toute pâte ferme destinée à être divisée en pilules. Les substances médicamenteuses entrant dans la composition des masses pilulaires sont très variées. Elles peuvent être solides, liquides ou d'une consistance intermédiaire.

Il est rare que les médicaments destinés à préparer des pilules aient la consistance voulue; on leur donne cette consistance au moyen d'un excipient qui sera, pour les masses trop molles, une poudre inerte (guimauve, réglisse), et pour celles qui sont trop fermes ou pour les substances solides, un extrait peu actif (chicorée, chiendent) ou du miel, de la glycérine.

Pour qu'une masse pilulaire soit de bonne consistance, il faut qu'elle soit bien homogène, assez molle pour se rouler en cylindre sur le pilulier et assez dure pour que, roulée en pilules, celles-ci ne se déforment pas. En général, les masses bien faites se détachent du mortier en les pistant. C'est surtout par la pratique qu'on apprend à leur donner la consistance voulue.

On se sert pour la confection des masses pilulaires de mortiers en fer, en marbre ou en porcelaine. Ces derniers ne présentent aucun inconvénient, quelle que soit la substance employée, tandis que ceux en fer décomposent beaucoup de sels métalliques et ceux en marbre sont attaqués par les acides et les sels acides. Pour de très petites quantités de masse, on opère sur une plaque de verre ou de marbre avec un couteau à lame tronquée.

Règle générale : on met les substances actives dans le mortier et on ajoute Q. S. d'excipient.

Nous allons maintenant examiner les principaux cas qui peuvent se présenter dans la confection des masses pilulaires :

Avec les matières solides. — Elles doivent être en poudre fine et mélangées intimement, s'il en entre plusieurs dans la préparation. On ajoute ensuite Q. S. d'excipient et on piste, pour donner de l'homogénéité au produit.

Si la poudre provient de tissus végétaux, on emploiera comme excipient un extrait peu actif ou du miel. Avec les poudres minérales ou les sels insolubles, on peut employer le même excipient, seulement on est quelquefois obligé d'ajouter un peu de poudre de guimauve pour donner du liant, et, dans certains cas, un peu de poudre de gomme. Si ce sont des sels solubles, il faudra presque toujours ajouter, avec l'extrait ou le miel, de la poudre de guimauve, et, si les sels sont déliquescents, il faut peu d'excipient, mais opérer rapidement et enfermer les pilules dans un flacon bouché. Avec les résines solides, on emploiera le savon médicinal à P. E. ou quelques gouttes d'alcool pour obtenir des pilules plus petites. Avec les gommes résines, l'eau en très petite quantité suffit. Pour le nitrate d'argent, on emploiera la mie de pain et on ajoutera, si c'est nécessaire, quelques gouttes d'eau distillée. Pour le permanganate de potasse, on fera un excipient avec P. E. de vaseline et de paraffine et on roulera les pilules avec du carbonate de chaux précipité.

Avec les poudres et les extraits. — On mélange d'abord les poudres qu'on met ensuite sur un papier, puis on mélange les extraits, auxquels on incorpore la poudre, et on ajoute, si cela est nécessaire, Q. S. d'excipient. Si les extraits ont une consistance très différente, on met le plus ferme dans le mortier, auquel on incorpore l'autre petit à petit. Le mélange se fait plus facilement dans un mortier dans lequel on a mis préalablement de l'eau bouillante.

Avec les substances molles ou liquides. — Aux extraits on ajoute de la poudre de guimauve ou de réglisse. Si l'extrait est très mou et que la quantité d'excipient nécessaire doive donner des pilules trop grosses, on concentrera l'extrait au bain-marie avant d'y ajouter la poudre. C'est la magnésie ou son carbonate qui servent d'excipient pour la térébenthine et le baume de copahu. Les pilules d'huile de croton se font avec la mie de pain.

Les liquides ne peuvent entrer qu'en petite quantité

dans les masses pilulaires. Si par hasard un liquide devait y être incorporé en trop forte proportion on le concentrerait au bain-marie en consistance d'extrait, si toutefois son principe actif est fixe et le liquide volatil.

La glycérine, introduite dans une masse pilulaire, a le double avantage d'assurer la conservation des pilules et de les empêcher de se durcir. La gomme, au contraire, a l'inconvénient de les durcir et de les rendre par cela même peu assimilables.

Les masses pilulaires qu'on ne transforme pas immédiatement en pilules se conservent dans des pots en porcelaine. Il faut avoir soin de tasser la masse dans le pot pour ne pas laisser de vide dans son intérieur.

Pour diviser une masse pilulaire, on la roule en cylindre et on la coupe avec le pilulier. (Voyez *Pilulier.*)

Si le nombre des pilules à faire est supérieur au nombre des cannelures du pilulier, on divise préalablement la masse, au moyen de la balance, en deux, en quatre ou en huit, en mettant chaque fois une égale quantité de cette masse dans chacun des plateaux de la balance. Ce moyen est préférable à celui qui consiste à couper en morceaux d'égale longueur la masse pilulaire roulée en cylindre.

Lorsque les pilules sont terminées, on les met dans une boîte avec un peu de lycopode pour les empêcher d'adhérer entre elles.

Les pilules hygrométriques se mettent dans des flacons bouchés.

On recouvre quelquefois les pilules d'une couche d'argent (pilules argentées). Pour cela, on les met dans une boîte sphérique en bois contenant des rognures d'argent en feuilles, puis on imprime à la boîte un mouvement circulaire pour faire adhérer le métal à leur surface.

Si les pilules sont molles, l'argent se fixe facilement,

mais les pilules se déforment et se collent les unes aux autres.

Si elles sont trop dures, le métal ne se fixe pas. On obvie à ce dernier inconvénient en humectant légèrement les pilules placées dans une capsule, avec un peu d'éther saturé de cire blanche. Lorsque l'éther s'est évaporé, on argente les pilules comme il est dit plus haut.

On recouvre les pilules d'une couche de baume de tolu, en les humectant dans une capsule avec de la teinture éthérée de baume de tolu et de mastic au 1/5 ; on les verse dans des moules à pâte en fer-blanc amalgamé où elles se dessèchent.

Pour masquer l'odeur et la saveur désagréables de certaines pilules, ou pour assurer leur conservation, on les recouvre de gélatine (voyez *Capsules*) ou de sucre (voyez *Dragées*).

Pilules d'acide arsénieux

GRANULES D'ACIDE ARSÉNIEUX DU CODEX. — GRANULES DE DIOSCORIDE

Acide arsénieux porphyrisé.....	0,10
Poudre de sucre de lait.........	4
Poudre de gomme..............	1
Mellite simple.................	Q. S.

Triturez longtemps l'acide arsénieux, dans un mortier en porcelaine, avec le sucre de lait que vous ajouterez par petites portions ; mêlez la gomme et faites, avec le mellite, une masse pilulaire bien homogène, que vous diviserez en 100 pilules. Chaque pilule contiendra 0,001 d'acide arsénieux.

Ces pilules durciraient moins si on remplaçait le mellite simple par un mélange à P. E. de miel blanc et de glycérine.

Le Codex désigne ces pilules sous le nom de granules, mais les pharmacologistes et les fabricants de produits pharmaceutiques réservent ce nom aux petites pilules recouvertes de sucre.

Préparez de même les pilules de : Arséniate de fer, Arséniate de quinine, Arséniate de soude, Arséniate de strychnine, Chlorhydrate de morphine, Codéine, Cyanure de zinc, Extrait de Strophantus, Quassine, Sulfate de morphine, Sulfate de strychine.

Pilules d'aconitine cristallisée

Aconitine cristallisée...................... 0,01
Sucre de lait pulvérisé............. 4
Gomme pulvérisée........................ 1
Mélange de miel blanc et de glycérine à P. E.   Q. S.

Opérez comme pour les pilules d'acide arsénieux et divisez en 100 pilules. Chaque pilule contiendra 0,0001 d'aconitine cristallisée.

Préparez de même les pilules de : Azotate d'aconitine cristallisée, Digitaline cristallisée.

Pilules d'aloès simple

Aloès pulvérisé............. 1
Miel blanc................... Q. S.

Faites une masse que vous diviserez en 10 pilules.

Pilules d'aloès et de gomme-gutte

PILULES ÉCOSSAISES. — PILULES D'ANDERSON

Aloès pulvérisé............ 1
Gomme-gutte pulvérisée.... 1
Essence d'anis............. 0,10
Miel blanc................. Q. S.

Mélangez l'aloès et la gomme-gutte, ajoutez l'essence et, avec le miel, faites une masse que vous diviserez en 10 pilules.

Pilules d'aloès et de savon

PILULES ALOÉTIQUES SAVONNEUSES

Aloès pulvérisé........ 1
Savon médicinal....... 1

Mettez ces substances dans un mortier et pistez pour obtenir une masse homogène que vous diviserez en 10 pilules.

Pilules alunées d'Helvétius

Alun pulvérisé..................... 1
Sang-dragon en poudre............ 0,50
Miel blanc....................... Q. S.

Faites une masse que vous diviserez en 10 pilules et que vous roulerez dans la poudre de sang-dragon.

Pilules ante-cibum

Aloès pulvérisé................	1
Cannelle de Ceylan pulvérisée..	0,20
Extrait de quinquina...........	0,50
Miel blanc	Q. S.

Mêlez les poudres dans un mortier en porcelaine, ajoutez l'extrait et Q. S. de miel pour obtenir une masse homogène que vous diviserez en 10 pilules.

Pilules arsénicales

PILULES ASIATIQUES

Acide arsénieux porphyrisé.........	0,05
Gomme pulvérisée................	0,10
Poivre noir en poudre fine.........	0,50
Eau distillée....................	Q. S.

Mettez dans un mortier en porcelaine l'acide; ajoutez peu à peu, en triturant continuellement, la gomme et le poivre, de manière à obtenir un mélange bien intime auquel vous ajouterez Q. S. d'eau pour obtenir une masse de bonne consistance que vous diviserez en 10 pilules.

Pilules de Barbier

Aloès pulvérisé................	2
Rhubarbe pulvérisée...........	2
Extrait de ményanthe.........	4

Incorporez le mélange de poudre à l'extrait et divisez en 24 pilules que vous argenterez.

Pilules de Bontius

Aloès	1
Gomme-gutte	1
Gomme ammoniaque	1
Vinaigre blanc	6

Faites dissoudre dans le vinaigre, à l'aide de la chaleur, l'aloès et les gommes résines, grossièrement pulvérisés. Passez avec expression; évaporez le mélange au bain-marie, en consistance pilulaire, que vous diviserez en pilules du poids de 0,20.

En employant de l'aloès et de la gomme-gutte en poudre, de la gomme ammoniaque purifiée, il serait inutile de passer le soluté de ces substances dans le vinaigre.

Pilules de bromure ferreux

Soluté officinal de bromure ferreux	15
Limaille de fer porphyrisée	0,10
Poudre de gomme	Q. S.
» de réglisse	Q. S.

Mettez le soluté de bromure ferreux et le fer dans une capsule en porcelaine et faites évaporer jusqu'à ce que le liquide ait perdu les deux tiers de son poids; versez-le encore chaud dans un mortier en porcelaine très sec et légèrement chauffé; ajoutez les poudres mélangées préalablement à P. E. et en quantité suffisante pour former une masse pilulaire assez consistante, que vous diviserez en 100 pilules. Chaque pilule contient 0,05 de bromure de fer.

Pour préserver ces pilules de l'action de l'air, roulez-les dans du fer porphyrisé, puis mettez-les dans une capsule où vous les humecterez avec de la teinture éthérée de baume de tolu au 1/4 ; versez-les ensuite dans des moules à pâte en fer-blanc amalgamé où la majeure partie de l'éther s'évaporera. Achevez la dessiccation de ces pilules à l'étuve et enfermez-les dans des flacons bien bouchés.

Ces pilules ayant une grande analogie avec les pilules d'iodure ferreux, pourquoi le Codex ne les fait-il pas préparer de même ?

Pilules de carbonate ferreux

Selon la formule de Vallet

Sulfate ferreux pur et cristallisé.........	100
Carbonate de soude pur cristallisé......	120
Miel blanc...............................	30
Sucre de lait............................	30
» blanc.............................	Q. S.

Faites dissoudre à chaud et séparément le sulfate de fer et le carbonate de soude dans suffisante quantité d'eau bouillie, contenant un vingtième de son poids de sucre. Réunissez les deux liquides, agitez, laissez reposer. Décantez le liquide surnageant, remplacez-le par de l'eau bouillie et sucrée. Continuez ainsi le lavage jusqu'à ce que le liquide ne renferme plus de sulfate de soude. Décantez une dernière fois.

Jetez le sel ferreux sur une toile serrée et imprégnée de sirop de sucre. Exprimez graduellement et fortement, puis mettez ce produit dans une capsule avec le miel ; ajoutez le sucre de lait et concentrez promptement au bain-marie en consistance d'extrait.

Pour faire des pilules, prenez 3 parties du composé ci-dessus et 1 partie de poudre de réglisse ; mélangez et divisez en pilules du poids de 0,25 que vous conserverez dans un flacon bouché.

Ce mode opératoire manque de précision : doit-on dissoudre les sels à chaud ou à froid et dans quelle quantité d'eau ? La précipitation doit-elle être faite à chaud ou à froid ?

Soubeiran conseille de dissoudre le sulfate de fer dans une grande quantité d'eau bouillante et de précipiter en ajoutant petit à petit, et sans interrompre l'ébullition, le soluté de carbonate de soude additionné de sucre.

Pilules de chlorure ferreux

Chlorure ferreux desséché............	10
Poudre de gomme....................	5
» de réglisse.................	5
Eau	Q. S.

Mélangez les poudres au chlorure, ajoutez Q. S. d'eau pour obtenir une masse que vous diviserez en 100 pilules. Enrobez ces pilules comme celles de bromure de fer d'une légère couche de baume de tolu.

Pilules de chlorure mercurique opiacées

PILULES DE DUPUYTREN

Chlorure mercurique porphyrisé........	0,10
Extrait d'opium.....................	0,20
Extrait de gayac	0,40

Mélangez les extraits et ajoutez le chlorure, mêlez avec soin et divisez en 10 pilules.

Pilules de coloquinte composées

Aloès pulvérisé........   0,50
Coloquinte pulvérisée..   0,50
Scammonée pulvérisée.   0,50
Essence de girofle.....   0,01
Miel ....   Q. S.

Mélangez les poudres, ajoutez l'essence, puis Q. S. de miel pour faire une masse que vous diviserez en 10 pilules.

Le Codex a quadruplé la quantité d'essence de girofle sans en rendre la pesée plus facile.

Pilules de cynoglosse opiacées

PILULES DE CYNOGLOSSE

Extrait d'opium......................   10
Poudre de semence de jusquiame......   10
»   de cynoglosse.................   10
»   de myrrhe.....................   15
»   d'oliban...................   12
»   de safran....................   4
»   de castoreum   4
Mellite simple   35

Faites liquéfier au bain-marie l'extrait d'opium dans le mellite, versez ce mélange dans un mortier en fer; incorporez, par petite quantité, toutes les poudres préalablement mélangées et formez du tout une masse homogène que vous conserverez dans un vase fermé.

En remplaçant les 35 de mellite simple par un mélange de 25 de miel blanc et 10 de glycérine, la masse pilulaire ne sèche ni ne moisit.

On éviterait toute perte en ramollissant l'extrait d'opium avec un peu de miel dans un mortier en fer légèrement chauffé ; on ajouterait ensuite le reste du miel, la glycérine et la poudre.

Pilules ferrugineuses de Blaud

Sulfate ferreux pur desséché et pulvérisé...	30
Carbonate de potasse pur desséché	30
Gomme pulvérisée........................	5
Eau distillée............................	30
Sirop simple............................	15

Faites dissoudre dans une capsule en porcelaine, à la chaleur du bain-marie, la gomme dans la quantité d'eau prescrite ; ajoutez le sirop et le sulfate de fer. Agitez pendant quelques instants pour rendre le mélange homogène ; ajoutez le carbonate de potasse préalablement pulvérisé, en remuant constamment avec une spatule en fer, et continuez à chauffer jusqu'à ce que la masse ait acquis une consistance pilulaire, plutôt dure que molle. Retirez du feu et divisez la masse en 200 pilules que vous ferez sécher à l'étuve et que vous argenterez. Renfermez-les dans des flacons bouchés.

Chaque pilule pèse environ 0,40.

Si on remplaçait, dans cette formule, le carbonate de potasse par le carbonate de soude on aurait des pilules plus petites qui ne contiendraient pas de sel de potasse.

Pilules d'iodoforme et de créosote

Iodoforme pulvérisé.....	1
Créosote de hêtre.......	5
Benjoin pulvérisé	Q. S.

Mêlez dans un mortier l'iodoforme et la créosote,

ajoutez Q. S. de benjoin en poudre pour obtenir une masse que vous diviserez en 100 pilules.

Pilules d'iodure ferreux

(Selon la formule de Blancard)

Iode sublimé......................	4,10
Limaille de fer pur...............	2
Eau distillée	6
Miel blanc........................	5

Mettez dans un ballon en verre l'eau et l'iode; ajoutez le fer par petites portions en agitant. Dès que le liquide aura pris une couleur verdâtre, filtrez-le au-dessus d'une capsule tarée contenant le miel; lavez le ballon avec quelques grammes d'eau distillée, évaporez jusqu'à ce que le poids du contenu de la capsule soit réduit à 10. Lorsque le tout sera refroidi, ajoutez un mélange à P. E. de poudre de réglisse et de guimauve, en quantité suffisante pour former une masse homogène que vous diviserez en 100 pilules, contenant chacune 0,05 d'iodure ferreux.

Enrobez ces pilules d'une couche de baume de tolu, en opérant comme pour les pilules de bromure ferreux.

Pourquoi le Codex donne-t-il deux formules et deux modes opératoires différents pour les pilules de bromure ferreux et d'iodure ferreux qui ont tant d'analogie entre elles ?

Pilules d'iodure mercureux opiacées

Iodure mercureux.......	0,50
Extrait d'opium........	0,20
Poudre de réglisse......	0,50
Miel blanc	Q. S.

Ramollissez dans un mortier en porcelaine l'extrait d'opium avec 0,30 de miel; ajoutez à ce mélange l'iodure, la poudre de réglisse et Q. S. de miel pour obtenir une masse bien homogène que vous diviserez en 10 pilules.

Pilules d'iodure mercurique opiacées (Dr Brierre)

Iodure mercurique....... 0,50
Extrait d'opium.......... 1
Extrait de gayac........ 2
Poudre de réglisse....... Q. S.

Mêlez avec soin les deux extraits dans un mortier en porcelaine ; ajoutez l'iodure et, lorsque le mélange sera bien intime, Q. S. de poudre de réglisse pour obtenir une masse que vous diviserez en 100 pilules.

Pilules de jusquiame et de valériane composées

PILULES DE MÉGLIN

Extrait de jusquiame (semence).... 0,50
Extrait de valériane 0,50
Oxyde de zinc 0,50

Mêlez les extraits, ajoutez l'oxyde et, si c'est nécessaire, Q. S. de réglisse en poudre pour faire une masse de bonne consistance que vous diviserez en 10 pilules.

Pilules mercurielles purgatives

PILULES DE BELLOSTE

Mercure purifié 60
Miel blanc 60

Aloès pulvérisé 60
Poivre noir pulvérisé 10
Rhubarbe pulvérisée 30
Scammonée d'alep pulvérisée 20

Triturez le mercure avec le miel et une partie de l'aloès. Lorsque l'extinction du métal sera parfaite, ajoutez-y le reste de l'aloès, puis la scammonée, enfin les autres poudres préalablement mélangées. Rendez la masse bien homogène et divisez-la en pilules de 0,20.

Pilules mercurielles savonneuses

PILULES DE SÉDILLOT

Pommade mercurielle double 30
Poudre de savon médicinal 20
Réglisse pulvérisée 10

Mêlez dans un mortier la pommade et le savon, ajoutez la poudre de réglisse et faites une masse bien homogène que vous diviserez en pilules de 0,20.

Pilules mercurielles simples

PILULES BLEUES

Mercure purifié 5
Conserve de rose 7,50
Réglisse pulvérisée 2,50

Triturez le mercure avec la conserve de rose dans un mortier en marbre jusqu'à extinction complète du métal. Ajoutez la poudre de réglisse et divisez la masse en 100 pilules.

Pilules de permanganate de potasse

Permanganate de potasse pulvérisé..........   1
Paraffine et vaseline fondues ensemble à P. E.   Q. S.

Faites une masse que vous roulerez sur le pilulier préalablement saupoudré de carbonate de chaux et que vous diviserez en 10 pilules.

Mettez ces pilules dans un flacon avec un peu de carbonate de chaux.

Pilules de podophyllin

Podophyllin.................   0,20
Savon médicinal.............   0,10

·Mêlez et divisez en 10 pilules.

Pilules de térébenthine

Térébenthine de sapin argenté.   2
Carbonate de magnésie.........   2

Mêlez exactement. Laissez le mélange en contact jusqu'à ce qu'il ait pris une consistance pilulaire. Divisez en 10 pilules (Codex).

Pilules de térébenthine cuite

Térébenthine cuite ....   Q. V.

Ramollissez la térébenthine cuite avec de l'eau chaude et divisez en pilules de 0,30 que vous conserverez dans de la poudre de carbonate de magnésie (Codex).

Pilules de térébenthine (Soubeiran)

Térébenthine de sapin argenté 160
Magnésie calcinée...................... 10

Ajoutez à la magnésie 1 gr. d'eau, mélangez le tou avec la térébenthine, chauffez ce mélange pendant quelques minutes au bain-marie et divisez en pilules de 0,25.

Préparez de même les pilules de baume de copahu.

Poix de Bourgogne purifiée

Poix de Bourgogne........... Q. V.

Mettez la poix dans une bassine en cuivre et chauffez doucement jusqu'à ce qu'elle soit fondue; passez avec expression à travers une toile.

Purifiez de la même manière les substances suivantes :

Galipot, Goudron végétal, Poix noire, Poix résine, Résine élémi, Styrax liquide, Térébenthine.

POMMADES

On donne ce nom à des préparations à base de corps gras ou de vaseline et qui s'obtiennent par des modes opératoires assez variés.

Dans celles à base d'axonge, il y a avantage, pour la conservation, à employer de l'axonge benzoïnée.

Pommade ammoniacale

POMMADE DE GONDRET

Suif de mouton purifié.................. 10
Axonge 10
Ammoniaque liquide officinale...... 20

Faites liquéfier le suif et l'axonge à une douce chaleur dans un flacon à large ouverture, bouché à l'émeri. Quand le mélange sera en partie refroidi, ajoutez l'ammoniaque, agitez vivement en plongeant le flacon à plusieurs reprises dans l'eau froide pour hâter la solidification du mélange (Codex).

Pommade antipsorique

POMMADE D'HELMERICH

Carbonate de potasse pur............ 5
Eau 5
Soufre sublimé lavé.................... 10
Huile d'amandes douces.............. 5
Axonge 35

Dissolvez complètement, dans un mortier, le carbonate de potasse dans l'eau, ajoutez le soufre, puis l'huile et enfin l'axonge.

Triturez pour obtenir une pommade homogène.

Pommade belladonée

Extrait de belladone..................... 4
Eau distillée 2
Axonge 24

Délayez l'extrait dans l'eau distillée et incorporez-le dans l'axonge (Codex).

Cette pommade devrait être formulée de manière à contenir le dixième de son poids d'extrait de belladone.

Pommade camphrée

```
Camphre râpé ....................... 30
Axonge ............................. 90
Cire blanche ....................... 10
```

Faites liquéfier à une douce chaleur l'axonge et la cire; ajoutez le camphre; remuez jusqu'à ce qu'il soit dissous et que la pommade soit en partie refroidie. (Codex).

La dissolution du camphre s'opérerait plus rapidement si on l'employait préalablement pulvérisé au moyen d'un peu d'éther.

En ne mettant que 25 de camphre au lieu de 30, on aurait une préparation qui contiendrait le cinquième de son poids de camphre, ce qui ferait encore le double de ce que contiennent l'alcool et l'huile camphrés.

Pommade de carbonate de plomb

ONGUENT BLANC DE RHAZÈS

```
Carbonate de plomb pulvérisé...... 10
Axonge benzoïnée ................. 50
```

Mêlez très exactement.

Cette pommade ne doit être préparée qu'au moment du besoin (Codex).

On assurerait sa conservation en remplaçant l'axonge par la vaseline.

Pommade au chloroforme

Chloroforme rectifié du commerce...   10
Axonge..............................   85
Cire blanche........................   5

Faites fondre l'axonge et la cire au bain-marie, dans un flacon à large ouverture bouché à l'émeri; laissez refroidir en partie. Ajoutez le chloroforme, bouchez le flacon et agitez jusqu'à ce que la pommade soit entièrement refroidie (Codex).

Pommade citrine

ONGUENT CITRIN

Axonge...............   400
Huile d'olive...........   400
Mercure................   40
Acide azotique officinal..   80

Faites dissoudre à froid le mercure dans l'acide azotique; d'autre part, faites liquéfier l'axonge dans l'huile à une douce chaleur.

Quand les corps gras seront à moitié refroidis, versez-y le soluté mercuriel; agitez pour avoir un mélange exact et coulez la pommade dans des moules en papier. (Voyez *Onguent de la mère.*)

Cette pommade doit être conservée à l'abri de la lumière (Codex).

Il est important, pour cette préparation, d'employer de l'huile d'olive pure et d'opérer dans une capsule en porcelaine.

Pommade épispastique au garou

Extrait de garou................	40
Alcool à 90°....................	90
Axonge.........................	900
Cire blanche...................	100

Faites fondre au bain-marie l'axonge et la cire, ajoutez l'extrait dissous dans l'alcool et agitez le mélange jusqu'à ce que l'alcool soit évaporé. Passez à travers une toile, au-dessus d'un pot, et remuez la pommade jusqu'à ce qu'elle soit en partie refroidie (Codex).

Pommade épispastique jaune

Cantharides en poudre grossière.....	60
Axonge.............................	840
Cire jaune	120
Curcuma pulvérisé..................	4
Essence de citron.................	4

Faites digérer pendant quatre heures, au bain-marie, les cantharides dans l'axonge, en remuant de temps en temps. Laissez reposer, décantez, ajoutez la poudre de curcuma ; faites digérer pendant une heure, puis filtrez au papier, à la température de l'eau bouillante. Remettez sur un feu doux, ajoutez la cire, et quand elle sera fondue remuez le mélange jusqu'à refroidissement incomplet; ajoutez alors l'essence de citron (Codex).

Cette formule n'indique pas à première vue le rapport entre le poids des cantharides et celui de l'axonge et de la cire. Quant au mode opératoire, il ne peut donner des produits toujours identiques, puisqu'on perd par la décantation et la filtration des quantités très variables de digesté de cantharides.

La formule et le mode opératoire ci-dessous me paraissent obvier aux inconvénients que je signale plus haut :

Cantharides en poudre grossière 50
Axonge 700
Cire jaune 100
Curcuma 4
Essence de citron....................... 4

Faites digérer au bain-marie, pendant quatre heures, les cantharides et le curcuma; ajoutez la cire et, lorsqu'elle sera fondue, passez dans un endroit chaud à travers une étoffe de laine peu épaisse et à tissu serré. Ajoutez l'essence dès que la pommade commencera à s'épaissir.

Est-ce pour donner à cette préparation une ressemblance avec la pommade des parfumeurs qu'on y met de l'essence de citron?

Pommade épispastique verte

Cantharides en poudre fine......... 10
Pommade populéum 280
Cire blanche 40

Faites liquéfier la cire à une douce chaleur avec l'onguent populéum; ajoutez par petites portions la poudre de cantharides, et remuez jusqu'à ce que la pommade soit en partie refroidie (Codex).

Les proportions indiquées dans cette formule sont celles de l'ancienne posologie (1 once, 4 onces, 28 onces). On pourrait avec la formule ci-dessous, qui modifie peu celle du Codex, obtenir une pommade qui, par 100, contiendrait 3 de cantharides :

> Cantharides en poudre fine......... 30
> Pommade populéum 850
> Cire blanche 120

Faites liquéfier au bain-marie 750 de pommade populéum avec la cire, ajoutez le restant de la pommade populéum dans lequel vous aurez préalablement incorporé la poudre de cantharides. Faites liquéfier à nouveau et agitez jusqu'à refroidissement.

Pommade de goudron

> Goudron végétal 10
> Axonge 90

Mêlez.

Pommade d'iodure de plomb

> Iodure de plomb........................ 10
> Axonge benzoïnée 90

Mêlez.
Préparez aux mêmes doses les pommades de Calomel, de Précipité blanc et d'Oxyde de zinc.

Pommade d'iodure de potassium

> Iodure de potassium.................. 10
> Eau distillée 10
> Axonge benzoïnée 80

Dissolvez le sel dans l'eau, ajoutez l'axonge et triturez pour obtenir une pommade homogène (Codex).

Pommade d'iodure de potassium ioduré

```
Iode ...................................   2
Iodure de potassium..............  10
Eau distillée .......................  10
Axonge benzoïnée ................  80
```

Broyez dans un mortier en porcelaine l'iode et l'iodure de potassium, dissolvez-les dans l'eau distillée; ajoutez l'axonge et triturez pour obtenir une pommade homogène (Codex).

Pommade de laurier

ONGUENT DE LAURIER

```
Feuilles fraîches de laurier (L. Nobilis).   500
Baies de laurier....................................   500
Axonge ...............................................  1000
```

Contusez les feuilles et les baies de laurier et faites-les chauffer avec l'axonge sur un feu modéré jusqu'à ce que toute l'eau de végétation soit évaporée. Passez avec forte expression, laissez refroidir lentement; séparez le dépôt, liquéfiez de nouveau la pommade, et quand elle sera à moitié refroidie, coulez-la dans un pot (Codex).

Pommade mercurielle à parties égales

ONGUENT MERCURIEL DOUBLE. — ONGUENT NAPOLITAIN

```
Mercure ........................... 500
Axonge benzoïnée............... 500
```

Mettez 150 d'axonge dans une marmite en fonte sous laquelle vous placerez un fourneau avec quelques charbons allumés, de manière à ramollir le corps gras sans le faire fondre; ajoutez peu à peu le mercure, en agitant vivement avec un pilon en bois jusqu'à ce que le métal soit éteint. Incorporez alors avec soin le reste de l'axonge afin d'avoir une pommade bien homogène.

Ce mode opératoire, que je suis depuis longtemps et qui diffère à peine de celui du Codex, donne de bons résultats. L'opération est plus facile et moins fatigante en opérant dans une marmite à fond plat avec un pilon à long manche dont l'extrémité passe dans un anneau.

Le meilleur moyen pour reconnaître si le mercure est éteint consiste à mettre sur une lame de verre environ 0,50 de pommade et à chauffer légèrement le dessous de la lame; l'axonge se liquéfie, devient transparente, et, en regardant avec une loupe, on voit très bien s'il reste des globules de mercure non divisés; si le mercure est éteint on ne doit pas percevoir de points brillants.

On peut encore mettre un peu de pommade entre deux morceaux de papier gris à filtrer destiné à absorber la graisse. L'examen à la loupe permet alors de constater l'état de division du mercure.

La préparation de la pommade mercurielle double étant toujours très longue, bien des moyens ont été proposés pour l'abréger, mais la plupart ont l'inconvénient d'introduire dans la pommade des substances étrangères ou des corps gras rances, qui généralement nuisent à la qualité du produit.

Pommade mercurielle simple

ONGUENT MERCURIEL SIMPLE. — ONGUENT GRIS

Pommade mercurielle double......	100
Axonge benzoïnée	300

Mêlez (Codex).

Pommade d'oxyde rouge de mercure

POMMADE DE LYON

Oxyde rouge de mercure porphyrisé.....   1
Vaseline.................................   15

Mêlez très exactement sur un porphyre.

On prépare de la même manière la pommade d'Oxyde jaune de mercure (Codex).

Ces deux pommades sont plus souvent prescrites au vingtième.

Pommade phéniquée

Phénol   1
Axonge.   99

Mêlez.

Pommade populéum

ONGUENT POPULÉUM

Bourgeons de peuplier récemment séchés..   800
Feuilles fraiches de belladone   500
   »   de jusquiame............   500
   »   de pavot.................   500
   »   de morelle..............   500
Axonge................................ 4000

Pilez les plantes dans un mortier en marbre, mettez-les dans une bassine en cuivre avec l'axonge et faites chauffer sur un feu doux en agitant jusqu'à ce que l'eau de végétation soit complètement évaporée. Ajoutez alors les bourgeons de peuplier concassés et faites digérer, pendant vingt-quatre heures, au bain-marie. Passez avec forte expression ; laissez refroidir lentement. Séparez le dépôt et faites liquéfier de nouveau la pommade pour la couler dans un pot (Codex).

Ne pourrait-on pas simplifier cette formule en supprimant la morelle et le pavot et en doublant alors le poids de la belladone et de la jusquiame ?

Pommade de Régent

Acétate de plomb cristallisé	1
Oxyde rouge de mercure	1
Camphre pulvérisé	0,10
Vaseline	18

Porphyrisez le sel de plomb avec l'oxyde ; ajoutez le camphre, puis la vaseline, en broyant sur le porphyre pour obtenir une pommade homogène (Codex).

Pommade soufrée

Soufre sublimé lavé	10
Huile d'amande douce	10
Axonge benzoïnée	80

Mêlez dans un mortier le soufre avec l'huile, puis ajoutez l'axonge.

Préparez de la même manière la pommade au Soufre précipité (Codex).

Pommade stibiée

POMMADE D'AUTENRIETH

Émétique porphyrisé	10
Axonge benzoïnée	30

Mêlez sur un porphyre pour obtenir une pommade homogène (Codex).

POTIONS

Médicaments magistraux à base de sirop et d'eau ou de liquides aqueux auxquels on ajoute souvent d'autres substances actives. Les potions s'administrent par cuillerées.

On désignait autrefois sous le nom de juleps des potions de consistance épaisse. Actuellement celles qui ont conservé ce nom ne présentent plus ce caractère.

L'eau gommée entrant dans une potion se prépare dans la proportion de 4 0/0, les infusés dans celle de 2 0/0 pour les fleurs ou les feuilles et de 4 0/0 pour les bois, les tiges et les racines, à moins que les substances ne soient très actives ou que la dose soit indiquée par le médecin.

Il y a certaines règles à observer dans la préparation des potions.

En général on pèse d'abord les sirops, puis les liquides aqueux et en dernier lieu les liquides très volatils.

Les teintures, surtout celles qui se troublent par leur mélange avec l'eau, seront mêlées aux sirops.

Les poudres qui ne sont pas susceptibles de se dissoudre dans la potion seront mises dans un mortier et délayées avec le sirop. On opère de même pour la gomme qui se divise plus facilement dans le sirop que dans l'eau. Lorsque les poudres sont en très petites quantités, ou qu'elles se divisent mal, on les triture préalablement avec un peu de sucre.

Les électuaires sont également délayés dans le sirop avant l'addition des liquides aqueux.

Les substances très solubles, comme l'iodure de potassium, sont mises dans le goulot avec l'eau ; on bouche, on agite, et lorsque la dissolution est opérée on ajoute le sirop. Pour les substances moins solubles on se sert du mortier pour hâter la dissolution et on verse le soluté dans le goulot contenant le sirop.

Les extraits, si on n'a pas de solutés titrés, sont dissous dans les liquides aqueux. Si les extraits à ajouter aux potions sont alcooliques ou en proportions relativement fortes, il y a souvent avantage à les dissoudre dans les sirops à une douce chaleur.

Potion antispasmodique

Sirop de fleur d'oranger............ 30
Eau distillée de tilleul............. 90
Eau de fleur d'oranger 30
Liqueur d'Hoffmann................. 4

Pesez le sirop, les eaux distillées et la liqueur. Bouchez et agitez.

La potion antispasmodique opiacée se prépare en ajoutant à la formule ci-dessus :

Laudanum de Sydenham........ 0,80 (Codex).

Pourquoi dans la même potion du sirop de fleur d'oranger et de l'eau de fleur d'oranger? Pourquoi également laudaniser cette potion au lieu de l'opiacer avec le sirop d'opium, comme le prescrit le Codex de 1866?

Il serait plus rationnel de préparer ainsi ces potions :

Sirop simple....................	30
Eau de fleur d'oranger...........	40
Eau de tilleul....................	80
Liqueur d'Hoffmann..............	4

La potion antispasmodique opiacée se préparerait en remplaçant 20 de sirop de sucre par une égale quantité de sirop d'opium.

Cette dernière potion, ainsi préparée, serait moins désagréable au goût et d'une exécution plus facile.

Potion au baume de copahu

POTION DE CHOPART

Baume de copahu...............	50
Alcool à 80°.....................	50
Sirop de baume de tolu	50
Eau distillée de menthe poivrée..	100
Acide azotique alcoolisé..........	5

Mêlez d'abord l'alcool avec l'acide azotique alcoolisé ; ajoutez le baume de copahu, ensuite le sirop et l'eau distillée (Codex).

Potion contre l'ivresse

Sirop de sucre...................	30
Eau	100
Ammoniaque liquide.............	1

Mêlez.

Potion cordiale

Teinture de cannelle............ 10
Sirop d'écorce d'orange amère.... 40
Vin de Banyuls 110

Mêlez la teinture au sirop et ajoutez le vin.

Potion gazeuse

POTION ANTIVOMITIVE DE RIVIÈRE

N° 1. — *Potion alcaline*

Bicarbonate de potasse............   2
Eau distillée.................... 50
Sirop de sucre 15

Faites dissoudre le sel dans l'eau à l'aide du mortier et ajoutez le sirop.

N° 2. — *Potion acide*

Acide citrique...................   2
Eau distillée.................... 50
Sirop de limon.................. 15

Faites dissoudre, à l'aide du mortier, l'acide dans l'eau et ajoutez le sirop.

On fait prendre au malade une cuillerée de chacune des potions en commençant par le n° 1.

Potion gommeuse

JULEP GOMMEUX

Poudre de gomme.............. 40
Sirop simple................... 30

    Eau de fleur d'oranger............ 10
    Eau distillée...................... 100

Triturez dans un mortier la gomme avec le mélange de sirop et d'eau de fleur d'oranger et ajoutez l'eau distillée.

En remplaçant, dans cette formule, le sirop simple par le sirop diacode, on obtient la potion calmante dite julep diacodé (Codex).

Le Codex de 1866 donne comme formule de la potion calmante (julep calmant) : sirop d'opium 10, sirop de fleur d'oranger 20, eau de tilleul 120. Cette dernière formule est plus simple que la précédente et me paraît préférable.

La potion gommeuse étant fréquemment demandée et sa préparation étant un peu longue, il est plus commode et plus expéditif de préparer à l'avance le sirop suivant :

    Gomme entière lavée............ 100
    Eau de fleur d'oranger.......... 100
    Sirop simple.................... 300

Faites dissoudre à froid et en agitant souvent la gomme dans l'eau de fleur d'oranger, ajoutez le sirop, mêlez et passez à travers une passoire fine posée sur un entonnoir reposant sur un flacon.

Il suffit de mêler dans un goulot 50 de ce sirop avec 100 d'eau pour obtenir une potion gommeuse.

Potion de gomme ammoniaque (Scubeiran)

    Gomme ammoniaque .... 2 à 10
    Gomme arabique pulvérisée...   10
    Oxymel simple...............   30
    Infusé d'hysope.............   120

Triturez la gomme ammoniaque avec quelques gouttes d'huile d'amande douce, puis avec la gomme et une partie de l'infusé, de manière à obtenir une émulsion ; ajoutez le reste de l'infusé et l'oxymel.

Potion pectorale

Infusé de fleurs pectorales........ 125
Sirop de gomme 30

Mêlez.

Potion purgative à la magnésie

Magnésie calcinée................. 8
Sucre blanc....................... 50
Eau de fleur d'oranger 20
Eau distillée..................... 40

Broyez la magnésie avec l'eau, mettez le mélange dans un poêlon en argent ou en porcelaine et chauffez jusqu'à ébullition en agitant continuellement. Retirez du feu ; ajoutez le sucre en continuant d'agiter, puis l'eau de fleur d'oranger, et passez à travers un tamis en soie peu serré, en facilitant l'opération à l'aide d'une spatule (Codex).

On peut sans inconvénient remplacer le tamis par une passoire fine en métal.

La quantité d'eau qui s'évapore pendant la préparation n'étant pas toujours la même, le Codex aurait dû indiquer le poids de cette potion.

Potion simple

JULEP SIMPLE

Sirop simple.................... 30

Eau de fleur d'oranger............ 20
Eau distillée.................... 100

Mêlez.

Potion de Todd

Teinture de cannelle.............. 5
Sirop simple..................... 30
Eau-de-vie vieille 40
Eau distillée.................... 75

Mêlez la teinture au sirop, ajoutez l'eau-de-vie, puis l'eau et agitez.

On remplace quelquefois l'eau-de-vie par le rhum.

POUDRES SIMPLES

Forme médicamenteuse provenant de la division plus ou moins grande des substances minérales ou organiques par des procédés appropriés à leur texture. (Voyez *Pulvérisation.*)

Avant de pulvériser les matières organiques on les monde pour enlever les impuretés, les parties qui doivent être rejetées, si cette opération préliminaire est nécessaire, puis on les fait sécher.

La plupart des substances se pulvérisent sans résidu ; pour quelques-unes, on rejette les dernières parties comme inertes.

Dans la pulvérisation des animaux et des végétaux les parties les plus friables se pulvérisent les premières. De là une différence dans les produits qu'on obtient au commencement et à la fin de l'opération. Aussi est-il nécessaire, pour avoir une poudre bien homogène, de mélanger le tout lorsque la pulvérisation est terminée.

La pulvérisation rendant les matières organiques plus altérables, il ne faut pas préparer les poudres trop long-temps à l'avance.

Pour conserver les poudres organiques on les met bien desséchées dans des flacons bien secs qu'on bouche aussi hermétiquement que possible et qu'on place à l'abri de la lumière.

Poudre d'acide citrique

Acide citrique................ Q. V.

Pulvérisez l'acide citrique dans un mortier en porce-laine avec un pilon en bois et passez au tamis de crin n° 1.

Pulvérisez de même les substances suivantes : Acide tartrique, Azotate de potasse, Bicarbonate de soude, Bo-rate de soude, Sulfate d'alumine et de potasse, Sulfate de potasse, Tartrate acide de potasse, Tartrate borico-potassique, Tartrate neutre de potasse, Tartrate de po-tasse et de soude, et généralement tous les sels.

On peut se servir d'un mortier en marbre pour les substances non acides et celles qui n'ont pas une grande dureté (Codex).

Poudre d'agaric blanc

Mondez l'agaric ; faites-le sécher à l'étuve après l'avoir coupé par tranches ; pulvérisez-le dans un mortier couvert et passez au tamis de soie n° 100 (Codex).

Poudre d'aloès

Réduisez l'aloès en poudre grossière dans un mortier en fer ; desséchez-le complètement à l'étuve ; terminez la pulvérisation par trituration et passez au tamis de soie n° 100.

Préparez de même les poudres de Cachou, Guarana, Kino (Codex).

Poudre d'amidon

Amidon de froment entier....... Q. V.

Pulvérisez dans un mortier en marbre et passez au tamis de soie n° 140 (Codex).

Poudre d'anis

Fruits d'anis vert mondés........ Q. V.

Séchez ces fruits à l'étuve vers 25° ; pulvérisez-les dans un mortier en fer et passez au tamis de crin n° 1.

Préparez de même les poudres de Badiane, Carvi, Cévadelle, Cubèbe, Cumin, Fenouil, Phellandrie aquatique, Piment des jardins, Rue, Sabine, Semen-Contra, Séné (follicules), Staphisaigre.

Poudre d'asarum

Feuilles d'asarum récemment séchées
et mondées............. Q. V.

Pulvérisez dans un mortier en fer couvert et passez au tamis de soie n° 80.

Préparez de même les poudres de Bétoine, Marjolaine, Muguet (Codex).

Poudre de belladone (feuilles)

Feuilles de belladone récemment séchées
et mondées................. Q. V.

Exposez ces feuilles pendant quelques instants dans une étuve chauffée à 40° ; pulvérisez par contusion dans un mortier en fer et passez au tamis de soie n° 120.

Préparez de même les poudres de Ciguë (feuilles), Dictame de Crète, Digitale, Jusquiame (feuilles), Nicotiane, Sené (feuilles), Scille, Stramoine (feuilles) (Codex).

Poudre de benjoin

Benjoin choisi........... Q. V.

Pulvérisez le benjoin par trituration dans un mortier en fer et passez au tamis de soie n° 100.

Préparez de même les poudres de Colophane, Mastic, Résine de gayac, Sandaraque, Sang-Dragon, Succin (Codex).

Poudre de bol d'Arménie

Bol d'Arménie............ Q. V.

Pulvérisez le bol d'Arménie dans un mortier en fer ; mettez la poudre dans une terrine avec de l'eau ; délayez-la exactement et laissez le mélange en contact quarante-huit heures, en ayant soin de l'agiter de temps en temps. Mêlez alors le dépôt au liquide ; laissez reposer pendant quelques minutes. Décantez la liqueur trouble, et renouvelez cette manipulation jusqu'à ce qu toutes les parties fines aient été séparées et recueillies. Rejetez le résidu de poudre grossière comme inutile.

Faites égoutter le dépôt sur une toile et mettez-le en trochisques. Terminez la dessiccation à l'étuve.

Préparez de même la poudre de Craie (craie lavée) et celles de toutes les matières argileuses (Codex).

Poudre de camphre

Camphre................ Q. V.

Réduisez le camphre en poudre au moyen d'une râpe à sucre. Passez au tamis de crin n° 1 et conservez la poudre dans un flacon bouché (Codex).

Poudre de cantharide

Cantharides de l'année séchées..... Q. V.

Exposez les cantharides dans une étuve chauffée à 50°, puis pulvérisez-les sans résidu dans un mortier en fer couvert ; passez la poudre, selon l'usage auquel on la destine, aux tamis de crin n° 3 et n° 1 ou au tamis de soie n° 80, réservés spécialement pour cette poudre.

On ne doit négliger aucune précaution pour se mettre à l'abri de la poussière de cantharides.

Cette poudre doit être toujours récemment préparée, et mieux encore, au fur et à mesure des besoins (Codex).

Poudre de carbonate de magnésie

Carbonate de magnésie.............. Q. V.

Frottez successivement les pains de carbonate de magnésie sur un tamis de crin n° 2.

Préparez de même la poudre de carbonate de plomb, en ayant soin de laver le tamis après l'opération avec de l'eau acidulée par l'acide acétique (Codex).

Poudre de cardamone

Fruits de cardamone........... Q. V.

Rejetez les péricarpes de manière à ne conserver que les graines. Séchez à l'étuve chauffée à 25°. Faites une poudre que vous passerez au tamis de soie n° 100 (Codex.)

Poudre de castoréum

Castoréum du Canada sec..... Q. V.

Déchirez les poches du castoréum en prenant soin de rejeter l'enveloppe extérieure et, autant que possible, les membranes intérieures. Après dessiccation dans une étuve chauffée à 25°, pulvérisez dans un mortier en fer, par trituration, et passez au tamis de soie n° 100 (Codex).

Poudre de charbon végétal

Charbon végétal............... Q. V.

Pulvérisez le charbon dans un mortier couvert et passez au tamis de soie n° 120.

Pour l'usage interne, on prépare une poudre moins fine (tamis de soie n° 80), dont on sépare les matières solubles par un lavage à l'eau (Codex).

Poudre de chlorate de potasse

Chlorate de potasse .... Q. V.

Pulvérisez par trituration, dans un mortier en porcelaine, avec un pilon en bois, en opérant sur de petites quantités et en évitant tout choc violent. Passez la poudre au tamis de crin n° 1 (Codex).

Poudre de colombo

Racine de colombo........   Q. V.

Concassez la racine et faites-la sécher à l'étuve chauffée à 40° environ; pulvérisez-la dans un mortier en fer et passez au tamis de soie n° 120.

Préparez de même les poudres de : Aunée, Bardane, Bistorte, Bryone, Curcuma, Gayac (bois), Gingembre, Iris, Patience, Pyrèthre (racine), Quassia amara, Santal citrin, Santal rouge, Sassafras, Tormentille, Zédoaire (Codex).

Poudre de coloquinte

Fruits de coloquinte mondés de leur épicarpe...   Q. V.

Mondez les fruits de leurs semences, séchez-les à l'étuve vers 40°. Pulvérisez dans un mortier couvert et passez au tamis de soie n° 100.

Préparez de même les poudres de : Jusquiame (semences). Poivre noir (Codex).

Ces deux substances sont-elles à leur place à la suite de la coloquinte dont on rejette les semences?

Poudre de cousso

Fleurs de cousso...   Q. V.

Pulvérisez dans un mortier en fer les fleurs de cousso, préalablement séchées à l'étuve à 40°, et passez au tamis de crin n° 1 (Codex).

Poudre d'éponge torréfiée

Éponge torréfiée .... Q. V.

Pulvérisez et passez au tamis de soie n° 100.
Conservez la poudre dans un flacon bouché (Codex).

Poudre de fougère mâle

Rhizòmes de fougère mâle récemment séchés
et mondés ....,................ Q. V.

Coupez les rhizòmes en tranches très minces, faites-les
sécher à l'étuve à 40° environ; pulvérisez et passez au
tamis de soie n° 80.
La poudre ainsi préparée doit être odorante et de couleur verte (Codex).

Poudre de gomme

Gomme arabique ou gomme du Sénégal blanche
choisie et mondée .... Q. V.

Concassez grossièrement la gomme ; faites-la sécher à
l'étuve vers 40°; pulvérisez et passez au tamis de soie
n° 100.
Préparez de même la poudre de gomme adragante
(Codex).

Poudre de gomme ammoniaque

Gomme ammoniaque en larmes mondée.   Q. V.

Après dessiccation dans une étuve chauffée à 25° environ, pulvérisez la gomme par trituration, dans un mortier en fer, et passez au tamis de soie nº 80.

Préparez de même les poudres de : Asa fœtida, Euphorbe, Gomme-gutte, Myrrhe, Oliban, Scammonée (Codex).

Poudre de guimauve

Racine de guimauve.............. Q. V.

Coupez la racine en tranches minces, faites-la sécher à l'étuve. Pulvérisez-la dans un mortier en fer et passez au tamis de soie nº 140.

Préparez de même les poudres de : Belladone (racine), Cynoglosse, Galanga, Gentiane, Ratanhia, Réglisse ratissée, Salsepareille (Codex).

Poudre d'ipécacuanha

Ipécacuanha officinal mondé...... Q. V.

Faites sécher la racine à l'étuve chauffée à 40º environ. Pulvérisez dans un mortier couvert, en ayant soin de ne recueillir que les trois quarts du poids total de la racine employée. Passez au tamis de soie nº 120 (Codex).

Poudre de jalap

Jalap officinal .... Q. V.

Concassez le jalap et faites-le sécher à l'étuve, à la température de 40º environ. Pulvérisez dans un mortier couvert et passez la poudre à travers un tamis de soie nº 120.

Préparez de même la poudre de Turbith (Codex).

Poudre de lin (graine)

FARINE DE LIN

Graine de lin................... Q. V.

Mondez la graine de lin, faites-la sécher à l'étuve vers 40° et pulvérisez-la dans un mortier en fer, ou bien à l'aide d'un moulin à noix d'acier et à arêtes tranchantes. Passez la poudre à travers un crible n° 16.

Préparez de même la poudre de Moutarde noire (farine de moutarde), en la passant au crible n° 25 (Codex).

Poudre de muscade

Noix muscades......... Q. V.

Concassez les muscades dans un mortier, puis broyez-les dans un moulin à noix d'acier. Passez la poudre au tamis de crin n° 1 (Codex).

Poudre de noix vomique

Noix vomiques.................. Q. V.

Lavez les noix à l'eau froide, puis exposez-les sur un tamis de crin à la vapeur de l'eau bouillante; quand elles seront bien ramollies, divisez-les en tranches minces et broyez-les dans un moulin à noix d'acier. Achevez la pulvérisation dans un mortier en fer couvert et passez au tamis de soie n° 120.

Préparez de même la poudre de Fève de Saint-Ignace (Codex).

Poudre d'opium

Opium officinal ....   Q. V.

Coupez l'opium en tranches minces, faites-le sécher à l'étuve vers 40°, pulvérisez-le par trituration et passez la poudre au tamis de soie n° 100.

On doit conserver cette poudre dans un flacon bouché (Codex).

Poudre de quinquina

Quinquina gris officinal.....   Q. V.

Faites sécher cette écorce à l'étuve à 40° environ ; pulvérisez par contusion presque sans résidu et passez au tamis de soie n° 140.

Préparez de même les poudres de : Angusture vraie, Cannelle de Ceylan, Cascarille, Chêne (écorce), Quinquina jaune, Quinquina rouge, Simarouba (Codex).

Poudre de rhubarbe

Rhubarbe de Chine mondée ....   Q. V.

Concassez la rhubarbe dans un mortier en fer; faites-la sécher à l'étuve à la température de 40° environ. Pulvérisez par contusion sans laisser de résidu, et passez la poudre au tamis de soie n° 120 (Codex).

Poudre de roses de Provins

Pétales de roses de Provins........ Q. V.

Faites sécher les pétales à l'étuve à 25° environ, pulvérisez dans un mortier en fer et passez la poudre au tamis de soie n° 120.

Préparez de même les poudres de : Camomille, Coca, Eucalyptus, Jaborandi, Lobélie enflée, Oranger (feuilles), Pyrèthre (fleurs) (Codex).

Poudre de riz

Semences de riz.... Q. V.

Lavez le riz à l'eau froide et laissez-le macérer dans de nouvelle eau pendant vingt-quatre heures. Au bout de ce temps, jetez-le sur une toile et entretenez-le humide jusqu'à ce qu'il devienne opaque et friable; laissez-le sécher.

Écrasez-le dans un mortier en marbre, faites sécher cette première poudre à l'étuve chauffée vers 40° et achevez la pulvérisation dans un mortier en fer. Passez la poudre au tamis de soie n° 40 (Codex).

Poudre de safran

Safran du Gâtinais...... Q. V.

Exposez le safran dans une étuve chauffée seulement à 25°.

Pulvérisez ensuite et passez la poudre au tamis de soie n° 100.

Cette poudre bien séchée doit être conservée à l'abri de la lumière (Codex).

Poudre de salep

Salep de Perse........ Q. V.

Après avoir mis le salep à tremper dans l'eau froide pendant vingt-quatre heures, essuyez-le dans un linge rude, et après l'avoir concassé, faites-le secher dans une étuve, à une température qui ne dépasse pas 50°. Terminez la pulvérisation dans un mortier en fer et passez la poudre au tamis de soie n° 100 (Codex).

Poudre de savon

Savon médicinal.....   Q. V.

Râpez le savon, faites-le sécher complètement à l'étuve vers 25°. Pulvérisez dans un mortier en marbre et passez la poudre au tamis de soie n° 100 (Codex).

Poudre de seiche

Os de seiche ....   Q. V.

Ratissez légèrement la surface interne de la coquille. Détachez ensuite toute la partie blanche et friable; lavez-la à l'eau bouillante et, après l'avoir fait sécher à l'étuve, préparez la poudre par trituration sur un porphyre.

Rejetez la partie externe qui est dure et cornée (Codex).

Poudre de seigle ergoté

Ergot de seigle de l'année et conservé sec.   Q. V.

Pulvérisez l'ergot dans un mortier en fer ou broyez-le dans un moulin spécial et passez à travers un tamis de crin n° 1.

La poudre de seigle ergoté doit être préparée au moment du besoin (Codex).

Poudre de sucre

Sucre très blanc....   Q. V.

Pulvérisez grossièrement le sucre dans un mortier en marbre et faites-le sécher à l'étuve. Terminez ensuite la pulvérisation et passez la poudre au tamis de soie n° 140.

Pulvérisez de même le sucre de Lait (Codex).

Poudre de sulfure d'antimoine

Sulfure d'antimoine..   Q. V.

Pulvérisez le sulfure dans un mortier couvert et passez la poudre au tamis de soie n° 120.

Préparez de même les poudres de : Acétate (sous-) de cuivre, Bioxyde de manganèse, Oxyde de plomb fondu (litharge), Oxysulfure d'antimoine, Sulfure rouge de mercure (Codex).

Poudre de tartrate d'antimoine et de potasse

ÉMÉTIQUE PORPHYRISÉ

Tartrate d'antimoine et de potasse cristallisé ....   Q. V.

Pulvérisez le sel dans un mortier en porcelaine et achevez la pulvérisation sur un porphyre.

Dans les deux cas il faut se mettre soigneusement à l'abri de la poussière qui peut se répandre dans l'air.

Préparez de même les poudres de : Acide oxalique, Chlorure mercurique, Oxalate de potasse, Oxyde rouge de mercure, Sulfure jaune d'arsenic, Sulfure rouge d'arsenic (Codex).

Poudre de valériane

Racine de valériane .... Q. V.

Criblez la racine pour séparer la terre interposée; faites sécher à l'étuve vers 40°. Pulvérisez dans un mortier en fer couvert et passez au tamis de soie n° 120.

Préparez de même les poudres de : Hellébore blanc, Hellébore noir, Polygala de Virginie, Serpentaire de Virginie, et en général les poudres de toutes les substances analogues (Codex).

Poudre de vanille sucrée (sucre à la vanille)

Vanille fine givrée..... 10
Sucre................. 90

Coupez la vanille en très petits morceaux et préparez la poudre en la triturant avec le sucre. Passez au tamis de soie n° 80.

Conservez cette poudre dans un flacon bouché.

On peut remplacer cette poudre par le sucre aromatisé à la vanilline, qui se prépare d'après la formule suivante :

Vanilline cristallisée 2
Sucre pulvérisé 98
Alcool à 90°................. Q. S.

Dissolvez la vanilline dans la moindre quantité d'alcool; mélangez avec le sucre (Codex).

Pourquoi ne pas pulvériser la vanilline et la mélanger au sucre ?

POUDRES COMPOSÉES

Médicaments obtenus par le mélange de plusieurs poudres simples.

Ce mélange s'opère par trituration dans un mortier, en ajoutant successivement et peu à peu les poudres les unes après les autres, sans interrompre la trituration et en rabattant fréquemment, avec une spatule, le contenu du mortier.

Les poudres simples doivent être ajoutées par ordre de quantités croissantes et de densités décroissantes ou par volumes croissants.

Exemple. — Si vous avez à exécuter la formule suivante :

> Chlorhydrate de morphine ...   0,05
> Fer réduit.....................   4
> Rhubarbe.....................   6
> Magnésie   10

vous mettez dans le mortier le chlorhydrate de morphine auquel vous ajouterez petit à petit le fer, puis la rhubarbe et enfin la magnésie.

En opérant ainsi, vous obtiendrez facilement et assez rapidement une poudre composée bien homogène, tandis que si vous commenciez par la magnésie pour finir par le chlorhydrate, il serait très difficile de répartir bien uniformément le sel de morphine dans le mélange.

On fera usage d'un mortier en fer, en marbre, ou en porcelaine, selon la nature des substances entrant dans la poudre composée.

Poudre pour la conservation des cadavres

Acide phénique	200
Alcool à 90°	200
Essence de thym	200
Sulfate de zinc du commerce	2000
Sciure de bois blanc	10000

Mêlez le sulfate de zinc, réduit préalablement en poudre grossière, avec la sciure de bois ; ajoutez l'acide et l'essence dissous dans l'alcool et mêlez (Codex).

Poudre dentifrice acide

Tartrate acide de potasse porphyrisé	200
Sucre de lait porphyrisé	200
Carmin n° 40	0,40
Essence de menthe poivrée	1

Divisez avec soin le carmin dans un mortier en porcelaine avec une partie du sucre de lait, ajoutez le restant du sucre et le tartrate acide de potasse, puis aromatisez le mélange avec l'essence de menthe et conservez-le à l'abri de la lumière dans un vase bouché (Codex).

Poudre dentifrice alcaline

Carbonate de chaux précipité	100
» de magnésie en poudre	100
Poudre de quinquina gris	100
Essence de menthe poivrée	1

Mêlez d'abord le quinquina au carbonate de chaux; ajoutez le carbonate de magnésie; aromatisez avec l'essence et conservez la poudre dans un flacon bouché (Codex).

Poudre dentifrice au charbon et au quinquina

Poudre de charbon végétal......... 200
Poudre de quinquina gris.......... 100
Essence de menthe poivrée........ 1

Mélangez le charbon au quinquina et ajoutez l'essence. Conservez la poudre dans un flacon bouché (Codex).

Poudre dentifrice de craie camphrée

Camphre en poudre très fine........ 10
Carbonate de chaux précipité........ 90

Mélangez avec soin le carbonate de chaux au camphre dans un mortier en porcelaine et conservez cette poudre dans un flacon bouché.

Le camphre doit être passé au tamis de laiton n° 120 (Codex).

Poudre diurétique

Azotate de potasse en poudre....... 10
Gomme en poudre.................. 60
Guimauve en poudre............... 10
Réglisse en poudre..................... 20
Sucre de lait en poudre............. 60

Mêlez.

On emploie 10 gr. de cette poudre par litre d'eau froide. On agite au moment d'en prendre (Codex).

La proportion d'azotate de potasse nous paraît trop faible ; elle n'est que de 1/16 tandis que dans la formule du Codex 1837 elle est de 1/6. Il faudrait la porter à 1/10 au moins en modifiant ainsi la formule :

Azotate de potasse pulvérisé.........	20
Guimauve pulvérisée...............	10
Réglisse pulvérisée.................	10
Gomme pulvérisée.................	80
Sucre de lait pulvérisé.............	80

La poudre diurétique ainsi préparée contiendrait par 10 gr. 1 d'azotate de potasse, 4 de gomme et autant de sucre de lait, quantités qui pour ces deux dernières substances s'éloignent peu de la formule du Codex.

Il n'y a que les poudres insolubles qui soient en proportions moindres, ce qui me paraît un avantage pour l'administration du médicament.

Poudre épilatoire Soubeiran

Monosulfure de sodium.............	3
Chaux vive pulvérisée..............	10
Amidon pulvérisé.................	10

Mêlez dans un mortier en porcelaine la chaux vive au monosulfure, puis l'amidon. Conservez cette poudre dans un flacon bouché.

On délaye cette poudre dans une quantité suffisante d'eau pour en faire une pâte que l'on applique sur la peau. Au bout d'une ou deux minutes on lave avec de l'eau tiède et l'effet est produit.

Poudre gazogène alcaline

Bicarbonate de soude pulvérisé.......	2

(Pour une dose: enveloppez dans du papier bleu.)

Acide tartrique pulvérisé............ 1.30
(Pour une dose : enveloppez dans du papier blanc.)

On fait dissoudre le bicarbonate de soude dans un verre d'eau rempli jusqu'aux deux tiers de sa capacité. On ajoute alors l'acide tartrique, on agite et l'on boit aussitôt (Codex).

Poudre gazogène ferrugineuse

Acide tartrique...................... 80
Bicarbonate de soude.............. 60
Sucre............................. 260
Sulfate ferreux pur cristallisé....... 3

Réduisez chaque substance séparément en poudre grossière et faites-la sécher.

Mêlez l'acide tartrique et le sulfate de fer, ajoutez-y le sucre et en dernier lieu le bicarbonate de soude.

On met 20 gr. de cette poudre dans une bouteille contenant un litre d'eau, on bouche immédiatement et on agite (Codex).

Poudre gazogène laxative

SEDLITZ POWDER

Bicarbonate de soude pulvérisé........ 2
Tartrate de potasse et de soude pulvérisé. 6

Mêlez.
(Pour une dose : enveloppez dans du papier bleu.)

Acide tartrique pulvérisé.............. 2
(Pour une dose : enveloppez dans du papier blanc.)

On emploie cette poudre de la même manière que la poudre gazogène alcaline (Codex).

Poudre gazogène neutre

POUDRE DE SELTZ

Bicarbonate de soude pulvérisé....... 2
(Pour une dose : enveloppez dans du papier bleu.)

Acide tartrique pulvérisé............ 2
(Pour une dose : enveloppez dans du papier blanc.)

Cette poudre s'emploie de la même manière que la poudre gazogène alcaline (Codex).

Poudre d'ipécacuanha opiacée

POUDRE DE DOVER

Opium officinal en poudre........... 10
Ipécacuanha en poudre............. 10
Sulfate de potasse en poudre......... 40
Azotate de potasse en poudre........ 40

Chacune de ces poudres doit être séchée avant la pesée.

Mélangez avec le plus grand soin l'ipécacuanha à l'opium et ajoutez successivement le sulfate puis l'azotate.

Un gramme de cette poudre renferme 0,10 d'opium sec (Codex).

Poudre pour limonade sèche au citrate de magnésie

Magnésie calcinée...... .... 6.50
Carbonate de magnésie officinal. ... 6
Acide citrique..................... 30
Sucre............................. 60
Alcoolature de zestes de citron 1

Pulvérisez grossièrement ensemble le sucre et l'acide citrique, ajoutez les autres substances ; enfermez la poudre dans un flacon à large ouverture et bouchez.

D'après le Codex les doses ci-dessus représentent 50 gr. de citrate de magnésie ; il faudrait pour cela ne mettre que 6 de magnésie calcinée.

Poudre sternutatoire

Feuilles sèches d'asarum		....	100
»	»	de bétoine	100
»	»	de marjolaine	100
»	»	de muguet	100

Séchez ces substances, pulvérisez-les dans un mortier en fer et passez au tamis de crin nº 3.

PULPES

Les pulpes sont des pâtes molles formées de matières organiques végétales. On les prépare en divisant, si cela est nécessaire, au moyen de la râpe ou du mortier, les substances fraiches ou les substances sèches préalablement ramollies par l'eau ; on les passe ensuite à travers un tamis de crin en se servant d'une sorte de spatule large nommée pulpoire.

Les pulpes s'altèrent en peu de temps et ne doivent être préparées qu'au moment du besoin.

Cette forme médicamenteuse est peu employée.

Pulpe d'ail

Réduisez l'ail en pulpe au moyen de la râpe et passez à travers un tamis de crin.

Préparez de même les pulpes de :

Lis (bulbe); Pomme de terre, Scille, et celles des bulbes et racines charnues (Codex).

Pulpe de casse

Ouvrez chaque gousse de casse suivant sa longueur; détachez la pulpe, les semences et les cloisons intérieures. Mettez le produit dans un vase en faïence ou en porcelaine avec suffisante quantité d'eau et faites digérer au bain-marie, en remuant de temps en temps, jusqu'à ce que la masse soit bien ramollie. Pulpez ensuite à travers un tamis de crin et évaporez au bain-marie en consistance d'extrait mou (Codex).

Pulpe de ciguë

Réduisez les feuilles fraîches de ciguë en pâte fine, par contusion, dans un mortier en marbre; pulpez à travers un tamis de crin.

Préparez de la même manière les pulpes de toutes les autres feuilles ou fleurs fraîches (Codex).

Pulpe de pruneaux

Versez sur les pruneaux quantité suffisante d'eau tiède, et lorsqu'ils seront ramollis, rejetez les noyaux, pistez la chair des fruits dans un mortier en marbre et pulpez à travers un tamis de crin.

27

Préparez de même la pulpe des fruits suivants : Dattes, Jujubes (Codex).

Pulpe de tamarins

Mettez la pulpe brute de tamarin dans un vase en faïence ou en porcelaine, ajoutez-y suffisante quantité d'eau et faites digérer au bain-marie, en remuant de temps en temps, jusqu'à ce que la masse soit suffisamment ramollie ; pulpez alors à travers un tamis de crin pour séparer le noyau et les filaments du fruit ; évaporez au bain-marie en consistance d'extrait mou (Codex).

Quinine hydratée

$$\text{Eq} : C^{40} H^{24} Az^2 O^4 + 6HO = 378.$$
$$\text{F. atom} : C^{20} H^{24} Az^2 O^2 + 3H^2O = 378.$$

Sulfate de quinine officinal........	100
Eau distillée......................	2000
Acide sulfurique dilué au 1/10.....	112
Ammoniaque liquide officinale.....	120

Dissolvez le sulfate de quinine dans le mélange d'eau et d'acide, ajoutez l'ammoniaque qui précipitera la quinine.

Laissez le tout en contact pendant vingt-quatre heures en agitant de temps en temps, pour permettre à la quinine de passer à l'état cristallin. Lavez le précipité à l'eau distillée jusqu'à ce que l'eau de lavage ne se trouble plus par le chlorure de baryum, recueillez sur un filtre et séchez à l'air libre (Codex).

Résine de jalap

Racine de jalap en poudre grossière..   1000
Alcool à 90°.....................   6000

Placez le jalap sur un tamis de crin plongeant dans l'eau froide et faites-le macérer ainsi pendant deux jours ; exprimez fortement. Mettez le marc en contact avec 4000 d'alcool ; laissez macérer pendant quatre jours ; passez avec expression, et répétez la même opération avec le reste de l'alcool.

Réunissez les solutions alcooliques et, après les avoir distillées pour en retirer la partie spiritueuse, versez le résidu de la distillation dans deux litres d'eau bouillante. Laissez reposer, décantez et lavez la résine précipitée jusqu'à ce que l'eau de lavage soit incolore. Distribuez la résine sur des assiettes et faites-la sécher à l'étuve (Codex).

Résine de podophyllum peltatum

PODOPHYLLIN

Racine de podophyllum peltatum pulvérisée.   Q. V.
Alcool à 90°...........................   Q. S.

Épuisez la racine par déplacement au moyen de l'alcool ; distillez pour retirer environ les 2/3 du liquide employé ; traitez le résidu par son poids d'eau distillée froide ; recueillez le précipité sur une toile ou sur un filtre et faites-le sécher à l'étuve, en ayant soin que la température ne dépasse pas 30° (Codex).

Résine de scammonée

Scammonée en poudre grossière...   1000

Alcool à 90°..................... 3000
Charbon animal.................. Q. S.

Mettez la scammonée avec 2000 d'alcool dans un flacon bouché ; agitez de temps en temps pendant quatre jours. Décantez, versez le restant de l'alcool sur le résidu, et opérez comme précédemment.

Réunissez les liqueurs, mêlez-y le charbon animal ; agitez pendant plusieurs jours, filtrez ; distillez le liquide et disposez la résine obtenue sur des assiettes pour la faire sécher à l'étuve (Codex).

Résine de thapsia

Écorce de racine de thapsia incisée..... Q. V.
Alcool à 90°........................... Q. S.

Lavez à l'eau tiède l'écorce, faites-la sécher et pulvérisez-la grossièrement. Faites digérer à chaud et à deux reprises avec l'alcool au bain-marie couvert.

Décantez, filtrez et distillez pour recueillir l'alcool. Lavez le résidu à plusieurs reprises avec l'eau chaude, et lorsque celle-ci ne dissoudra plus rien, évaporez au bain-marie en consistance d'extrait mou (Codex).

Combien de temps doit durer la digestion ? Y aurait-il inconvénient à exprimer la substance pour retirer l'alcool qu'elle contient ? Combien faut-il d'alcool ?

M. Stanislas Martin conseille de purifier la résine de thapsia en la dissolvant dans le sulfure de carbone, filtrant et évaporant.

Cette évaporation doit se faire loin de tout corps en ignition.

SACCHARURES

Les saccharures sont obtenus par le mélange du sucre avec une substance médicamenteuse en solution ; le tout séché et pulvérisé. Ils ne diffèrent des oléosaccharures que par la nature de la substance mélangée au sucre.

Saccharure de belladone (Guibourt)

Teinture de belladone........   10
Sucre en morceaux..........   100

Versez peu à peu la teinture sur le sucre de manière à l'imbiber ; laissez sécher vingt-quatre heures à l'air libre : achevez la dessiccation à l'étuve et pulvérisez.

Préparez de même les saccharures avec les alcoolatures et les teintures de plantes actives.

On peut aussi préparer des saccharures avec des solutions d'extraits et du sucre en morceaux.

On a proposé également d'employer pour leur préparation des feuilles fraîches pilées avec du sucre ; mais le saccharure ainsi obtenu est incomplètement soluble et diffère peu d'un mélange de poudre de feuilles et de sucre.

Saccharure de lichen

Lichen d'Islande mondé........   1000
Sucre blanc..................   1000
Eau ....   Q. S.

Lavez le lichen à plusieurs reprises à l'eau froide jusqu'à ce qu'il soit privé d'amertume. Faites-le bouillir ensuite pendant une heure dans une quantité d'eau suffisante et passez avec expression à travers une toile.

Laissez reposer pendant quelque temps en maintenant la liqueur chaude ; décantez, ajoutez le sucre, évaporez au bain-marie, en agitant continuellement jusqu'à ce que le mélange ait acquis une consistance très ferme. Distribuez-le alors sur des assiettes et achevez la dessiccation à l'étuve. Réduisez le saccharure en une poudre fine que vous conserverez dans des flacons bouchés et à l'abri de l'humidité.

Préparez de même le saccharure de carragaheen en lavant seulement une fois le carragaheen à l'eau froide (Codex).

Safran de Mars apéritif

SOUS-CARBONATE DE FER

Sulfate de fer pur cristallisé.......	1000
Carbonate de soude pur cristallisé..	1200
Eau distillée......................	14000

Faites dissoudre le sulfate de fer dans 10000 d'eau et le carbonate de soude dans les 4000 d'eau restant ; versez peu à peu, en agitant continuellement, cette dernière solution dans la première. Lavez le précipité par décantation pour le débarrasser de l'excès de carbonate de soude et du sulfate de soude formés pendant la réaction, en ayant soin d'agiter fréquemment pour faciliter l'absorption de l'oxygène. Lorsque le lavage sera terminé, faites égoutter et sécher le précipité sur des toiles en le remuant souvent pour l'oxyder.

Salicylate de bismuth (H. Causse)

SALICYLATE BASIQUE DE BISMUTH

F. atom : $C^7H^5 (BiO) O^3, H^2O$

On dissout 35 gr. d'oxyde de bismuth dans 40cc d'acide chlorydrique concentré ; cette solution est mélangée avec 500cc d'une dissolution saturée de chlorure de sodium ; on procède ensuite à la neutralisation de l'acide libre en introduisant de l'oxyde ou du carbonate de bismuth autant que la solution peut en absorber, ou bien en versant une solution saturée de carbonate de soude et de chlorure de sodium, jusqu'à ce que le précipité refuse de se dissoudre.

D'autre part, dans 500cc de solution de chlorure de sodium on introduit 9 gr. de soude caustique et 22 gr. de salicylate de soude ; on filtre et on laisse couler cette solution dans la précédente. Il se forme un précipité de salicylate de bismuth.

Quand le dépôt est réuni, l'eau mère est décantée et le sel est lavé avec de l'eau acidulée par quelques gouttes d'acide nitrique jusqu'à ce que l'eau de lavage soit incolore. Le salicylate de bismuth, légèrement teinté en rouge, perd cette coloration et devient cristallisé.

Salicylate de lithine

Eq : $C^{14}H^5O^5LiO = 144$. F. atom : $C^7H^5O^3Li = 144$

Acide salicylique............ 27,6
Carbonate de lithine........ 7,4
Eau distillée............... 50

Mettez l'acide et le carbonate dans l'eau ; laissez la

réaction se faire à froid ; filtrez. Faites évaporer à une douce chaleur jusqu'à pellicule ; laissez cristalliser. Faites égoutter les cristaux sur un filtre sans pli et faites-les sécher à l'étuve.

Il faut se servir pour cette préparation du filtre Berzélius ou de papier à filtrer lavé à l'eau acidulée par l'acide chlorhydrique, puis à l'eau distillée, pour enlever le fer contenu dans le papier.

Salicylate de quinine basique

$$\text{Eq} : C^{40}H^{34}Az^2O^4C^{14}H^5O^5HO ; \text{aq.} = 471. \text{ F. atom} : 2$$
$$(C^{20}H^{24}Az^2O^3C^7H^6O^3) + H^2O = 942$$

Sulfate de quinine	10
Salicylate de soude	3,67
Eau distillée	120

Faites dissoudre le salicylate de soude dans l'eau ; portez ce soluté à l'ébullition ; ajoutez le sulfate de quinine ; faites bouillir quelques instants ; laissez refroidir ; versez sur un filtre pour recueillir le salicylate de quinine formé. Lavez-le à l'eau distillée et séchez-le à l'air (Codex).

Savon animal

Graisse de veau purifiée	500
Lessive des savonniers	250
Chlorure de sodium	400
Eau distillée	1000

Mettez la graisse et l'eau dans une capsule en porcelaine et chauffez. Après fusion, ajoutez la lessive par parties, en agitant continuellement; entretenez la chaleur et l'agitation jusqu'à ce que la saponification soit complète. Ajoutez alors le chlorure de sodium en favorisant la dissolution par une très légère agitation.

Enlevez le savon qui se rassemblera à la surface; faites-le égoutter; fondez-le à une douce chaleur et coulez-le dans des moules où il se solidifiera de nouveau par le refroidissement (Codex).

Savon médicinal

SAVON AMYGDALIN

    Huile d'amande douce............ 2100
    Lessive des savonniers............ 1000

Mettez l'huile dans un vase en faïence ou en verre; ajoutez-y la lessive par portions et lentement, en ayant soin d'agiter pour obtenir un mélange exact. Placez ensuite le vase pendant quelques jours à une température de 18 à 20 degrés et continuez à agiter le mélange de temps en temps avec une spatule en verre, jusqu'à ce qu'il ait acquis la consistance d'une pâte molle. Divisez-le alors dans des moules en faïence, d'où vous le retirerez lorsqu'il sera entièrement solidifié.

Ce savon ne doit être employé pour l'usage médical que lorsqu'il a perdu, par un ou deux mois d'exposition à l'air, l'excès d'alcali qu'il retient après sa préparation. Il doit alors ne plus avoir de saveur caustique et ne plus réduire le calomel (Codex).

Cette rédaction tendrait à faire croire que l'excès d'alcali se volatilise au contact de l'air. C'est bien plutôt la combinaison qui s'achève.

Sel de Boutigny

Bichlorure de mercure........ 27,10
Biiodure de mercure.......... 45,4

Triturez les deux sels dans un mortier en porcelaine et conservez dans un flacon bouché.

SIROPS

Les sirops sont des préparations de consistance fluide formées d'eau ou de liquides très aqueux saturés ou presque saturés de sucre.

A part le sirop simple, qui ne contient que de l'eau et du sucre, les liquides servant à la préparation des sirops tiennent en dissolution des substances médicamenteuses ; le sucre, dans la plupart des cas, en assure la conservation.

La proportion de sucre pour la préparation d'un sirop dépend de la nature du liquide ; les vins, les sucs de fruits, les liqueurs émulsives, exigent moins de sucre que l'eau.

Avec l'eau, les eaux distillées, les macérés, les infusés, etc., la proportion est de 180 de sucre pour 100 de liquide, pour les sirops préparés à froid ou au bain-marie dans un vase couvert. Comme il ne s'est pas produit de déperdition de liquide pendant la dissolution du sucre, le sirop a la concentration voulue. Mais si on opère à feu nu, il s'évapore une certaine quantité de liquide ; aussi est-on obligé de voir si le sirop est cuit, c'est-à-dire s'il contient la quantité de sucre voulue, pour assurer dans une certaine mesure sa conservation. Car s'il n'en contenait pas assez il s'altèrerait rapidement ; s'il en contenait trop l'excès de sucre cristalliserait, entraînant par la suite la formation de nouveaux cristaux. Le sirop se trouverait alors décuit et s'altèrerait facilement.

Deux moyens réellement pratiques peuvent être employés pour constater le degré de concentration d'un sirop : l'aréomètre et la balance.

Presque tous les sirops sont suffisamment cuits lorsqu'ils marquent bouillants 30 à l'aréomètre Baumé ou 1251 au densimètre, ce qui correspond, lorsqu'ils sont froids, à 35 Baumé ou 1305 au densimètre.

Je ferai remarquer que dans les deux derniers Codex les tables indiquant le rapport entre les degrés Baumé et la densité ne concordent pas. Ainsi, dans le Codex de 1868, 30 Baumé correspondent à 1261 et 35 à 1321 ; dans celui de 1884, 30 Baumé correspondent à 1251 et 35 à 1306. Seulement, ce dernier comme le précédent indique de faire cuire les sirops jusqu'à ce qu'ils marquent bouillants 1.26 au densimètre, tandis que c'est 1.25.

Sachant que 180 de sucre donnent 280 de sirop, il est facile de savoir combien on devra obtenir de ce dernier d'après la quantité de sucre employée. La solution de sucre opérée, on verra au moyen d'une balance ou d'une bascule, si le poids brut, diminué de la tare de la bassine contenant le sirop, égale le poids trouvé par le calcul. Si ce poids est trop fort on évapore de la quantité en trop ; s'il est trop faible, on ajoute Q. S. d'eau. Toutes les fois que ce moyen peut être mis en pratique je le préfère à l'emploi de l'aréomètre.

En dehors de ces moyens, qui présentent une grande exactitude, il en est d'autres qui sont basés sur les différents caractères que présente un soluté bouillant de sucre, selon son degré de concentration. Ces caractères, qu'on apprend à connaître par la pratique, sont désignés sous le nom générique de cuite du sucre.

Nous allons les examiner aussi brièvement que possible :

La perle ou le perlé. — On prend dans une cuillère un peu de sirop, on le balance un moment, puis on le verse goutte à goutte. Celles-ci, en tombant, prennent la forme d'une perle ou plutôt d'une larme.

La pellicule. — On souffle à la surface du sirop contenu dans une cuillère, il se forme une pellicule très mince qui disparaît dès qu'on cesse de souffler.

La nappe. — On trempe l'écumoire dans le sirop, on la retire comme si on voulait enlever les écumes, au bout d'un instant on l'incline pour faire écouler le sirop. Celui-ci se détache de l'écumoire sous forme de petite nappe.

Lorsque le sirop présente les caractères indiqués plus haut, il marque 1.25 à 1.26 au densimètre (30 à 31 Baumé).

Le filet ou le lissé. — On met entre le pouce et l'index deux ou trois gouttes de sirop : en écartant lentement les doigts le sirop forme un filet. Si celui-ci a, au plus, 5 millimètres de longueur, c'est le *petit filet* (1.25 au densimètre). Si la longueur atteint 2 centimètres au moins, c'est le *grand filet* (1.30 au densimètre).

Le soufflé ou la plume. — On imprègne l'écumoire de sirop, on souffle fortement à sa surface ; il se forme des bulles de sirop. Si ces bulles, se répandant dans l'air, sont peu nombreuses, le sirop est au *petit soufflé* (1.318 au densimètre). Si elles sont nombreuses, il est au *moyen soufflé*, et si elles sont grosses et restent attachées à l'écumoire, il est au *grand soufflé* (1.342 au densimètre).

Le boulé. — On projette un peu de sirop dans l'eau froide, il se prend en masse molle. Selon la consistance de celle-ci, le sirop sera au *petit* ou au *grand boulé*. Les boulés correspondent aux différents soufflés.

Le cassé. — Si le sirop projeté dans l'eau froide devient cassant et adhère aux dents lorsqu'on le mâche, c'est le *petit cassé* : s'il n'adhère pas, c'est le *grand cassé*. Il va sans dire qu'il y a le *petit* et le *grand lissé*, la *petite* et la *grande plume*.

Voici, d'après Soubeiran, les modifications que subit 1 kilog. de sirop de sucre lorsqu'on lui fait perdre, par évaporation, les quantités d'eau indiquées ci-dessous :

100 d'eau, le sirop marquera bouillant				1.330 (35 Baumé).
200 »	»	»	»	1.366 (40 Baumé).
250 »	»	sera cuit au		petit boulé.
260 »	»	»	» »	grand boulé.
280 »	»	»	» »	petit cassé.
300 »	»	»	» »	grand cassé.

Il est préférable de n'employer que du sucre blanc pour préparer les sirops ; ils sont alors plus beaux, plus transparents, et se conservent mieux qu'avec des sucres de qualités inférieures.

Différents modes opératoires sont usités pour préparer les sirops. Nous les décrirons à la suite de leurs formules.

A part quelques-uns, les sirops doivent être transparents.

Plusieurs d'entre eux n'acquièrent cette qualité qu'après avoir été clarifiés.

La clarification des sirops se fait au moyen de l'albumine ou du papier. On peut dans certains cas et pour de petites quantités se servir de filtres en papier. Ceux qui sont faits avec le papier Chardin débitent plus que les autres filtres de même nature.

Clarification à l'albumine. — Au moyen d'un balai d'osier on bat les blancs d'œufs avec une partie du liquide destiné au sirop ; on verse ce mélange dans la bassine contenant le sucre et le restant du liquide ; on chauffe lentement afin que le sucre soit fondu bien avant que le sirop n'entre en ébullition, car il faut éviter de remuer le liquide lorsque l'albumine commence à se coaguler.

L'albumine, en se coagulant, entraîne avec elle les substances tenues en suspension dans le sirop et vient former à sa surface une écume épaisse qu'on enlève avec une écumoire dès qu'elle a pris une certaine consistance par une ébullition de quelques minutes.

Ce mode de clarification ne peut s'employer pour tous les liquides, de plus, il rend les sirops plus altérables à cause de la petite quantité d'albumine qu'ils retiennent ; aussi ne doit-on y avoir recours que si on ne peut faire autrement.

Clarification au papier (Procédé Desmarest). — On divise du papier blanc à filtrer en le battant vivement dans un peu d'eau avec un balai d'osier ; on mêle au sirop et on passe à la chausse. (Voir pour plus de détails le mot *Clarification.*)

On conserve les sirops en les mettant froids dans des

bouteilles bien sèches qu'on bouche avec soin et qu'on met à la cave. Si le sirop est chaud et les bouteilles incomplètement sèches à l'intérieur, il faut, après refroidissement, agiter la bouteille pour incorporer la petite quantité d'eau qui se trouve à la surface du sirop.

Malgré ces précautions la plupart des sirops obtenus par les procédés indiqués dans le Codex fermentent ou moisissent facilement. Je crois être arrivé en modifiant le mode opératoire à obtenir des sirops qui, à part de rares exceptions, se conservent très bien.

Ce que nous venons de dire s'applique aux sirops officinaux, mais il en est d'autres qui sont préparés sur ordonnance de médecin *(sirops magistraux)* et qui sont obtenus par le mélange de plusieurs sirops ou par l'addition à un ou plusieurs de ceux-ci de substances médicamenteuses.

Les mélanges de sirops se font en les pesant par ordre de quantités croissantes. S'ils sont additionnés de liquides très volatils ceux-ci sont ajoutés en dernier.

Les poudres insolubles sont mises dans un mortier et délayées peu à peu dans la totalité du sirop.

On opère de même pour les sels peu solubles qui entrent en forte proportion dans un sirop et dont la dissolution exigerait une trop grande quantité d'eau : le bicarbonate de soude, par exemple.

Les substances très solubles peuvent être dissoutes directement dans le sirop en se servant du mortier, le chloral par exemple, ou dissoutes dans la plus petite quantité possible de liquide, puis ajoutées au sirop.

Les alcaloïdes et leurs sels ne doivent être ajoutés qu'à l'état de soluté.

Les extraits peuvent, suivant les cas, être dissous dans le sirop à l'aide d'une douce chaleur, ou dans de l'eau distillée qu'on mélange au sirop.

Pour les extraits et les sels entrant fréquemment dans la préparation des sirops, des potions, etc., il est commode de les avoir en solutés titrés, préparés à l'avance.

Selon moi, on ne doit pas changer le rapport entre la substance et le véhicule. Si vous avez employé une certaine quantité d'eau pour dissoudre celle-ci, il faut diminuer d'autant le poids du sirop le moins actif ou l'évaporer d'autant.

Sirop d'acide citrique

Acide citrique..........	10
Eau distillée............	10
Sirop de sucre	980

Faites dissoudre l'acide dans l'eau, ajoutez le soluté au sirop et mélangez.

Préparez de même le sirop d'Acide tartrique (Codex).

Sirop d'aconit

Alcoolature de racine d'aconit...	25
Sirop de sucre..................	975

Mélangez.

20 de ce sirop contiennent 0,50 d'alcoolature de racine d'aconit (Codex).

Sirop d'amandes

SIROP D'ORGEAT

Amandes douces..........	500
» amères	150
Sucre blanc..............	3000
Eau distillée.............	1625
Eau de fleur d'oranger	250

Mondez les amandes de leurs pellicules; faites-en une pâte très fine, dans un mortier de marbre, avec 750 de sucre, et en ajoutant peu à peu 125 d'eau. Délayez la pâte dans les 1500 d'eau restant et passez avec expression à travers une toile; reprenez au besoin le résidu avec un peu d'eau, de manière à obtenir 2250 d'émulsion, dans laquelle vous ferez dissoudre au bain-marie le reste du sucre grossièrement concassé.

Versez l'eau de fleur d'oranger à la surface du sirop quand il sera refroidi et mélangez le tout (Codex).

Pourquoi employer de l'eau distillée pour ce sirop?

Ce mode opératoire présente l'inconvénient de donner des sirops de concentration différente suivant que l'expression se fait à la presse ou à la main, puisque dans ce dernier cas le marc retient plus de liquide émulsif sucré.

On obvierait à cet inconvénient en ne fixant pas la quantité de liquide à obtenir, et alors le poids du sucre à employer serait proportionnel au poids du liquide émulsif obtenu, comme cela se fait pour beaucoup de sirops.

Sirop antiscorbutique

SIROP DE RAIFORT COMPOSÉ

Racine fraîche de raifort..............	1000
Feuilles fraîches de cochléaria........	1000

Feuilles fraîches de cresson   1000
» sèches de ményanthe   100
Zestes d'oranges amères . . . .   ,   200
Cannelle de Ceylan   50
Vin blanc   4000
Sucre blanc   5000

Contusez les feuilles de cresson et de cochléaria ; incisez le raifort, les feuilles de ményanthe et les zestes d'oranges amères ; concassez la cannelle. Faites macérer le tout dans le vin blanc pendant deux jours, et distillez au bain-marie pour retirer 1000 de liqueur aromatique ; faites avec celle-ci et poids égal de sucre un sirop en vase clos au bain-marie.

Séparez par expression le liquide des substances restées dans le bain-marie ; laissez reposer jusqu'à refroidissement et décantez. Clarifiez au moyen de l'albumine et passez au blanchet. Faites avec la liqueur claire et le reste du sucre, par coction et clarification, un sirop marquant bouillant 1,27 au densimètre ; passez au blanchet et mélangez à froid les deux sirops (Codex).

Cette formule et ce mode opératoire donnent lieu à quelques observations. D'abord le vin, n'agissant que par l'alcool qu'il fournit à la distillation, devrait être remplacé par de l'eau alcoolisée.

Ensuite, par la distillation au bain-marie on ne peut obtenir la quantité du produit indiquée par le Codex. Il faut donc distiller à feu nu, mais alors vous soumettez des substances sèches dont vous voulez utiliser les principes fixes à la décoction, ce qui n'est pas rationnel.

Enfin, le sirop ainsi préparé présente l'inconvénient de se troubler et de déposer au bout d'un certain temps.

Ceci est dû à la précipitation par l'alcool d'une substance noirâtre tenue en dissolution dans le sirop, comme on peut s'en convaincre en ajoutant de l'alcool

à 90° au liquide clarifié provenant du résidu de la distillation.

Afin d'éviter les inconvénients que je signale, je crois
qu'il serait préférable d'opérer ainsi :

Mettez dans la cucurbite 400 d'alcool à 90° et 3600 d'eau;
ajoutez le raifort coupé en tranches très minces, les
feuilles de cochléaria et de cresson contusées, enfin la
cannelle de Ceylan concassée. Après deux jours de macération, distillez à feu nu pour obtenir 1000 de produit.

Exprimez fortement le résidu de la distillation, concentrez le liquide obtenu jusqu'à ce qu'il ne pèse plus
que 3000 et ajoutez-y, lorsqu'il sera refroidi, 400 d'alcool
à 90°. Dans ce mélange, faites macérer pendant cinq
jours, en agitant de temps en temps, les écorces
d'oranges amères et la ményanthe. Exprimez fortement,
laissez déposer, décantez, filtrez au papier ou à la
chausse d'abord le liquide clair, si cela est nécessaire,
puis le dépôt. Vous obtiendrez ainsi une liqueur très
limpide que vous distillerez au bain-marie pour retirer
toute la partie spiritueuse.

Avec le liquide resté dans le bain-marie et le sucre,
exempt de toute impureté extérieure, faites un sirop en
ayant la précaution de faire fondre le sucre avant que le
sirop entre en ébullition, et de ne plus le remuer dès
que le sucre sera fondu afin de permettre aux écumes
qui se forment de monter à la surface du liquide. Écumez, concentrez le sirop jusqu'à ce que son poids soit
égal à 7000; versez-le dans la cucurbite ou dans le bain-
marie; couvrez-le, et lorsqu'il sera en grande partie
refroidi, ajoutez les 1000 de liquide distillé; mêlez rapidement, couvrez le vase, et ne mettez le sirop en bouteille que quand il sera complètement refroidi.

Le liquide alcoolique dans lequel on doit mettre les
plantes fraiches marque entre 10 et 11° et contient, en
chiffres ronds, 340 d'alcool absolu.

On utilise pour la préparation de ce liquide l'alcool provenant de la seconde distillation. Il suffit pour cela de prendre son poids et son degré alcoolique, de calculer sa teneur en poids d'alcool absolu d'après le tableau qui se trouve à la page 15 du Codex et d'y ajouter assez d'alcool à 90° pour compléter 340 d'alcool absolu et Q. S. d'eau pour obtenir 4000 de liquide.

Si la formule que je propose nécessite deux distillations, elle dispense de la confection d'un sirop au bain-marie et de deux clarifications au blanc d'œuf; de plus, elle permet de faire du sirop antiscorbutique à toute époque de l'année, puisque le liquide provenant de la première distillation et le macéré alcoolisé d'écorce d'orange amère, filtré mais non distillé, se conservent très bien dans des bouteilles bien bouchées.

Il est important dans la préparation de ce sirop de ne pas mettre la racine de raifort en contact direct avec la cannelle, celle-ci empêchant la formation de l'essence de raifort. Cet effet est dû probablement à l'aldéhyde contenu dans la cannelle.

Sirop antiscorbutique de Portal

Feuilles fraîches de cochléaria...	100
» » de cresson	100
Racine fraîche de raifort	30
» de gentiane	20
» de garance	10
Quinquina jaune.................	5
Eau	550
Sucre blanc...................	1180

Contusez dans un mortier en marbre le raifort et les feuilles; exprimez-en fortement le suc, filtrez-le au papier dans un lieu frais.

D'autre part, faites infuser pendant douze heures,

dans la quantité d'eau prescrite, les racines incisées et l'écorce de quinquina grossièrement pulvérisée. Passez et filtrez au papier.

Réunissez 500 de colature et 120 de suc filtré; placez-les dans un bain-marie couvert avec le sucre grossièrement pulvérisé; faites dissoudre à une douce chaleur et passez lorsque le sirop sera refroidi (Codex).

Cette formule et ce mode opératoire sont mal conçus et donnent un produit qui moisit facilement. La formule qu'en donne Guibourt est différente, mais ne paraît pas meilleure. Espérons que si le futur Codex conserve ce sirop, dont l'utilité me paraît contestable, il modifiera la formule afin d'avoir un produit mieux dosé, et le mode opératoire pour assurer sa conservation.

Sirop de baume de Tolu

Baume de Tolu	50
Eau distillée	1000
Sucre très blanc	Q. S.

Faites digérer le baume de Tolu avec la moitié de l'eau pendant deux heures, au bain-marie couvert, en ayant soin d'agiter fréquemment; décantez le soluté balsamique, remplacez-le par la seconde moitié de l'eau prescrite et faites digérer comme précédemment. Réunissez le produit des deux digestions; laissez refroidir, filtrez au papier. Ajoutez le sucre dans la proportion de 180 pour 100 de liquide. Faites un sirop par simple solution au bain-marie couvert et filtrez au papier.

J'opère la digestion du baume dans un ballon, imparfaitement bouché, destiné à cet usage. J'agite fortement le ballon lorsque le baume est liquéfié, ce qui le divise momentanément dans l'eau et facilite la dissolution de ses principes aromatiques.

En opérant ainsi, on peut abréger le temps de la

digestion; et comme il ne se produit pas d'évaporation, on passe un peu d'eau distillée, d'abord dans le ballon, puis dans le vase où le digesté s'est refroidi, puis sur le filtre, pour obtenir 1000 de liquide dans lequel on fait dissoudre 1800 de sucre.

Préparez de même le sirop de Baume de Pérou.

Sirop de belladone

Teinture de belladone..   75
Sirop de sucre........   925

Mélangez.

20 de ce sirop contiennent 1,50 de teinture de belladone.

Préparez de même les sirops de Jusquiame, de Stramonium (Codex).

Sirop de bromure de calcium

Bromure de calcium..............   5
Eau distillée.....................   5
Sirop de fleur d'oranger..........   90

Faites dissoudre à chaud le bromure dans l'eau et ajoutez le sirop.

Sirop de bromure de potassium

Bromure de potassium..........   50
Eau distillée...................   50
Sirop d'écorce d'orange amère..   900

Dissolvez à chaud le bromure dans l'eau et ajoutez le soluté au sirop.

20 de ce sirop contiennent 1 de bromure de potassium (Codex).

Sirop de café

Café torréfié et moulu...	224
Eau	1000
Sucre blanc.............	Q. S.

Mettez le café et l'eau dans un matras, faites digérer pendant une demi-heure au bain-marie, en agitant de temps en temps; laissez refroidir, exprimez, filtrez et, par 100 de liquide, ajoutez 180 de sucre que vous ferez fondre au bain-marie couvert.

100 de ce sirop représentent 8 de café.

Sirop de capillaire

Capillaire du Canada....	100
Eau bouillante..........	1500
Sucre blanc.............	Q. S.

Versez l'eau bouillante sur le capillaire, laissez infuser pendant six heures en vase clos, passez avec expression, laissez reposer, décantez. Ajoutez le sucre dans la proportion de 180 pour 100 de colature. Portez rapidement à l'ébullition et passez.

Préparez de même les sirops de : Absinthe, Camomille, Coca, Colombo, Douce-Amère, Eucalyptus, Fumeterre, Gentiane, Houblon, Hysope, Jaborandi, Lierre terrestre, Œillet rouge, Pêcher, Pensées sauvages, Polygala, Saponaire (racine), Sassafras, Tussilage.

Le Codex de 1866 ne mettait que 1000 d'eau pour une même quantité de substances. Or, je tiens d'un des membres de la commission de rédaction du dernier Codex qu'il n'aurait été question d'augmenter la proportion d'eau que pour le sirop de coquelicot; mais comme celui-ci est, dans le formulaire officiel, le type des sirops par infusion, c'est par erreur qu'on a inscrit les autres à sa suite.

Ce mode opératoire est défectueux, puisqu'il donne des sirops qui s'altèrent facilement. Cette altération est due, selon moi, à la présence dans l'infusé de petites quantités d'amidon et autres substances fermentescibles entraînées par l'action de l'eau bouillante.

De plus, il n'y a pas un rapport simple entre le poids de la substance et celui du sirop.

Pour obvier à ces inconvénients, je propose de les préparer ainsi :

> Capillaire du Canada.....   98
> Eau 950
> Alcool à 90°..............   50
> Sucre blanc...............   Q. S.

Faites macérer pendant cinq jours le capillaire dans le mélange d'eau et d'alcool ; exprimez, filtrez et, par 100 de liquide obtenu, faites dissoudre au bain-marie couvert 180 de sucre.

100 de ce sirop représentent 3,50 de capillaire.

Préparez de même les sirops énumérés plus haut, mais en ayant soin de réduire en poudre grosse les substances ligneuses.

Les sirops préparés par macération sont au moins aussi colorés (sauf le sirop d'absinthe), plus aromatiques, que les sirops par infusion ; en outre, ils se conservent très bien.

La petite quantité d'alcool ajoutée à l'eau a pour but d'empêcher l'altération du liquide pendant la macération.

Sirop de chloral

> Hydrate de chloral cristallisé..........   50
> Eau distillée...........................   45

Sirop de sucre préparé à froid.......... 900
Esprit de menthe........ 5

Dissolvez l'hydrate de chloral dans l'eau ; mélangez le soluté au sirop et aromatisez avec l'esprit de menthe (Codex).

Sirop de chlorhydrate de cocaïne

Chlorhydrate de cocaïne............... 0,10
Eau distillée..................... .. 2
Sirop de sucre...................... 98

Dissolvez le chlorhydrate dans l'eau et ajoutez le sirop.

Sirop de chlorhydrate de morphine

SIROP DE MORPHINE

Chlorhydrate de morphine........... 0,50
Eau distillée..................... 10
Sirop de sucre préparé à froid........ 990

Dissolvez le sel dans l'eau distillée et mélangez le soluté avec le sirop de sucre.

20 de ce sirop contiennent 0,01 de chlorhydrate de morphine (Codex).

Préparez de même le sirop d'Acétate de morphine et le sirop de Sulfate de morphine.

Sirop de chlorhydrophosphate de chaux

Phosphate bicalcique................. 12,50
Acide chlorhydrique officinal......... Q. S.
Eau distillée..................... 340
Sucre blanc..................... 630
Alcoolature de citron............... 10

Divisez avec soin le phosphate dans l'eau distillée, ajoutez l'acide chlorhydrique en quantité strictement nécessaire (8 environ) pour dissoudre le sel ; ajoutez à la solution le sucre grossièrement pulvérisé et faites-le dissoudre à une douce chaleur. Passez et mêlez l'alcoolature au sirop refroidi.

20 de ce sirop contiennent 0,25 de phosphate bicalcique (Codex).

Pourquoi indiquer sa teneur en phosphate bicalcique, qu'il ne contient pas, au lieu de la donner en chlorhydrophosphate de chaux ?

Sans s'éloigner beaucoup de la formule du Codex, on obtient un sirop qui par 20 contient 0,40 de chlorhydrophosphate de chaux, en suivant la formule ci-dessous :

Soluté de chlorhydrate de chaux au 1/10..	200
Eau distillée.............................	160
Sucre blanc...............................	630
Alcoolature de citron.....................	10

Faites dissoudre à froid ou à une température peu élevée le sucre dans le mélange de soluté et d'eau distillée. Lorsque le sirop sera refroidi, ajoutez l'alcoolature et filtrez.

Avant la filtration le poids du sirop doit être égal à 1000.

La dose de chlorhydrophosphate de chaux me paraît un peu faible.

Sirop des cinq racines

SIROP DIURÉTIQUE

Racine d'ache........	100
» d'asperge......	100
» de fenouil.....	100

Racine de persil 100
    »   de petit houx.. 100
Eau distillée bouillante. 3000
Sucre blanc.......... 2000

Versez la moitié de l'eau bouillante sur les racines coupées et dépoudrées ; laissez infuser pendant douze heures, en remuant de temps en temps ; passez sans expression ; filtrez la liqueur au papier dans un lieu frais.

Faites une seconde infusion des racines dans le reste de l'eau ; passez et exprimez. Avec le produit de cette seconde opération vous ferez, en y ajoutant le sucre, un sirop par coction et clarification.

Lorsque le sirop bouillant marquera 1,26 au densimètre, évaporez-le d'une quantité égale au poids de la première infusion et ramenez-le à 1,26, en y mélangeant celle-ci. Passez (Codex).

Ce sirop, ainsi préparé, s'altérant facilement, je préfère la formule ci-dessous, qui donne un produit très aromatique, de bonne conservation et bien dosé :

Racine d'ache 84
    »   d'asperge........... 84
    »   de fenouil.......... 84
    »   de persil........... 84
    »   de petit houx 84
Eau 950
Alcool à 90°............... 50
Sucre blanc bien propre.... Q. S.

Contusez les racines et faites-les macérer pendant cinq jours dans le mélange d'eau et d'alcool, en agitant de temps en temps ; exprimez fortement, filtrez et, par 100 de macéré, ajoutez 180 de sucre que vous ferez dissoudre au bain-marie couvert.

100 de ce sirop représentent 15 des cinq racines ou 3 de chacune.

Sirop de citrate de fer ammoniacal

Citrate de fer ammoniacal en paillettes . 25
Eau distillée............................ 25
Sirop de sucre préparé à froid.......... 950

Dissolvez le citrate dans l'eau distillée, filtrez et mélangez le soluté avec le sirop de sucre.

20 de ce sirop contiennent 0,50 de citrate de fer ammoniacal.

La filtration occasionnant la perte d'une quantité plus ou moins grande de liquide, il faudrait, pour que le sirop fût bien dosé, ajouter 19 de sirop de sucre par gramme de soluté filtré, ou obtenir 50 de celui-ci en employant Q. S. de citrate et d'eau distillée à P. E.

Sirop de codéine

Codéine pulvérisée............... 0,20
Alcool à 60º..................... 5
Sirop de sucre préparé à froid..... 95

Faites dissoudre la codéine dans l'alcool et ajoutez le soluté au sirop de sucre.

20 de ce sirop contiennent 0,04 de codéine (Codex).

Il me paraît plus commode de préparer à l'avance un soluté avec 1 de codéine pulvérisée et 24 d'alcool à 60º. On met ces deux substances dans une fiole et on agite jusqu'à dissolution. En mêlant 5 de ce soluté à 95 de sirop de sucre on obtient instantanément du sirop de codéine.

Sirop de coquelicot

Ce sirop qui, dans le Codex, sert de type aux sirops par infusion, présente les mêmes inconvénients que ceux-ci ; aussi serait-il préférable, selon moi, de suivre la formule et le mode opératoire indiqués ci-dessous :

      Pétales secs de coquelicot....   70
      Eau   950
      Alcool à 90°................   50
      Sucre blanc bien propre......   Q. S.

Faites macérer pendant cinq jours les coquelicots dans le mélange d'eau et d'alcool ; exprimez fortement, filtrez et, par 100 de macéré, ajoutez 180 de sucre que vous ferez dissoudre au bain-marie couvert.

100 de ce sirop représentent 2,50 de coquelicot. (Voyez *Sirop de capillaire.*)

Sirop diacode

SIROP D'OPIUM FAIBLE

      Extrait d'opium..........   0,50
      Eau distillée............   4,50
      Sirop de sucre...........   995

Faites dissoudre l'extrait dans l'eau et mêlez ce soluté au sirop.

On obtiendrait un sirop plus limpide, moins altérable et d'une préparation plus facile, en opérant ainsi :

      Soluté d'extrait d'opium au 1/10..   5
      Sirop de sucre....................   995

Mêlez.
(Voyez *Soluté d'extrait d'opium.*)

Sirop de digitale

      Teinture de digitale.............   25
      Sirop de sucre..................   975

Mélangez.

20 de ce sirop correspondent à 0,50 de teinture de digitale.

Le macéré de digitale étant actuellement en faveur auprès du corps médical, ne serait-il pas préférable de préparer ainsi ce sirop :

> Feuilles de digitale divisées....... 14
> Eau 950
> Alcool à 90°.................... 50
> Sucre blanc bien propre.......... Q. S.

Faites macérer pendant cinq jours la digitale dans le mélange d'eau et d'alcool ; exprimez, filtrez et, par 100 de macéré, ajoutez 180 de sucre que vous ferez fondre au bain-marie couvert.

20 de ce sirop représentent 0,10 de digitale.

Sirop d'écorce d'orange amère

> Zestes secs d'orange amère...... 100
> Alcool à 60°.................... 100
> Eau distillée.....'............. 1000
> Sucre blanc..................... Q. S.

Incisez les zestes et mettez-les macérer avec l'alcool pendant douze heures, en remuant de temps en temps ; ajoutez alors l'eau portée à 80°. Après six heures de contact, passez à travers une chausse ; ajoutez le sucre dans la proportion de 180 0/0 de colature et faites un sirop en vase clos, au bain-marie.

Préparez de la même manière, mais avec l'eau bouillante, le sirop de Bourgeons de sapin.

J'ai observé que les mêmes zestes d'orange, traités comme l'indique le Codex, ou mis à macérer dans le mélange d'eau et d'alcool, donnent, dans ce dernier cas, un liquide plus coloré, plus aromatique, plus amer et moins mucilagineux ; aussi obtient-on un meilleur produit en opérant ainsi :

Zestes secs d'orange amère...   98
Alcool à 60°.................   90
Eau   910
Sucre blanc très propre ......   Q. S.

Concassez les zestes et faites-les macérer cinq jours dans le mélange d'eau et d'alcool. Passez, exprimez, filtrez et, par 100 de liquide obtenu, ajoutez 180 de sucre que vous ferez fondre au bain-marie couvert.

100 de ce sirop représentent 3,50 d'écorce d'orange amère.

Pour préparer le sirop de bourgeons de sapin d'après cette formule, je crois qu'il serait préférable de faire macérer pendant vingt-quatre heures les bourgeons concassés dans l'alcool, d'ajouter l'eau ; après quatre jours de macération, d'exprimer et de filtrer. On termine l'opération comme il est dit plus haut.

Sirop d'ergotine

Ergotine.................   2
Sirop de sucre...........   78
Sirop de fleur d'oranger...   20

Faites dissoudre à une très douce chaleur l'ergotine dans le sirop de sucre et ajoutez le sirop de fleur d'oranger.

Vous devrez obtenir 100 de sirop qui contiendront par 20 0,40 d'ergotine.

Sirop d'espèces pectorales

SIROP PECTORAL

Fleurs pectorales..............   100
Eau distillée bouillante.........   1200

Sucre blanc.................... 2000
Eau de fleur d'oranger.......... 50
Extrait d'opium................ 0,30

Versez l'eau bouillante sur les fleurs et laissez infuser pendant six heures. Passez avec expression de manière à obtenir 1000 de colature ; filtrez. Ajoutez l'eau de fleur d'oranger, dans laquelle vous aurez fait dissoudre l'extrait d'opium, et faites avec le sucre un sirop par simple solution au bain-marie couvert. Passez (Codex).

La formule ci-dessous donne un sirop mieux dosé et d'une meilleure conservation :

Fleurs pectorales................ 84
Eau............................. 900
Alcool à 90°.................... 50
Eau de fleur d'oranger.......... 50
Sucre blanc bien propre......... Q. S.
Soluté d'extrait d'opium au 1/10.. Q. S.

Faites macérer pendant cinq jours les fleurs dans le mélange d'eau, d'eau de fleur d'oranger et d'alcool ; exprimez, filtrez et, par 100 de macéré, ajoutez 180 de sucre que vous ferez fondre au bain-marie. Après refroidissement, ajoutez par 100 de sirop 0,10 de soluté d'extrait d'opium et mêlez.

100 de ce sirop représentent 3 de fleurs pectorales et 0,01 d'extrait d'opium.

(Voyez *Soluté d'extrait d'opium.*)

Sirop d'éther

Sirop de sucre préparé à froid.... 700
Eau distillée.................... 230
Alcool à 90°.................... 50
Éther officinal.................. 20

Mélangez exactement (Codex).

Sirop de fleur d'oranger

Eau de fleur d'oranger 1000
Sucre très blanc................ 1800

Concassez le sucre et faites-le dissoudre à froid dans l'eau ; filtrez au papier.

Préparez de la même manière avec les eaux distillées les sirops de : Anis vert, Cannelle, Laurier cerise, Menthe poivrée (Codex).

Sirop de gayac

Bois de gayac râpé.............. 300
Eau distillée.................... 6000
Sucre blanc..................... 1000

Faites bouillir le gayac à deux reprises et pendant une heure chaque fois dans la moitié de l'eau; passez. Réunissez les liqueurs, concentrez-les jusqu'à ce qu'elles soient réduites à 600; laissez-les refroidir. Filtrez au papier ; ajoutez le sucre et passez lorsque le sirop marquera bouillant 1,25 au densimètre (Codex).

Ne serait-il pas plus simple de préparer ce sirop, qui s'emploie peu, avec l'extrait de gayac, qui s'obtient par décoction ?

Sirop de Gibert

SIROP D'IODURE IODURÉ DE MERCURE

Biiodure de mercure............. 1
Iodure de potassium 50
Eau distillée.................... 50
Sirop simple.................... Q. S.

Faites dissoudre les sels dans l'eau et ajoutez Q. S. de sirop simple pour obtenir 2000 de sirop.

20 de ce sirop contiennent 0,01 de biiodure de mercure et 0,50 d'iodure de potassium.

Pour ne faire le sirop de Gibert qu'au fur et à mesure du besoin, la formule suivante me paraît très commode.

Préparez à l'avance un soluté pour sirop de Gibert ainsi composé :

Biiodure de mercure	5
Iodure de potassium	250
Eau distillée	745

Mettez le tout dans un flacon, bouchez et agitez jusqu'à dissolution.

Le sirop de Gibert se prépare alors de la manière suivante :

Soluté ci-dessus	100
Sirop de sucre	900

Mêlez.

Le sirop de sucre se trouve décuit, mais dans la formule que donne Dorvault on prescrit du sirop de sucre marquant 30° Baumé à froid.

Sirop de gomme

Gomme blanche lavée	1000
Eau distillée	4300
Sucre blanc concassé	6700

Faites dissoudre la gomme dans l'eau froide en agitant de temps en temps jusqu'à solution complète ; ajoutez le sucre et faites, au bain-marie, un sirop que vous passerez au blanchet.

Ce sirop marque 1,33 au densimètre et contient la douzième partie de son poids de gomme (Codex).

La préparation de ce sirop au bain-marie n'a pas paru pratique à beaucoup de pharmaciens. Il n'y aurait peut-être pas d'inconvénients à le préparer à feu nu en opérant ainsi :

Faites dissoudre à froid la gomme lavée dans 3000 d'eau ; passez à travers un tamis de crin placé au-dessus de la bassine contenant le sucre ; versez sur le tamis 1500 d'eau pour enlever le soluté de gomme qui l'imprègne.

Remuez le tout et chauffez, en ayant soin que le sucre soit fondu avant que le liquide entre en ébullition. Dès que le sirop aura jeté un bouillon, concentrez-le ou ajoutez-y Q. S. d'eau pour que son poids soit égal à 12000. Passez à la chausse.

Sirop de goudron

Goudron végétal purifié	10
Sciure de bois de sapin..........	30
Eau distillée....................	1000
Sucre blanc.....................	Q. S.

Divisez le goudron en le mélant avec la sciure de bois; versez sur le mélange l'eau chauffée à 60°, agitez de temps en temps. Après deux heures de contact, filtrez le liquide sur 1000 de sucre et ajoutez Q. S. de celui-ci pour qu'il soit dans la proportion de 180 pour 100 de liquide. Faites fondre au bain-marie couvert.

Sirop de groseille

Suc de groseille filtré	1000
Sucre blanc.....................	Q. S.

Prenez la densité du suc au moyen du densimètre,

puis calculez la quantité de sucre nécessaire pour préparer le sirop d'après les indications suivantes.

(Suit une table dans laquelle on voit que la quantité de sucre peut s'abaisser jusqu'à 1260.)

Faites avec la quantité de sucre ainsi calculée et le suc, dans une bassine en argent ou en cuivre non étamé, un sirop que vous passerez aussitôt qu'il commencera à bouillir.

Préparez de la même manière les sirops de : Berberis, Cerise, Coing, Framboise, Grenade, Mûre (Codex).

Pourquoi mettre d'autant moins de sucre que le suc est plus dense, cette augmentation de densité n'étant pas due au sucre de canne, puisque la plupart des sucs de fruits n'en contiennent pas ?

Le Codex de 1866 faisait préparer ces sirops dans la proportion de 1750 de sucre pour 1000 de suc. Ainsi préparés, les sirops de fruits se conservent bien et ne cristallisent pas, ce qui prouve que le point de saturation du liquide n'a pas été dépassé.

En diminuant la proportion du sucre on ne peut que rendre les sirops plus fermentescibles.

Sirop de guimauve

Racine sèche de guimauve incisée. 50
Eau distillée.................... 300
Sirop de sucre 1500

Faites macérer la guimauve dans l'eau pendant douze heures et passez sans expression. Ajoutez ce macéré au sirop de sucre ; faites cuire jusqu'à ce qu'il marque 1,25 au densimètre, passez.

Préparez de la même manière le sirop de Consoude (Codex).

Ces deux sirops moisissent très facilement. Ils se conservent au contraire très bien en les préparant d'après la formule que j'ai donnée pour le sirop de capillaire.

On obtient un sirop plus agréable en remplaçant la racine de guimauve par la fleur.

Sirop d'hypophosphite de chaux

Hypophosphite de chaux   5
Sirop de fleur d'oranger......... 50
Sirop de sucre préparé à froid.... 445

Faites dissoudre le sel dans le mélange des deux sirops au moyen du mortier.

20 de ce sirop contiennent 0,20 d'hypophosphite de chaux.

Préparez de la même manière le sirop d'Hypophosphite de soude.

Sirop iodo-tannique

(Société de Pharmacie de Paris)

Iode............................   1
Alcool à 90°..................... 14
Sirop de ratanhia 985

Dissolvez l'iode dans l'alcool et mêlez au sirop.

Au bout de vingt-quatre heures le sirop a repris son aspect primitif.

Sirop iodo-tannique

(Berthet, Formulaire des hôpitaux)

Iode............................   2
Tannin   8
Sirop de ratanhia 100
Sirop de sucre 880

Dissolvez au bain-marie l'iode et le tannin dans 60 d'eau distillée, laissez refroidir et filtrez. Ajoutez le soluté au sirop de ratanhia et chauffez le mélange au bain-marie jusqu'à ce que son poids soit de 120 ; ajoutez alors le sirop de sucre et mêlez.

20 de ce sirop contiennent 0,04 d'iode.

Sirop d'iodure de fer

Iode sublimé	4,10
Limaille de fer	2
Eau distillée	10
Sirop de fleur d'oranger	200
Sirop de gomme	785

Mettez la limaille de fer dans un petit ballon en verre avec l'eau distillée; ajoutez l'iode par petites portions, en agitant chaque fois; continuez d'agiter doucement jusqu'à ce que la solution ait acquis la couleur verte propre aux protosels de fer. Filtrez alors le mélange dans un flacon, lavez le filtre avec un peu d'eau distillée ; ajoutez les sirops, mélangez et conservez à l'abri de la lumière.

20 de ce sirop contiennent 0,10 d'iodure de fer (Codex).

Je filtre le soluté d'iodure de fer au-dessus du flacon contenant le sirop de fleur d'oranger afin de préserver l'iodure de l'action de l'air ; je passe dans le ballon, puis sur le filtre, un peu d'eau distillée, pour obtenir 15 de liquide filtré; j'ajoute le sirop de gomme et je mêle le tout en évitant autant que possible d'introduire de l'air dans le sirop.

Sirop d'iodure de potassium

Iodure de potassium	25
Eau distillée	25
Sirop d'écorce d'orange amère	950

Dissolvez l'iodure dans l'eau distillée et mélangez le soluté au sirop

20 de ce sirop contiennent 0,50 d'iodure de potassium (Codex).

Sirop d'ipécacuanha

Extrait d'ipécacuanha	10
Alcool à 60°.....................	30
Eau distillée	340
Sucre blanc.....................	630

Dissolvez, à une douce chaleur, l'extrait dans l'alcool ; versez la solution, ainsi que l'eau distillée, sur le sucre concassé que vous aurez préalablement introduit dans un ballon. Faites dissoudre au bain-marie, puis filtrez au papier après refroidissement.

20 de ce sirop contiennent 0,20 d'extrait d'ipécacuanha.

A cette formule, qui donne un sirop dont le dosage n'est pas tout à fait exact et dont la préparation est un peu longue, je préfère la formule donnée par M. Fallière, de Libourne, que j'indique ci-dessous :

Soluté d'extrait d'ipécacuanha au 1/10.	10
Sirop de sucre.......................	90

Mêlez.

(Voyez *Soluté d'extrait d'ipécacuanha.*)

Sirop d'ipécacuanha composé

SIROP DE DÉSESSARTZ

Ipécacuanha concassé..........	30
Feuilles de séné..............	100
Serpolet.....................	30
Fleurs de coquelicot	125

Sulfate de magnésie...........	100
Vin blanc......................	750
Eau de fleur d'oranger	750
Eau distillée bouillante........	3000
Sucre blanc...............	Q. S.

Faites macérer l'ipécacuanha et le séné dans le vin blanc pendant douze heures ; passez avec expression, filtrez.

Ajoutez au résidu le serpolet et le coquelicot, versez l'eau bouillante sur le tout, laissez infuser pendant six heures et passez avec expression. Ajoutez à la liqueur le sulfate de magnésie et l'eau de fleur d'oranger ; filtrez.

Réunissez la liqueur vineuse au produit de l'infusion et faites avec le sucre, dans la proportion de 180 pour 100 de liqueur, un sirop par simple solution au bain-marie (Codex).

Ce sirop, comme tous ceux qui sont préparés par infusion, fermente facilement : de plus, les substances entrant dans sa composition ne se trouvent pas dans un rapport simple avec le sirop.

La formule ci-dessous donne un sirop bien dosé et d'une bonne conservation :

Ipécacuanha concassé...........	7
Feuilles de séné................	21
Serpolet.......................	7
Pétales de coquelicot...........	28
Sulfate de magnésie............	21
Alcool à 90°...................	50
Eau de fleur d'oranger	170
Eau	780
Sucre blanc bien propre..........	Q. S.

Mettez dans un vase suffisamment grand l'alcool et 450 d'eau, ajoutez l'ipécacuanha et le séné, remuez de temps en temps. Au bout de douze heures, ajoutez le reste de l'eau, l'eau de fleur d'oranger, le sulfate de magnésie, le serpolet, le coquelicot. Laissez macérer cinq jours en agitant de temps en temps. Exprimez, filtrez et, par 100 de liquide obtenu, ajoutez 180 de sucre que vous ferez fondre au bain-marie couvert.

100 de ce sirop représentent 0,25 d'ipécacuanha, 0,75 de séné et 1 gr. de coquelicot.

Sirop de lactophosphate de chaux

Phosphate bicalcique............	12,50
Acide lactique (environ 14).......	Q. S.
Eau distillée	340
Sucre blanc....................	630
Alcoolature de citron...........	10

Opérez comme pour le sirop de chlorhydrophosphate de chaux (Codex).

La quantité d'acide lactique est trop faible (voyez *Lactophosphate de chaux*) et le mode de dosage défectueux.

Pour ces motifs je préfère la formule ci-dessous :

Phosphate bicalcique.........	14,80
Acide lactique (environ)......	29
Eau distillée	Q. S.
Sucre blanc..................	620
Alcoolature de citron........	10

Délayez le phosphate dans 300 d'eau, ajoutez Q. S. d'acide lactique pour dissoudre ce sel et Q. S. d'eau distillée pour compléter 370 de liquide, dans lequel vous ferez fondre le sucre à froid ou à une température inférieure à 50°.

Laissez refroidir, ajoutez l'alcoolature de citron et filtrez au papier.

Le poids du sirop avant sa filtration doit être de 1000 ;

20 de ce sirop contiennent 0,60 de lactophosphate de chaux.

Sirop de limaçons

SIROP D'HOELIX

Chair de limaçons dégorgés..	200
Eau	1000
Sucre blanc....................	1000

Préparez la chair des limaçons en les laissant plongés dans l'eau bouillante jusqu'à ce qu'ils puissent être facilement retirés de la coquille; rejetez-en la partie noire. La chair étant coupée et lavée à l'eau froide, faites-la bouillir dans la quantité d'eau prescrite jusqu'à évaporation du tiers environ du liquide. Passez, ajoutez le sucre et faites un sirop par coction et clarification, marquant 1,26 au densimètre (Codex).

Sirop de limon

Sirop d'acide citrique............	1000
Alcoolature de citron............	20

Mêlez.

Préparez de même le sirop d'Orange (Codex).

On obtient des produits beaucoup plus suaves par l'emploi des alcoolatures distillées.

Sirop de monosulfure de sodium

Monosulfure de sodium cristallisé...	0,10
Eau distillée	1
Sirop de sucre préparé à froid	99

Dissolvez le sulfure dans l'eau et mélangez le soluté au sirop.

Ce sirop ne doit être préparé qu'au moment du besoin.

Sirop de mousse de Corse

Mousse de Corse mondée.........	200
Eau distillée	Q. S.
Sucre blanc	1000

Versez 500 d'eau bouillante sur la mousse de Corse, laissez infuser pendant six heures, passez avec expression. Versez sur le marc une nouvelle quantité d'eau bouillante suffisante pour obtenir, en y comprenant le produit de la première infusion, 530 de colature filtrée à laquelle vous ajouterez le sucre, pour faire un sirop par simple solution au bain-marie couvert.

On peut éviter de filtrer l'infusion au papier en la laissant reposer; dans ce cas on la décante et on la clarifie avec la pâte de papier (Codex).

Ce mode opératoire n'est pas d'une exécution facile et le sirop qu'il donne se conserve mal.

La formule suivante obvie à ces deux inconvénients:

Mousse de Corse mondée...........	280
Eau	950
Alcool à 90°..........................	50
Sucre blanc bien propre............	Q. S.

Faites macérer pendant cinq jours la mousse de Corse dans le mélange d'eau et d'alcool; exprimez fortement, filtrez et, par 100 de liquide obtenu, ajoutez 180 de sucre que vous ferez fondre au bain-marie couvert.

100 de ce sirop représentent 10 de mousse de Corse.

Sirop de nerprun

```
Suc de nerprun...................... 1000
Sucre blanc .......................... 1000
```

Faites cuire jusqu'à ce que le liquide bouillant marque 1,26 au densimètre. Passez à travers un blanchet.

Sirop d'opium

SIROP THÉBAIQUE

```
Extrait d'opium ...................... 2
Eau distillée .......................... 8
Sirop de sucre ...................... 990
```

Faites dissoudre à froid l'extrait dans l'eau distillée et mélangez le soluté avec le sirop.

20 de ce sirop contiennent 0,04 d'extrait d'opium (Codex).

La formule ci-dessous donne un produit plus limpide et de meilleure conservation :

```
Soluté d'extrait d'opium au 1/10... 20
Sirop de sucre...................... 980
```

Mêlez. (Voyez *Soluté d'extrait d'opium.*)

Sirop de pavot blanc

```
Extrait de pavot blanc.............. 10
Alcool à 60°.......................... 30
Eau distillée .......................... 340
Sucre blanc .......................... 630
```

Même mode de préparation et même teneur en extrait que le sirop d'ipécacuanha du Codex.

On pourrait, comme pour ce dernier, préparer le sirop de pavot blanc avec un soluté d'extrait de pavot blanc au 1/10. (Voyez *Sirop d'ipécacuanha* et *Soluté d'extrait de pavot blanc.*)

Sirop de pepsine

Pepsine extractive............	2
Eau distillée..................	4
Alcool à 60°...................	4
Sirop d'écorce d'orange amère.	90

Faites dissoudre au moyen du mortier la pepsine dans l'eau, ajoutez le sirop, puis l'alcool.

Sirop de peptone

Peptone sèche.................	50
Eau...........................	320
Sucre.........................	580
Teinture d'écorce d'orange amère.	50

Dissolvez la peptone dans l'eau, ajoutez le sucre; faites fondre au bain-marie couvert et, lorsque le sirop sera froid, ajoutez la teinture. Mêlez.

Sirop de perchlorure de fer

Solution officinale de perchlorure de fer..	15
Sirop de sucre préparé à froid............	985

Mêlez.

Ce sirop ne doit être préparé qu'au moment du besoin (Codex).

Sirop de phellandrie

Fruits de phellandrie concassés...	280
Eau...........................	950

Alcool à 90°..................... 50
Sucre........................... Q. S.

Faites macérer pendant cinq jours, en agitant de temps en temps, les fruits dans le mélange d'eau et d'alcool ; exprimez, filtrez et, par 100 de liquide obtenu, faites fondre au bain-marie couvert 180 de sucre.

100 de ce sirop représentent 10 de fruits de phellandrie.

Sirop phéniqué

Phénol absolu....   2,50
Alcool à 90°......   2,50
Sirop de sucre....   995

Faites dissoudre le phénol dans l'alcool et mêlez au sirop.

20 de ce sirop contiennent 0,05 de phénol.

Sirop de phosphate monocalcique

SIROP DE PHOSPHATE DE CHAUX

Phosphate bicalcique................... 12,50
Acide phosphorique officinal (environ 22). Q. S.
Eau distillée.......................... 340
Sucre blanc........................... 630
Alcoolature de citron.................   10

Opérez comme pour le sirop de chlorhydrophosphate de chaux (Codex).

Pour des motifs que j'ai exposés en parlant de ce dernier sirop, je préfère la formule suivante :

Posphate bicalcique.........   12,80
Acide phosphorique officinal . Q. S.
Eau distillée............... Q. S.

Sucre blanc 630
Alcoolature de citron 10

Délayez le phosphate dans 300 d'eau distillée, ajoutez
la quantité strictement nécessaire d'acide phosphorique
pour dissoudre le phosphate, puis le sucre, et enfin Q. S.
d'eau distillée pour que le tout pèse 990. Faites dissoudre le sucre à froid ou à une très douce chaleur; ajoutez
l'alcoolature lorsque le sirop sera refroidi et filtrez.

Le sirop doit peser 1000 avant la filtration.

20 de ce sirop contiennent 0,40 de phosphate monocalcique.

On peut encore préparer ainsi ce sirop :

Soluté de phosphate monocalcique au 1/5.   100
Eau distillée   260
Sucre blanc   630
Alcoolature de citron   10

Dissolvez au bain-marie couvert, à une température
inférieure à 50°, le sucre dans le mélange du soluté et
d'eau, laissez refroidir, ajoutez l'alcoolature et filtrez.

Le sirop avant la filtration doit peser 1000.

Sirop de phosphate de chaux créosoté

Créosote de hêtre   2,50
Alcool à 90°   27,50
Sirop de phosphate de chaux   970

Dissolvez la créosote dans l'alcool et mêlez au sirop.

Sirop de pointes d'asperges

Suc de pointes d'asperges clarifié à chaud.   1000
Sucre blanc   1800

Faites un sirop par solution au bain-marie couvert, passez au travers d'une étamine.

Préparez de même le sirop de Cresson (Codex).

Sirop de pyrophosphate de fer

Pyrophosphate de fer citro-ammoniacal ...   10
Eau distillée   20
Sirop de sucre préparé à froid   970

Faites dissoudre le sel dans l'eau distillée, filtrez et mélangez la solution au sirop de sucre.

20 de ce sirop contiennent 0,20 de pyrophosphate (Codex).

Mêmes observations que pour le sirop de citrate de fer. (Voyez *ce Sirop*.)

Sirop de quinquina

Quinquina jaune en poudre fine .   100
Alcool à 30°   1000
Eau distillée ....   Q. S.
Sucre blanc   1000

Traitez la poudre de quinquina par déplacement au moyen de l'alcool d'abord et ensuite au moyen de l'eau, de manière à obtenir en tout 1000 de colature. Distillez au bain-marie pour retirer l'alcool; laissez refroidir; filtrez en recevant la liqueur sur le sucre concassé. Achevez ce sirop à une douce chaleur de manière à obtenir 1525 de produit.

Préparez de la même manière le sirop de Quinquina gris, en employant le double de quinquina pour la même quantité des autres substances (Codex).

A cette formule je préfère la suivante qui donne un sirop mieux dosé et plus coloré :

    Quinquina Calysaya en poudre demi-fine.   90
    Alcool à 50°.................................   900
    Eau..   Q. S.
    Sucre blanc très propre.....................   980

Traitez le quinquina par déplacement, d'abord avec l'alcool, puis avec l'eau, pour obtenir 1000 de liquide. Distillez au bain-marie pour retirer l'alcool, et dès que la distillation est terminée, faites fondre dans le liquide du bain-marie 200 de sucre. Après refroidissement, filtrez au-dessus d'une bassine contenant le reste du sucre cassé. Faites fondre à une chaleur modérée et laissez sur le feu jusqu'à ce que le poids du sirop soit de 1500.

100 de ce sirop représentent 6 de quinquina jaune.

L'alcool à 50° épuise mieux le quinquina, et l'addition du sucre avant la filtration (conseillée par M. Breton) donne un sirop plus coloré.

Sirop de quinquina ferrugineux

    Citrate de fer ammoniacal........   10
    Eau distillée.....................   20
    Sirop de quinquina au vin........   970

Faites dissoudre le sel dans l'eau, filtrez et mêlez au sirop.

20 de ce sirop contiennent 0,20 de citrate de fer.

Voyez *Sirop de citrate de fer*.

Sirop de quinquina iodé

    Iode......................   1
    Alcool à 90°..............   14
    Sirop de quinquina........   985

Mêlez.

31

Au bout de vingt-quatre heures la combinaison est achevée et le sirop a repris son aspect primitif.

100 de ce sirop contiennent 0,10 d'iode.

Sirop de quinquina au vin

Extrait de quinquina jaune....... 10
Vin de grenache................. 430
Sucre blanc..................... 560

Faites dissoudre l'extrait dans le vin : filtrez, ajoutez le sucre et faites un sirop par simple solution en vase clos, au bain-marie.

Passez le sirop lorsqu'il est refroidi.

20 de ce sirop contiennent 0,20 d'extrait de quinquina (Codex).

Ne serait-il pas préférable de dissoudre l'extrait dans 300 de vin, de filtrer au-dessus d'un vase taré contenant le sucre, de verser sur le même filtre Q. S. de vin pour compléter 1000 et de faire fondre au bain-marie couvert ?

Sirop de raifort iodé

Iode...................... 1
Alcool à 90°.............. 14
Sirop antiscorbutique...... 985

Faites dissoudre l'iode dans l'alcool et mêlez le soluté au sirop. Au bout de vingt-quatre heures la combinaison est complète.

20 de ce sirop renferment 0,02 d'iode.

Mon ami Lebaigue et moi avons fait la remarque, qui a dû être faite par d'autres, que ce sirop prenait au bout d'un certain temps une odeur, une saveur, un aspect tout différent de celui que possède le sirop antiscorbutique.

Cet effet serait dû, selon nous, à l'action de l'iode sur les essences de crucifères, ce qui ne serait pas sans inconvénient au point de vue thérapeutique.

Pour éviter cet inconvénient, versez dans le sirop chaud obtenu dans la préparation du sirop antiscorbutique la solution alcoolique d'iode, et ajoutez la liqueur aromatique avant complet refroidissement. Il est nécessaire d'opérer dans un vase en verre bouché.

Le sirop ainsi préparé conserve les propriétés physiques et organoleptiques du sirop antiscorbutique.

Sirop de ratanhia

```
Extrait de ratanhia.....    25
Sirop de sucre ........   975
```

Faites dissoudre à chaud l'extrait dans le double de son poids d'eau distillée : ajoutez le soluté au sirop bouillant. Continuez à chauffer jusqu'à ce que le tout soit ramené au poids de 1000, passez.

20 de sirop de ratanhia contiennent 0,50 d'extrait de ratanhia (Codex).

Préparez de même les sirops de Cachou, Monésia, Thridace.

Le sirop de ratanhia pourrait s'obtenir plus facilement en employant un soluté d'extrait d'après la formule ci-dessous :

```
Soluté d'extrait de ratanhia au 1/4.   100
Sirop de sucre ...................   900
```

Mêlez.

Voyez *Soluté d'extrait de ratanhia au 1/4*.

Sirop de rhubarbe

```
Rhubarbe de Chine divisée ....   168
Eau ........................   950
```

Alcool à 90°................... 50
Sucre blanc bien propre ...... Q. S.

Faites macérer pendant cinq jours la rhubarbe dans le mélange d'eau et d'alcool, en agitant de temps en temps, exprimez fortement, filtrez et, par 100 de liquide obtenu, ajoutez 180 de sucre que vous ferez fondre dans un vase couvert au bain-marie.

100 de ce sirop représentent 6 de rhubarbe.

Sirop de rhubarbe composé

SIROP DE CHICORÉE COMPOSÉ

Rhubarbe de Chine.............. 200
Racine de chicorée.............. 200
Feuilles de chicorée............. 300
Fumeterre...................... 100
Scolopendre 100
Baies d'alkékenge 50
Cannelle de Ceylan............. 20
Santal citrin 20
Sucre blanc.................... 3000
Eau distillée................... Q. S.

Versez 1000 d'eau à 80° sur la rhubarbe, la cannelle et le santal, préalablement divisés; laissez infuser six heures. Passez avec expression, filtrez au papier dans un endroit frais; faites un sirop à froid avec 180 de sucre pour 100 de colature.

D'autre part, ajoutez au résidu de la première infusion les autres substances convenablement divisées, versez sur le tout 5900 d'eau bouillante, laissez infuser pendant douze heures, passez avec expression et faites avec la colature et le reste du sucre un sirop par coction qui devra marquer bouillant 1,25 au densimètre. Ajoutez le premier sirop, clarifiez à la pâte de papier et passez (Codex).

Cette formule, qui aurait besoin d'être simplifiée, donne un sirop mal dosé et très fermentescible.

Avec la formule et le mode opératoire indiqués ci-dessous, on obtient un sirop mieux dosé et se conservant très bien :

Rhubarbe de Chine concassée....	200
Racine de chicorée...............	200
Feuilles de chicorée.............	300
Fumeterre.......................	100
Scolopendre	100
Baies d'alkékenge...............	50
Cannelle de Ceylan	20
Santal citrin	20
Sucre blanc.....................	3200
Alcool à 90°	Q. S.
Eau	Q. S.

Faites macérer pendant vingt-quatre heures, dans un lieu frais, et en agitant de temps en temps, la rhubarbe dans 1000 d'eau ; exprimez fortement, ajoutez au liquide obtenu le vingtième de son poids d'alcool à 90° et filtrez au papier. D'autre part, réduisez en poudre demi-fine la racine et les feuilles de chicorée, le fumeterre, la scolopendre et les baies d'alkékenge ; mêlez le tout et introduisez cette poudre dans un appareil à déplacement dont la douille sera garnie de coton.

Versez sur cette poudre un litre d'eau, dans laquelle vous aurez délayé le résidu de rhubarbe. Lorsque les dernières couches de ce liquide disparaîtront, ajoutez de l'eau et fermez le robinet de l'appareil dès que l'écoulement se produira. Au bout de douze heures, ouvrez le robinet et recueillez 4000 de colature.

Faites fondre à froid, dans le macéré de rhubarbe filtré, son poids de sucre, et, avec le restant de celui-ci et le liquide obtenu par déplacement, faites à feu nu un sirop que vous concentrerez jusqu'à ce que son poids soit de 5000, moins le poids du soluté de sucre dans le macéré de rhubarbe. Versez alors le sirop dans le bain-marie de la cucurbite ; ajoutez la cannelle et le santal divisés et, lorsque la température se sera beaucoup abaissée, ajoutez le macéré de rhubarbe additionné de sucre. Après refroidissement complet, filtrez au papier ou à la chausse.

Évitez de remuer le sirop lorsqu'il est sur le point de bouillir, afin de permettre aux écumes de se rassembler à la surface du liquide. On les enlève alors très facilement.

100 de sirop ainsi préparé représentent 4 de rhubarbe.

Sirop de safran

> Safran................ 25
> Vin de grenache..... 440
> Sucre blanc......... 560

Incisez le safran et faites-le macérer dans le vin pendant vingt-quatre heures ; exprimez. Lavez le marc avec une quantité de vin suffisante pour produire avec la colature déjà obtenue 440 de liquide filtré ; ajoutez le sucre, et faites en vase clos, au bain-marie, un sirop que vous passerez lorsqu'il sera refroidi.

20 de ce sirop contiennent les parties solubles de 0,50 de safran (Codex).

Afin de mieux épuiser le safran, ne serait-il pas préférable de le faire macérer dans la moitié du vin, d'exprimer avec une spatule sur une passoire métallique, de faire une seconde macération avec l'autre moitié, et de verser sur le résidu de la seconde expression Q. S. de vin pour obtenir 440 de liquide filtré ?

Sirop de salsepareille

Racine de salsepareille mondée..... 1000
Sucre blanc........................ 2000
Eau distillée...................... Q. S.

Prenez la salsepareille mondée de ses souches, fendez les brins dans le sens de la longueur, et coupez-les en morceaux de deux à trois centimètres, dépoudrez-les au moyen d'un crible, et prenez-en 1000. Faites deux digestions successives et prolongées, pendant six heures chacune, dans de l'eau à 80°, en quantité suffisante pour recouvrir chaque fois la salsepareille. Passez le produit de chaque digestion à travers un tamis de crin ; laissez déposer, décantez, puis faites évaporer les liqueurs en commençant par la dernière. Lorsque la totalité du liquide sera réduite à 1000, clarifiez au blanc d'œuf et passez à travers une étamine de laine. Enfin, ajoutez le sucre, et faites par coction et clarification un sirop marquant bouillant 1,26 au densimètre (Codex).

Pourquoi ne faire que deux digestions pour ce sirop et en faire trois pour le sirop de salsepareille composé ?

Voyez, pour ce mode opératoire, les observations faites sur le sirop de salsepareille composé.

Sirop de salsepareille composé

SIROP DE CUISINIER, SIROP DÉPURATIF, SIROP SUDORIFIQUE

Salsepareille fendue et coupée... 1000
Pétales de rose pâle.............   60
Fruits d'anis vert...............   60
Fleurs sèches de bourrache   60
Feuilles de séné.................   60
Eau .... Q. S.

Miel blanc...................... 1000
Sucre blanc 1000

Versez sur la salsepareille une quantité d'eau à 80° suffisante pour la recouvrir. Faites trois digestions successives de six heures chacune. Recueillez à part le produit de la troisième digestion, portez-le à l'ébullition, et jetez-le sur les autres substances. Laissez infuser pendant douze heures, exprimez et passez.

D'autre part, évaporez les premières liqueurs, et, lorsqu'elles seront réduites à 500, ajoutez la colature, produit de l'infusion des autres substances. Continuez l'évaporation pour obtenir 2000 de liqueur, clarifiez au blanc d'œuf et passez à l'étamine. Ajoutez au liquide ainsi obtenu le sucre et le miel, et faites un sirop par coction et clarification, marquant bouillant 1,28 au densimètre (Codex).

A ce mode opératoire, qui a donné lieu à beaucoup de critiques, ne pourrait-on substituer le suivant :

Coupez la salsepareille privée de souche et non fendue en morceaux de cinq à six centimètres de longueur ; humectez-la avec environ 250 d'eau. Après vingt-quatre heures de séjour dans la cuve, contusez-la dans un mortier en fer, afin de l'écraser aussi complètement que possible. Mettez-la dans le bain-marie avec 4000 d'eau ; plongez celui-ci dans la cucurbite contenant de l'eau et chauffez. Dès que le liquide du bain-marie est à 80°, enlevez ce dernier, retirez le feu, et remettez le bain-marie dans la cucurbite placée sur le fourneau. Après six heures de digestion, exprimez fortement à la presse. Avec le résidu de l'expression qu'on divise à la main et le liquide obtenu, faites une seconde, puis une troisième digestion, en opérant exactement comme pour la première. Après la troisième expression, la salsepareille restant imprégnée d'un liquide chargé de principe actif, versez dessus 1000 d'eau à 80°, et exprimez après trois heures de contact. Mettez à part cette dernière liqueur. Versez dans le bain-marie le liquide provenant des trois premières digestions, ajoutez l'anis contusé, les fleurs de bourrache et les roses pâles ; faites digérer pendant six heures à une température ne dépassant pas 80° ; exprimez. Versez sur le résidu, divisé à la main, le liquide, préalablement chauffé à 80°, provenant du dernier traitement de la salsepareille ; laissez trois heures et exprimez fortement. Réunissez toutes les liqueurs et clarifiez-les « per descensum », en ayant la précaution de passer à la chausse d'abord le liquide clair et de verser le dépôt en dernier. Mettez la liqueur clarifiée, le sucre et le miel, dans une bassine ; chauffez ; au premier bouillon écumez et passez à la chausse. Remettez le sirop sur le feu et concentrez-le jusqu'à ce qu'il marque bouillant 1,28 au densimètre.

La contusion réduisant le volume de la salsepareille, il faut moins d'eau pour la traiter, et elle cède plus facilement ses principes solubles. En outre, je me suis assuré, au moyen d'un densimètre très sensible, qu'après chaque traitement la densité du liquide avait augmenté et que celui-ci, réduit au poids de 2000, avait une densité supérieure au même liquide provenant du traitement de la salsepareille par le procédé du Codex. Enfin, le sirop obtenu par ce procédé n'a pas le goût de brûlé que possède toujours celui du Codex.

On pourrait se servir de salsepareille contusée pour la préparation du sirop de salsepareille simple.

Sirop de stigmates de maïs

Extrait aqueux de stigmates de maïs...... 25
Sirop de sucre 975

Faites dissoudre au bain-marie l'extrait dans le sirop. Filtrez, si vous voulez obtenir un produit clair.

Sirop de sucre

SIROP SIMPLE

Sucre blanc.......... 1700
Eau distillée.......... 1000

Cassez le sucre en morceaux, mettez-le dans une bassine avec l'eau, puis chauffez jusqu'à ébullition, et passez au premier bouillon ou filtrez (Codex).

Ce sirop ne doit pas toujours avoir le même degré de concentration. Il vaudrait mieux employer 1800 de sucre, 1060 d'eau environ et concentrer le sirop sans l'écumer, jusqu'à ce que son poids soit de 2800 ; écumer et filtrer.

Sirop de sucre préparé à froid

Sucre très blanc 1800
Eau distillée........ 1000

Faites dissoudre à froid et filtrez (Codex).

Sirop de sulfate de quinine

SIROP DE QUININE.

Sulfate de quinine 0,50
Acide sulfurique dilué............ 0,60
Eau distillée..................... 4
Sirop de sucre préparé à froid..... 95

Délayez, dans un mortier, le sulfate dans l'eau ; ajoutez l'acide pour dissoudre le sel, puis le sirop. Mêlez.

20 de ce sirop contiennent 0,10 de sulfate de quinine (Codex).

Sirop de sulfate de strychnine

Sulfate de strychnine cristallisé...   .0,05
Eau distillée......................   4
Sirop de sucre préparé à froid....   196

Faites dissoudre dans un mortier le sulfate dans l'eau, ajoutez le sirop et mêlez.

20 de ce sirop contiennent 0,005 de sulfate de strychnine.

Sirop de tartrate ferrico-potassique

Tartrate ferrico-potassique en paillettes.   25
Eau distillée........................   25
Sirop de sucre préparé à froid..........   950

Dissolvez le sel dans l'eau; filtrez et mélangez le soluté avec le sirop.

20 de ce sirop contiennent 0,50 de tartrate ferrico-potassique.

Préparez de même le sirop de tartrate de fer ammoniacal. (Voyez *Sirop de citrate de fer.*) (Codex).

Sirop de térébenthine

Térébenthine au citron...   100
Sirop de sucre...........   1000

Mettez la térébenthine et le sirop dans un pot en faïence couvert, et faites digérer au bain-marie pendant deux heures, en remuant fréquemment avec une spatule; à la fin de l'opération, ajoutez une petite quantité d'eau, si cela est nécessaire, pour rétablir le poids primitif. Laissez refroidir, afin de séparer plus facilement la térébenthine, et filtrez le sirop au papier (Codex).

La proportion de térébenthine n'est-elle pas un peu forte ?

En opérant dans un ballon, le sirop se sature plus rapidement et plus complètement. (Voyez *Sirop de baume de Tolu.*)

Sirop de valériane

        Extrait de valériane........   40
        Eau distillée de valériane....   1000
        Sucre blanc....................   1800

Dissolvez l'extrait dans l'eau distillée, filtrez ; faites dissoudre le sucre dans le soluté, en vase clos, au bain-marie (Codex).

A cette formule, qui donne un sirop mal dosé, ne pourrait-on substituer la suivante :

        Extrait de valériane........   42
        Eau distillée de valériane....   Q. S.
        Sucre blanc....................   1800

Faites dissoudre l'extrait dans 500 d'eau de valériane ; filtrez, versez sur le filtre Q. S. d'eau de valériane pour obtenir 1000 de liquide ; ajoutez le sucre et faites un sirop au bain-marie dans un vase couvert.

20 de ce sirop contiennent 0,30 d'extrait de valériane, tandis que celui du Codex en contient un peu plus de 0.285.

Sirop de vinaigre

        Vinaigre blanc......   1000
        Sucre blanc.........   1750

Concassez le sucre et faites dissoudre en vase clos, dans

le vinaigre, à une douce chaleur. Laissez refroidir et passez (Codex).

Il faut se servir de vases en porcelaine ou en verre pour préparer ce sirop.

Sirop de vinaigre framboisé

    Sirop de vinaigre............ 1000
    Sirop de framboise.......... 1000

Mêlez.

Sirop de violettes

    Pétales de violettes frais et mondés.. 1000
    Eau distillée........................ Q. S.
    Sucre blanc.......................... 3800

Passez les pétales de violettes au crible, afin de séparer les onglets et portions de calice ; mettez-les dans un bain-marie en étain fin, et ajoutez une quantité suffisante d'eau distillée bouillante pour que l'ensemble des pétales et de l'eau pèse 3000.

Après douze heures d'infusion, passez avec expression à travers un linge préalablement lavé à l'eau chaude, de manière à retirer 2100 de liquide ; laissez déposer celui-ci, décantez, ajoutez le sucre cassé par morceaux et faites un sirop par simple solution au bain-marie couvert (Codex).

La valeur thérapeutique de ce sirop n'est pas en rapport avec son prix élevé, aussi est-il peu employé. Pour l'usage médical ne serait-il pas préférable de le préparer, comme le sirop de capillaire, par macération, mais en opérant la macération et la fonte du sucre dans des vases en étain ?

SOLUTÉS

Toute substance dissoute dans un liquide constitue un soluté. Sous ce nom le Codex donne les formules des solutés qui ne sont employés qu'en médecine.

Soluté d'acide arsénieux

LIQUEUR DE BOUDIN

Acide arsénieux............... 1
Eau distillée.................. Q. S.

Introduisez dans un ballon en verre l'acide arsénieux avec 500 d'eau distillée et faites bouillir jusqu'à dissolution complète. Après refroidissement, ajoutez Q. S. d'eau pour obtenir exactement 1000 de liquide.

10 de ce soluté contiennent 0,01 d'acide arsénieux (Codex).

Soluté d'arséniate de soude

LIQUEUR DE PEARSON

Arséniate de soude cristallisé... 1
Eau distillée................:.. 600

Dissolvez et filtrez (Codex).

Soluté d'arsenite de potasse

LIQUEUR DE FOWLER

Acide arsénieux................ 1
Eau distillée.................. 95
Carbonate de potasse pur 1
Alcoolat de mélisse composé.... 3

Introduisez dans un ballon en verre l'acide, le carbonate et l'eau. Faites bouillir jusqu'à dissolution complète. Ajoutez, après refroidissement, l'alcoolat et une quantité d'eau distillée suffisante pour obtenir 100 de liqueur ; filtrez (Codex).

Soluté de bichlorure de mercure

LIQUEUR DE VAN-SWIETEN

Bi-chlorure de mercure.............   1
Alcool à 90°......................   100
Eau distillée.....................   900

Dissolvez le bichlorure de mercure dans l'alcool et ajoutez l'eau distillée (Codex).

Soluté de Boutigny

Sel de Boutigny...........   1
Eau distillée............. 1000

Dissolvez et filtrez.

Soluté de chlorhydrate de morphine

POUR INJECTIONS HYPODERMIQUES

Chlorhydrate de morphine........   1
Eau distillée....................   24

Faites dissoudre et filtrez.

Cinq gouttes contiennent 0,01 de chlorhydrate de morphine (Codex).

Soluté d'iode ioduré

Iode sublimé 5
Alcool à 90°................. 50
Iodure de potassium........ 5
Eau distillée............... 90

Faites dissoudre l'iode et l'iodure dans l'alcool et ajoutez l'eau (Codex).

Soluté de phosphate de chaux créosoté

Créosote de hêtre........................... 3
Soluté de phosphate monocalcique au 1/5.. 150
Alcool à 90° 27
Eau distillée............................... 820

Dissolvez la créosote dans l'alcool, mêlez au soluté de phosphate et ajoutez l'eau distillée. Agitez.

Soufre sublimé lavé

FLEUR DE SOUFRE LAVÉE

Fleur de soufre du commerce... Q. V.

Mêlez la fleur de soufre avec une petite quantité d'eau, de manière à en faire une pâte molle que vous délayerez avec de l'eau bouillante; laissez déposer. Décantez le liquide surnageant; remplacez-le par de nouvelle eau chaude. Continuez ainsi jusqu'à ce que l'eau de lavage ne rougisse plus le papier de tournesol; jetez alors le soufre sur une toile; faites-le égoutter et sécher. Passez enfin au tamis de soie n° 100 pour séparer les parties grossières que la fleur de soufre du commerce renferme toujours (Codex).

SPARADRAPS

On donne ce nom à des bandes de tissu, le plus souvent en coton, enduites d'un côté d'une couche de masse emplastique. La toile de mai seule est enduite des deux côtés.

La couche d'emplâtre doit être bien uniforme et assez souple pour ne pas se briser ni se détacher du tissu lorsqu'on plie celui-ci.

On étend l'emplâtre au moyen du sparadrapier ou d'un couteau à lame émoussée. Dans tous les cas l'emplâtre ne doit pas être coulé trop chaud, afin d'éviter qu'il ne traverse le tissu, et la règle du sparadrapier ou la lame du couteau doit être légèrement chauffée pour donner le poli à la surface de l'enduit.

Sparadrap de cire

TOILE DE MAI

Cire blanche	200
Huile d'amande douce	100
Térébenthine du mélèze	25

Faites liquéfier les matières au bain-marie, et plongez-y entièrement des bandes de toile fine, longues d'un mètre et larges de quinze centimètres. Retirez chacune de ces bandes en la saisissant par deux coins, et faites-la passer en même temps, avec une expression modérée, entre deux règles, pour faire tomber l'excédent de la masse emplastique.

On peut aussi ne recouvrir qu'une seule face du tissu à la manière des autres sparadraps (Codex), ce qui serait préférable.

Sparadrap diachylon gommé

Emplâtre diachylon gommé............ Q. V

Liquéfiez l'emplâtre sur un feu doux et étendez-le sur des bandes de toile au moyen d'un couteau en fer ou d'un sparadrapier (Codex).

Sparadrap diapalme

Emplâtre diapalme 1200
Huile d'olive 100
Cire blanche 100
Térébenthine de mélèze.......... 200

Faites fondre les trois premières substances à une douce chaleur, en agitant continuellement. Ajoutez la térébenthine et étendez sous forme de sparadrap (Codex).

Sparadrap mercuriel

SPARADRAP DE VIGO

Emplâtre mercuriel 500
Huile d'olive .... Q. S.

Faites fondre à une douce chaleur, dans un vase en terre ou en fer non étamé, en agitant continuellement, et étendez sur des bandes de toile.

L'addition de l'huile n'est nécessaire qu'autant que l'emplâtre n'est pas récemment préparé ou que la température est très basse

Préparez de même le sparadrap de Ciguë (Codex).

Sparadrap de thapsia

THAPSIA

Cire jaune......................	420
Colophane.....................	150
Poix de Bourgogne...........	150
Térébenthine cuite...........	150
Térébenthine du mélèze......	50
Glycérine.....................	50
Résine de thapsia............	75

Faites fondre ensemble les cinq premières substances, et passez-les à travers un linge. Entretenez-les liquéfiées sur un feu très doux, et ajoutez-y la glycérine et la résine de thapsia en consistance de miel. Lorsque le mélange sera homogène, étendez-le sur des bandes de toile, comme pour le sparadrap ordinaire (Codex).

Cette formule et ce mode opératoire laissent à désirer.

Sparadrap vésicant

TOILE VÉSICANTE

Cire jaune...............	250
Poix noire...............	250
Colophane...............	250

Faites fondre à feu nu, passez à travers une toile, ajoutez à la masse un peu refroidie :

Huile d'olive.....................	20
Glycérine.......................	40
Térébenthine du mélèze..........	40

et enfin, en remuant continuellement :

Cantharides en poudre demi-fine..	400

Mettez le tout au bain-marie pendant une demi-heure environ, puis étendez cette masse emplastique, soit au couteau, soit au sparadrapier, sur des bandes de toile cirée (Codex).

Pourquoi les cantharides n'entrent-elles pas pour un tiers dans cette préparation, comme dans l'emplâtre vésicatoire? On aurait une masse emplastique toujours identique, et il ne serait pas nécessaire de passer à travers un linge les trois premières substances en employant de la poix noire purifiée.

SUCS VÉGÉTAUX

On nomme ainsi les liquides extraits mécaniquement des différentes parties charnues des végétaux.

Suivant leur provenance, on les divise en sucs herbacés et en sucs de fruits.

Pour obtenir les sucs, on commence par diviser les substances végétales, soit en les écrasant sur un tamis de crin, soit en les pilant dans un mortier, soit en les râpant; puis on exprime fortement à la presse.

Les substances herbacées, après avoir été exprimées fortement, donnent de nouvelles quantités de suc si on les pile et si on les exprime à nouveau.

Pour faciliter l'écoulement de certains sucs de fruits, on mêle la pulpe de ceux-ci avec de la paille hachée et lavée avant de les presser.

On clarifie les sucs herbacés suivant l'usage auquel on les destine, soit en les filtrant au papier dans un endroit frais, soit en les chauffant pour coaguler l'albumine avant de les filtrer. On cesse de les chauffer dès qu'on voit l'albumine nager dans un liquide clair.

La clarification des sucs de fruits se fait en les soumettant à une légère fermentation, puis en les filtrant.

Il faut éviter de mettre les sucs de fruits acides en contact avec le fer et le cuivre, qu'ils attaquent, et l'étain, qui les fait virer au violet.

Les sucs des fruits rouges sont plus colorés si on n'exprime leur pulpe qu'après la fermentation.

On conserve les sucs par la méthode d'Appert; mais les sirops de fruits préparés avec les sucs frais sont bien supérieurs à ceux qu'on obtient avec les sucs conservés.

Suc d'asperge

Turions d'asperge....   Q. V.

Rejetez toutes les parties blanches des asperges; pilez les turions; exprimez fortement; chauffez le suc pour coaguler l'albumine et filtrez.

Suc de bourrache

Feuilles fraîches de bourrache..   Q. V.

Contusez les feuilles dans un mortier en marbre, et quand elles sont réduites en une sorte de pulpe, ajoutez la cinquième partie de leur poids d'eau pour en extraire facilement le suc. Exprimez et filtrez (Codex).

On prépare de même les sucs de Chou rouge et de Noyer.

Suc de cerise

Cerises rouges.......... 1000
Merises................ 100

Écrasez avec les mains, sur un tamis de crin placé au-dessus d'une terrine, les fruits mondés de leurs pédoncules et exprimez la pulpe. Laissez le suc fermenter dans un endroit frais (de 12 à 15 degrés au-dessus de zéro) jusqu'à ce qu'il soit éclairci, ce qui exige vingt-quatre heures environ. Passez le suc à la chausse ou filtrez-le au papier, en ayant soin de ne verser le dépôt qu'en dernier.

On prépare de même les sucs de : Airelle, Berberis, Verjus, Merise.

Le suc est plus coloré si on exprime la pulpe après la fermentation.

Suc de citron

Citrons choisis....... Q. V.

Séparez avec soin toute l'écorce des citrons et les semences ; exprimez les fruits dans un linge ou à la presse. Laissez le suc s'éclaircir pendant trois à quatre jours dans un endroit frais et filtrez.

Préparez de même le suc d'orange douce (Codex).

Suc de coing

Coings un peu avant leur maturité parfaite.   Q. V.

Essuyez les coings avec un linge rude pour enlever le duvet qui les recouvre ; réduisez en pulpe, au moyen de la râpe à sucre, toute la partie charnue et soumettez cette pulpe à la presse. Abandonnez le suc à un léger mouvement de fermentation jusqu'à ce qu'il soit éclairci, puis filtrez-le au papier (Codex).

Préparez de même les sucs de Pomme et de Concombre.

Suc de cresson

Feuilles fraîches de cresson...   Q. V.

Contusez les feuilles dans un mortier de marbre. Exprimez le suc et filtrez (Codex).

Préparez de même les sucs de Belladone, Cerfeuil, Chicorée, Ciguë, Cochléaria, Fumeterre, Jusquiame, Laitue vireuse, Mercuriale, Stramonium et autres plantes herbacées.

On clarifie souvent ces sucs en les chauffant pour coaguler l'albumine avant de les filtrer.

Pour ceux qui contiennent des principes volatils, on coagule l'albumine en les chauffant au bain-marie dans des vases couverts, et on les filtre après refroidissement.

On obtient plus de suc des plantes herbacées en les pilant et en les exprimant deux fois.

Suc de framboise

Framboises..............   1000
Cerises rouges acides......   250

Séparez les pédoncules des cerises, écrasez les fruits à la main, sur un tamis de crin placé au-dessus d'une terrine destinée à recevoir le suc. Soumettez le marc à la presse ; mélangez les différentes parties de suc obtenu, et portez dans un lieu frais (de 12 à 15 degrés au-dessus de zéro). Lorsque la séparation de la partie gélatineuse sera effectuée et que le suc sera suffisamment éclairci, passez dans une chausse avec une légère expression (Codex).

Préparez de même, mais sans addition de cerises, le suc de Mûre.

Suc de grenade

Grenades privées de leur écorce...   Q. V.

Écrasez la chair des grenades sur un tamis de crin et recevez le suc dans une terrine. Soumettez le marc à la presse. Les deux sucs étant réunis, laissez fermenter le tout pendant deux jours environ dans un lieu frais. Quand le liquide sera éclairci, décantez et filtrez au papier (Codex).

Suc de groseille

Groseilles rouges.......... 1000
Cerises rouges acides...... 100
Merises................. 50

Écrasez les fruits à la main sur un tamis de crin placé sur une terrine destinée à recevoir le suc; soumettez le marc à la presse et réunissez les deux sucs que vous porterez dans un lieu frais (de 12 à 15 degrés au-dessus de zéro). Lorsque la masse gélatineuse sera bien réunie à la partie supérieure du liquide, et que celui-ci sera éclairci, passez à la chausse en versant le suc en premier lieu et en faisant égoutter ensuite, aussi complètement que possible, dans la chausse, la masse gélatineuse.

Pour obtenir le suc de groseille framboisé ajoutez aux autres fruits 100 de framboises (Codex).

On obtient plus de suc, et il est plus coloré, en exprimant après la fermentation.

Suc d'herbes

Feuilles fraiches de chicorée...... 100
   »   »   cresson....... 100
   »   »   laitue 100
   »   »   fumeterre 100

Contusez ces plantes dans un mortier en marbre; exprimez le suc et filtrez-le au papier dans un endroit frais (Codex).

Suc de nerprun

Fruits de nerprun en maturité..   Q. V.

Écrasez les fruits avec les mains et abandonnez le tout à la fermentation jusqu'à ce que le suc soit éclairci, ce qui exige trois ou quatre jours environ. Passez alors avec expression et filtrez à la chausse.

Préparez de même les sucs de Fruits d'hièble, Fruits de sureau. (Codex.)

Sulfate de quinine basique

SULFATE DE QUININE DU CODEX DE 1866

SULFATE DE QUININE OFFICINAL

Éq. : $C^{40} H^{21} Az^2 O^4 SO^3 HO; 7$ aq $= 436$

P. at. $(C^{20} H^{25} Az^2 O^2) SO^4 H^2 + 7 H^2 O = 872$

Un gramme de ce sel se dissout dans 755 d'eau à $+ 15$, 30 d'eau bouillante, 80 d'alcool à 80°, 60 d'alcool absolu et 36 de glycérine pure. Ce sulfate est insoluble dans l'éther et dans le chloroforme.

Cent grammes de sulfate de quinine officinal contiennent :

Quinine, 74,31 ; acide sulfurique monohydraté, 11,24 ; eau de cristallisation, 14,45.

Sulfate de quinine neutre

SULFATE ACIDE DE QUININE DU CODEX DE 1866

$$\text{Eq. : } C^{40} H^{24} Az^3 O^4 2 (SO^3 HO) ; 14 \text{ aq} = 548$$
$$\text{E. at. } C^{30} H^{34} Az^3 O^2 SO^4 H^2 + 7 H^2 O = 548$$

Sulfate officinal	100
Acide sulfurique dilué	120
Eau distillée	Q. S.

Délayez le sulfate dans Q. S. d'eau distillée ; ajoutez l'acide et évaporez au bain-marie jusqu'à cristallisation. Laissez refroidir dans un endroit frais.

Un gramme de ce sel se dissout dans 10,9 d'eau à + 15.

Cent grammes de sulfate de quinine neutre contiennent :

Quinine, 59,12 ; acide sulfurique monohydraté, 17,89 ; eau de cristallisation, 22,99.

Sulfure sulfuré de calcium

DÉPILATOIRE MARTIN

Chaux récemment éteinte	200
Eau	300

Délayez la chaux avec l'eau et faites passer dans ce mélange un courant d'acide sulfhydrique jusqu'à saturation complète, en ayant le soin d'agiter fréquemment le mélange pendant l'opération.

Enfermez ce produit dans des flacons bien bouchés.

Sulfure (tri) de potassium solide

SULFURE DE POTASSE, POLYSULFURE DE POTASSIUM

FOIE DE SOUFRE

Carbonate de potasse.......... 2000
Soufre sublimé................ 1000

Chauffez dans une marmite en fonte munie de son couvercle le mélange intime de ces deux substances en remuant de temps en temps afin d'activer la combinaison. Lorsque celle-ci sera terminée et que le sulfure sera liquéfié, coulez-le sur un marbre ou sur une plaque de fonte légèrement huilée. Dès que le produit se sera solidifié, brisez-le en fragments que vous enfermerez dans des pots bien bouchés.

SUPPOSITOIRES

Médicaments de forme conique destinés à être introduits dans l'anus.

On les fait du poids de 4 grammes pour les adultes et de 2 grammes pour les enfants.

Les substances qui servent à les préparer sont généralement des corps gras très fermes, comme le beurre de cacao et le suif, auxquels on ajoute souvent des substances médicamenteuses.

Suppositoires d'aloès

Aloès en poudre très fine........ 0,50
Beurre de cacao................ 3,50

Faites fondre le beurre de cacao au bain-marie, ajoutez l'aloès dès que le corps gras aura perdu sa transparence par le refroidissement ; mêlez et coulez dans un moule en papier ayant la forme d'un cône allongé.

Ce mode opératoire ne serait pas pratique si on avait plusieurs suppositoires à préparer.

Il serait préférable, dans ce cas, de ramollir le beurre de cacao en le pilant dans un mortier en porcelaine avec un pilon en bois, d'y incorporer l'aloès et de rouler la masse sur une planchette saupoudrée de lycopode, pour la mettre en cylindre allongé, qu'on diviserait en autant de parties égales qu'on aurait de suppositoires à faire. Il ne resterait plus qu'à rouler chacun de ces morceaux pour lui donner la forme conique.

M. Berquier, pharmacien à Provins, mon ancien collègue des hôpitaux, a imaginé un appareil très ingénieux et très commode qui donne, avec la masse obtenue à l'aide du mortier, des suppositoires bien moulés.

Suppositoires d'antipyrine

Antipyrine.................... 1
Beurre de cacao.............. 3

Incorporez l'antipyrine au beurre de cacao au moyen du mortier et faites avec la masse un suppositoire.

Suppositoires au beurre de cacao

Beurre de cacao......... 4

Faites fondre le beurre de cacao au bain-marie, et

lorsqu'il aura perdu sa transparence, coulez-le dans un moule en papier fort ayant la forme d'un cône allongé.

Préparez de la même manière les suppositoires au suif.

On peut préparer les suppositoires au beurre de cacao en ramollissant celui-ci dans un mortier, comme nous l'avons indiqué en parlant des suppositoires d'aloès.

Suppositoires à l'extrait de ratanhia

Extrait de ratanhia pulvérisé..... 1

Beurre de cacao................. 3

Opérez comme pour le suppositoire d'aloès.

Voyez les observations que nous avons faites pour ce dernier.

Suppositoires à la glycérine

Glycérine............ 100

Savon............... 10

Beurre de cacao...... 50

Dissolvez au bain-marie le savon dans la glycérine, ajoutez le beurre, faites fondre, et agitez jusqu'à ce que le mélange soit en consistance convenable pour être coulé dans des moules.

Suppositoires d'iodoforme

Iodoforme pulvérisé.......... 1

Beurre de cacao.............. 19

Ramollissez le beurre de cacao dans un mortier, incorporez-y l'iodoforme et divisez en cinq suppositoires.

Voyez *Suppositoires d'aloès*.

Suppositoires au miel

Miel blanc .... Q. V.

Faites cuire le miel jusqu'à ce que, répandu en petite quantité sur un marbre, il se solidifie. Coulez alors dans des moules en papier huilé ayant la forme d'un cône allongé.

Suppositoires au savon

Savon médicinal .... Q. V.

Taillez le savon en cône au moyen d'un instrument tranchant.

TEINTURES ALCOOLIQUES

On appelle Teintures alcooliques ou alcoolés des médicaments liquides qui résultent de l'action de l'alcool sur diverses substances (Codex).

Cette définition est un peu vague.

Ne serait-il pas préférable de réserver le nom de teintures alcooliques aux produits obtenus par l'action de l'alcool sur des substances contenant des principes solubles dans ce liquide, et celui d'alcoolés aux dissolutions dans l'alcool de corps complètement solubles dans ce véhicule ?

Il y a de plus cette différence que, dans les teintures préparées avec la même substance, la nature des principes dissous varie avec les degrés de l'alcool employé, tandis que pour les alcoolés la variation ne peut exister que dans la proportion.

Les teintures alcooliques inscrites au Codex se préparent par simple solution ou par macération dans de l'alcool à 60, à 80 ou à 90°, selon la nature des principes à dissoudre.

Conservez les teintures alcooliques dans des flacons bien bouchés et, autant que possible, à l'abri de la lumière.

Teinture d'absinthe composée

ÉLIXIR STOMACHIQUE DE STOUGHTON

Sommités d'absinthe..........	25
Racine de gentiane...........	25
Rhubarbe	25
Cascarille	5
Sommités de chamædris	25
Zestes d'oranges amères.......	25
Aloès	5
Alcool à 60°..................	1000

Faites macérer en vase clos, pendant dix jours, les substances convenablement divisées, en agitant de temps en temps. Passez avec expression. Filtrez (Codex).

Teinture d'aloès composée

ÉLIXIR DE LONGUE VIE

Aloès...................	40
Rhubarbe	5
Safran	5
Thériaque	5

Racine de gentiane......   5
Zédoaire..............   5
Agaric blanc...........   5
Alcool à 60°...........   2000

Faites macérer en vase clos, pendant dix jours, dans l'alcool, les substances convenablement divisées.

Passez avec expression. Filtrez (Codex).

Teinture balsamique

BAUME DU COMMANDEUR DE PERMES

Racine d'angélique............   10
Alcool à 80°..................   720
Sommités fleuries d'hypéricum.   20

Faites macérer pendant huit jours les substances convenablement divisées. Passez avec forte expression. Ajoutez à la liqueur :

Aloès   10
Oliban...........   10
Benjoin..........   60
Myrrhe   10
Baume de Tolu....   60

Faites macérer en vase clos pendant huit jours, en agitant de temps en temps.

Filtrez.

Si on veut obtenir une préparation toujours identique, il faut ajouter les substances pour le second macéré sans passer le premier.

Les poids des substances sont dans des rapports simples avec l'ancienne posologie : une, deux, six, soixante-douze onces. Y aurait-il inconvénient à porter à 3000 la quantité d'alcool et à quadrupler le poids des autres substances ?

Teinture de cannelle

Cannelle de Ceylan en poudre grossière... 100
Alcool à 80°..................................... 500

Faites macérer en vase clos pendant dix jours en agitant de temps en temps. Passez avec expression. Filtrez.

Préparez de même les teintures de : Anis vert, Assafœtida, Badiane, Baume de Tolu, Benjoin, Boldo, Buchu, Cascarille, Cubèbe, Eucalyptus, Euphorbe, Fève de Calabar, Gingembre, Girofle, Gomme ammoniaque, Hellébore blanc, Iris, Matico, Myrrhe, Noix vomique, Orange amère (zeste), Panama (bois), Polygala de Virginie, Pyrèthre (racine), Résine de gayac, Scammonée (Codex).

L'alcool est trop faible pour dissoudre tout le baume de Tolu. Il en est sans doute de même pour le benjoin et la résine de gayac. Pour ces substances il faudrait de l'alcool à 90°.

Teinture de cantharide

Cantharides grossièrement pulvérisées... 10
Alcool à 80° 100

Faites macérer en vase clos pendant dix jours en agitant de temps en temps. Passez avec expression. Filtrez.

Préparez de même les teintures de : Ambre gris, Castoréum, Cochenille, Musc, Safran (incisé), Succin, Vanille (incisée).

La teinture de Safran doit être conservée à l'abri de la lumière (Codex).

Teinture d'extrait d'opium

TEINTURE THÉBAÏQUE, ALCOOLÉ D'EXTRAIT D'OPIUM

    Extrait d'opium....................... 10
    Alcool à 60°.......................... 120

Laissez en contact en vase clos jusqu'à dissolution. Filtrez.

Cet alcoolé devrait être préparé au dixième (10 extrait, 90 alcool); il serait encore moins actif que le laudanum de Rousseau qui contient 12.50 0/0 d'extrait.

Teinture de gentiane

    Gentiane en poudre grossière 100
    Alcool à 60°.......................... 500

Faites macérer en vase clos pendant dix jours en agitant de temps en temps. Passez avec expression. Filtrez.

Préparez de même les teintures de : Absinthe, Aconit (feuilles), Aconit (racines), Aloès, Arnica (fleurs), Belladone (feuilles), Cachou, Chanvre indien, Ciguë, Coca, Colchique (semences), Colombo, Digitale, Gayac (bois), Ipécacuanha, Jaborandi, Jalap, Jusquiame (feuilles), Kino, Kola (noix), Lobélie enflée, Noix de galle, Quassia amara, Quinquina gris, Quinquina jaune, Quinquina rouge, Ratanhia, Rhubarbe, Scille, Séné (feuilles), Stramonium (feuilles), Valériane.

Teinture de gentiane alcaline

ELIXIR AMER DE PEYRILHE

    Gentiane en poudre grossière........., 100
    Carbonate de soude pur cristallisé... 30
    Alcool à 60°.......................... 3000

Faites macérer en vase clos pendant dix jours en agitant de temps en temps. Passez avec expression. Filtrez.

La formule du Codex de 1837 est plus rationnelle :

Gentiane, 30 ; Carbonate de soude, 12 ; Alcool à 60°, 1000.

Alcoolé d'iode, Teinture d'iode

Iode sublimé...   10
Alcool à 90°....   120

Faites dissoudre (Codex).

On peut dissoudre l'iode en le mettant dans un nouet en mousseline, ou mieux, comme l'a imaginé M. Poinceau, pharmacien à Orléans, dans un petit filtre en porcelaine. On suspend l'un ou l'autre à la surface de l'alcool, et la dissolution s'opère seule.

La teinture d'iode étant très altérable, il faut la renouveler souvent et la conserver dans un flacon en verre jaune.

Teinture de jalap composée

EAU-DE-VIE ALLEMANDE

Racine de jalap..............   80
Scammonée d'Alep...........   20
Racine de turbith...........   10
Alcool à 60°..................   960

Faites macérer en vase clos, pendant dix jours, les substances convenablement divisées, en agitant de temps en temps. Filtrez (Codex).

La quantité d'alcool devrait être portée à 1000.

10 correspondrait alors à 0,80 de jalap, 0,20 de scammonée et 0,10 de turbith.

Teinture de quinquina composée

TEINTURE D'HUXHAM, ÉLIXIR FÉBRIFUGE D'HUXHAM

Quinquina rouge........	60
Zestes d'orange amère...	50
Serpentaire de Virginie..	10
Cochenille.............	5
Safran.................	5
Alcool à 80º............	1000

Concassez les substances (sauf le safran), faites macérer le tout pendant dix jours en agitant de temps en temps. Exprimez et filtrez.

Teinture de raifort composée

TEINTURE ANTISCORBUTIQUE

Racine fraîche de raifort.......	200
Chlorhydrate d'ammoniaque...	50
Alcoolat de cochléaria composé.	400
Semences de moutarde noire...	100
Alcool à 60°.................	400

Coupez les racines de raifort en tranches minces, pulvérisez les graines de moutarde et le chlorhydrate d'ammoniaque. Faites macérer en vase clos, pendant dix jours, dans les liquides alcooliques. Passez avec expression. Filtrez (Codex).

Cette préparation, que je n'ai jamais vu employer, devrait être remplacée par une teinture antiscorbutique qui, mélangée au vin blanc, donnerait le vin antiscorbutique.

Teinture de savon

ALCOOLÉ DE SAVON

Savon médicinal râpé et desséché..   100
Alcool à 60°.....................   500

Laissez en contact en vase clos jusqu'à dissolution. Filtrez (Codex).

Teinture de strophantus

Strophantus en poudre grossière.   100
Alcool à 60°.....................   1000

Faites macérer pendant dix jours en agitant de temps en temps. Exprimez et filtrez.

TEINTURES ÉTHÉRÉES

Le véhicule employé pour ces préparations est l'éther à 0,758 de densité, sauf pour la teinture éthérée de cantharide, qui se fait avec l'éther acétique.

Ces teintures se préparent par dissolution, par macération ou par lixiviation.

Par dissolution. — On met les substances et l'éther dans un flacon ; on bouche et on agite.

Par macération. — On opère comme pour les teintures alcooliques ; seulement on n'exprime pas, l'éther étant trop volatil, et la filtration se fait dans un entonnoir couvert.

34

Par lixiviation. — L'appareil dont on se sert se compose d'une allonge, bouchant à l'émeri et munie à la partie supérieure du col d'un robinet destiné à modérer ou à arrêter l'écoulement du liquide. Cette allonge s'adapte à frottement sur un flacon dans lequel tombe l'éther après avoir traversé la poudre.

Pour traiter les substances par déplacement, on met dans l'allonge un peu de coton, puis la poudre qu'on tasse uniformément en frappant légèrement avec la main les parois extérieures de l'allonge; puis on la pose sur son flacon en interposant, entre le col de celui-ci et l'allonge, une petite bande de papier pour permettre la sortie de l'air. On verse alors sur la poudre une quantité d'éther plus que suffisante pour l'imbiber. On bouche l'allonge en interposant également du papier entre l'ouverture supérieure et le bouchon, afin de laisser rentrer l'air. Lorsque l'éther mouille toute la poudre, on ferme le robinet, qu'on ouvre au bout de douze heures pour recueillir la quantité de teinture voulue.

A défaut de l'appareil à déplacement que nous avons décrit plus haut on peut prendre une allonge ordinaire aux deux extrémités de laquelle on adapte un bouchon.

Teinture éthérée d'asa fœtida

Asa fœtida pulvérisée 100
Éther à 0,758 500

Faites macérer en vase clos pendant dix jours en agitant de temps en temps. Filtrez dans un entonnoir couvert (Codex).

Préparez de même les teintures éthérées de Baume de Tolu et de Résines et Gommes résines.

Teinture éthérée de camphre

ÉTHER CAMPHRÉ

Camphre 10
Éther à 0,758 . . . 90

Opérez la dissolution dans un flacon bien bouché (Codex).

Pour camphrer les vésicatoires on se sert d'éther saturé de camphre.

Teinture éthérée de cantharide

Cantharides pulvérisées. 10
Éther acétique 100

Opérez par lixiviation.
Voyez *Teinture éthérée de digitale*.

Teinture éthérée de castoréum

Castoréum pulvérisé 10
Éther à 0,758 100

Opérez comme pour la teinture éthérée d'asa fœtida.

Teinture éthérée de digitale

Feuilles de digitale en poudre demi-fine. 100
Éther à 0,758 500

Traitez par lixiviation avec les précautions indiquées.

Préparez de la même manière les teintures éthérées de : Belladone (feuilles), Ciguë (feuilles), Jusquiame (feuilles), Valériane (Codex).

Dans les notions préliminaires sur les teintures éthérées, le Codex dit de faire passer sur la poudre une quantité suffisante d'éther pour recueillir le poids de teinture indiqué, seulement il a oublié d'indiquer ce poids.

Le Codex de 1866 déplaçait l'éther resté dans la poudre au moyen de l'eau. On pourrait revenir à ce moyen, mais en employant 530 d'éther environ afin de recueillir juste 500 de teinture éthérée.

Térébenthine cuite

Térébenthine de sapin argenté..   100

Mettez la térébenthine dans une bassine en cuivre étamé avec deux ou trois litres d'eau distillée, et faites bouillir jusqu'à ce qu'une portion de résine jetée dans l'eau froide y prenne une consistance plastique dure (Codex).

Thymol

ACIDE THYMIQUE

Eq. $C_{20} H^{14} O^2 = 150$. F. atom. : $C^{10} H_{13} O H = 150$

En cristaux transparents d'une odeur douce, peu différente de celle de l'essence de thym.

Il fond à 44.

Peu soluble dans l'eau, mais se dissolvant facilement dans l'alcool, l'éther et l'acide acétique concentré.

Thymol en solution au 1/1000

Thymol....................... 1
Eau distillée................... 995
Alcool à 90°................... 4

Dissolvez le thymol dans l'alcool, ajoutez l'eau et mê-lez.

TISANES

Les tisanes sont des liquides aqueux, peu chargés de principes actifs, qui s'administrent par tasses.

On les prépare par solution, macération, digestion, infusion ou décoction.

Pour les rendre plus actives on leur ajoute quelquefois certains sels, comme le nitrate de potasse, l'iodure de potassium, etc.

On s'en sert aussi comme véhicule pour faire prendre aux malades des médicaments solubles ou insolubles.

La plupart des tisanes se sucrent, soit avec du sucre ou du miel, soit avec des sirops d'agrément ou médicamenteux.

Le dernier Codex, qu'on pourrait appeler le Codex à l'eau distillée, tant il fait abus de ce liquide, la prescrit pour la préparation des tisanes, ce qui est, pour le moins, tout à fait inutile. Les tisanes se font chez le malade, et jamais un pharmacien n'oserait proposer de l'eau distillée pour les préparer.

Tisane de bourrache

Feuilles sèches de bourrache..   10
Eau bouillante...............   1000

Faites infuser pendant une demi-heure, passez.

Préparez de la même manière les tisanes de : Anis vert, Armoise, Buchu, Capillaire du Canada, Centaurée, Chardon bénit, Chicorée (feuilles), Coca, Eucalyptus, Fumeterre, Guimauve (fleur), Guimauve (racine), Houblon, Jaborandi, Lierre terrestre, Lin, Maïs (stigmates), Mauve (fleur), Pariétaire, Pensée sauvage, Polygala de Virginie, Rose de Provins, Saponaire (feuilles), Scabieuse (feuille), Thé, Tilleul (fleur), Uva ursi, Valériane, Violette.

Tisane de carragaheen

Carragaheen mondé....   5
Eau...................   Q. S.

Lavez le carragaheen à l'eau froide ; faites-le bouillir pendant dix minutes dans la quantité d'eau nécessaire pour obtenir un litre de tisane. Passez.

Tisane de chiendent

Chiendent coupé........   20
Eau....................   Q. S.

Faites bouillir le chiendent pendant une demi-heure dans la quantité d'eau nécessaire pour obtenir un litre de tisane. Passez.

Préparez de même la tisane de Canne de Provence.

Tisane de fruits pectoraux

Fruits pectoraux 50
Eau .... Q. S.

Après avoir enlevé les noyaux des dattes, incisé les jujubes et les figues, faites-les bouillir avec les raisins de
Corinthe, pendant une demi-heure, dans une quantité
d'eau suffisante pour obtenir un litre de liquide. Passez
à travers une étamine.

Tisane de gayac

Bois de gayac râpé .. 50
Eau .... Q. S.

Faites bouillir le bois de gayac pendant une heure
dans une quantité d'eau suffisante pour obtenir un litre
de tisane. Passez, laissez déposer et décantez.

Tisane de gentiane

Gentiane incisée........ 5
Eau 1000

Faites macérer pendant quatre heures et passez.
Préparez de la même manière les tisanes de Quassia
amara, Rhubarbe, Simarouba.

Tisane de gomme

Gomme arabique du Sénégal concassée .. 20
Eau............................... 1000

Lavez la gomme, puis faites-la dissoudre à froid dans
l'eau et passez.

Tisane de lichen

Lichen d'Islande   10
Eau....................   Q. S.

Mettez le lichen dans un demi-litre d'eau, chauffez jusqu'à l'ébullition ; rejetez ce premier liquide. Remettez le lichen sur le feu avec Q. S. d'eau pour obtenir, après une demi-heure d'ébullition, un litre de tisane. Passez.

Tisane d'oranger

Feuilles d'oranger...   5
Eau bouillante......   1000

Faites infuser pendant une demi-heure et passez.

Préparez de la même manière les tisanes de : Absinthe, Arnica (fleur), Bouillon blanc (fleur), Bourrache (fleur), Camomille, Coquelicot, Fleurs pectorales, Hysope, Mélisse, Menthe poivrée, Sauge, Sureau (fleur), Tussilage.

Le Codex fait filtrer au papier les tisanes d'arnica, de bourrache, de bouillon blanc et de tussilage. A défaut de papier on peut les passer à travers un linge serré ou une étoffe de laine.

La tisane de camomille, ainsi préparée, possède une saveur amère qu'elle n'a pas lorsqu'on ne la fait infuser que deux ou trois minutes.

Tisane d'orge

Orge perlé...........   20
Eau ....   Q. S.

Faites bouillir l'orge dans une quantité d'eau suffisante jusqu'à ce qu'il soit crevé et que le liquide soit réduit à un litre ; laissez reposer quelques instants. Passez à travers une étamine peu serrée.

Préparez de la même manière les tisanes de Gruau et de Riz.

Tisane d'oseille composée

BOUILLON AUX HERBES

Feuilles fraîches	d'oseille...		40
»	»	de laitue..	20
»	»	de cerfeuil.	10
Sel marin..................			2
Beurre frais..............			5
Eau			1000

Lavez les plantes ; faites-les bouillir pendant une demi-heure à petit feu ; ajoutez le sel et le beurre. Passez.

Si on persistait à mettre du beurre, il ne faudrait l'ajouter qu'après avoir passé.

Tisane de réglisse

Réglisse ratissée et incisée...	10
Eau	1000

Faites macérer pendant six heures et passez.

On peut préparer instantanément cette tisane en remplaçant la réglisse par 0,50 de glyzine.

Tisane de safran

Safran............	0,20
Eau bouillante....	100

Faites infuser pendant une demi-heure et passez.

Tisane de salsepareille

Salsepareille fendue et coupée...　50
Eau .... Q. S.

Faites macérer la salsepareille dans un peu plus d'un litre d'eau pendant deux heures; mettez ensuite sur le feu, et, au moment où le liquide entrera en ébullition, retirez du feu et laissez digérer pendant deux heures.

Passez, laissez déposer, et décantez pour obtenir un litre de tisane.

A ce mode opératoire trop compliqué je préférerais le suivant :

Faites macérer la salsepareille dans l'eau pendant deux heures; ensuite faites digérer une heure au bain-marie bouillant. Laissez refroidir le tout et passez la tisane à travers une étamine.

Tisane de saponaire

Racine de saponaire incisée..　20
Eau bouillante.............　1000

Faites infuser pendant deux heures et passez.

Préparez de même les tisanes de : Asperge, Aunée, Bardane, Consoude, Douce-Amère, Fraisier, Patience, Quinquina, Ratanhia, Sapin (bourgeons).

Tisane de tamarin

Pulpe de tamarin...　20
Eau bouillante......　1000

Délayez la pulpe dans l'eau bouillante; laissez en contact pendant une heure et passez à travers une étamine.

Il faut opérer dans un vase en faïence ou en porcelaine.

Préparez de la même manière la tisane de Casse.

Le Codex de 1866 faisait préparer cette tisane avec 30 de tamarin, ce qui est beaucoup plus pratique.

On pourrait également remplacer la pulpe de casse par la casse débarrassée de son enveloppe ligneuse.

Traumaticine

```
Gutta-percha........  10
Chloroforme........  90
```

Divisez la gutta-percha en petits morceaux et faites-la dissoudre par agitation dans le chloroforme.

Traumaticine iodoformée

```
Iodoforme pulvérisé ......   5
Gutta-percha ............  10
Chloroforme ............  85
```

Mettez l'iodoforme et le chloroforme dans un flacon en verre jaune. Lorsque la dissolution sera opérée, ajoutez la gutta-percha et agitez jusqu'à dissolution.

VINS MÉDICINAUX

Les vins médicinaux sont les produits obtenus par l'action du vin sur des substances solubles ou contenant des principes solubles dans ce liquide.

On les prépare par mélange, dissolution ou macération, et on leur ajoute de l'alcool afin de les rendre moins altérables, sauf pour les vins de liqueurs (grenache, malaga).

La proportion d'alcool employé est assez variable et, généralement, elle s'ajoute à 1000 de vin. Ne serait-il pas préférable d'ajouter à tous les vins ordinaires la même quantité d'alcool et de faire en sorte que le poids de ce dernier et celui du vin égalent 1000 ? Les substances et le véhicule seraient alors dans un rapport simple.

A part deux exceptions, le Codex fait mettre l'alcool sur la substance et ajouter le vin au bout de vingt-quatre heures.

Ne serait-il pas également préférable de faire macérer la substance dans le mélange des deux liquides ? Le vin de gentiane préparé ainsi se décolore moins et celui de quinquina contiendrait, dit-on, plus d'alcooloïdes.

Le Codex a substitué au malaga le grenache, mais celui-ci ne se conserve pas très bien ; il serait à désirer qu'on trouvât un vin de liqueur français moins altérable.

Les vins médicinaux doivent être conservés dans un endroit frais.

Vin d'absinthe

Feuilles sèches d'absinthe ...	30
Alcool à 60°	60
Vin blanc	1000

Incisez l'absinthe, mettez-la en contact, en vase clos, avec l'alcool ; après vingt-quatre heures, ajoutez le vin, laissez macérer pendant dix jours en agitant de temps en temps. Passez avec expression. Filtrez.

Préparez de la même manière le Vin d'aunée (racine).

La quantité d'alcool devrait être portée à 100 pour 900 de vin ; de même pour les vins de gentiane, quinquina, etc.

Vin antiscorbutique

Raifort coupé en tranches minces........	30
Feuilles fraîches de cochléaria incisées...	15
» » de cresson incisées.....	15
» sèches de trèfle d'eau incisées...	3
Semences de moutarde noire pulvérisées.	15
Chlorhydrate d'ammoniaque	7
Alcoolat de cochléaria composé..........	15
Vin blanc............................	1000

Faites macérer en vase clos, pendant dix jours, en agitant de temps en temps. Passez avec expression. Filtrez.

Ce vin se conserve mal et il prend au bout d'un certain temps une odeur et une saveur désagréables. Ne pourrait-on pas le préparer par simple mélange avec une teinture antiscorbutique ?

Vin aromatique

Alcoolature vulnéraire.	125
Vin rouge.............	875

Mêlez, filtrez.

Cette préparation est un vin vulnéraire et non du vin

aromatique. On devrait le préparer avec l'alcoolature aromatique faite avec les plantes fraiches qui entrent dans les espèces aromatiques.

L'alcoolature vulnéraire deviendrait alors inutile, ce qui dispenserait de la difficulté de se procurer les dix-huit plantes fraiches nécessaires à sa préparation.

Vin de bulbes de colchique

Bulbes frais de colchique...... 100
Vin de grenache............. 1000

Incisez les bulbes, faites-les macérer en vase clos pendant dix jours dans le vin, en agitant de temps en temps. Passez avec expression. Filtrez.

Ce vin, qui ne peut se préparer qu'à certaines époques de l'année, doit s'altérer plus facilement que le vin de semence, de colchique, qu'on peut préparer en tout temps.

Pourquoi deux vins de colchique, et lequel devrait-on donner faute de désignation? Le vin de semences devrait seul être inscrit au Codex.

Vin de cannelle

Cannelle de Ceylan concassée.... 30
Vin de Malaga.................. 1000

Faites macérer pendant dix jours en agitant de temps en temps. Filtrez.

Vin de cascara sagrada

Cascara sagrada concassé... 50
Vin de Malaga............. 1000

Faites macérer pendant dix jours en agitant de temps en temps. Exprimez et filtrez.

Vin chalybé

VIN FERRUGINEUX

Citrate de fer ammoniacal.   5
Vin de grenache.......... 1000

Faites dissoudre le sel dans 10 d'eau distillée. Ajoutez
le vin à la solution et filtrez.

Pour que le dosage indiqué par le Codex (0,10 pour
20) fût exact, il faudrait ne mettre que 985 de vin.

Le Codex ajoute qu'on peut préparer ce vin avec le
vin blanc; mais alors, faute de désignation, lequel des
deux faudra-t-il délivrer?

Vin de chlorhydrophosphate de chaux

Phosphate bicalcique...................... 21,10
Acide chlorhydrique officinal (environ 13).. Q.S.
Vin de Malaga .... Q.S.

Délayez le phosphate dans 800 de vin; dissolvez au
moyen de l'acide et ajoutez Q. S. de vin pour obtenir
1000 de produit. Filtrez.

100 de ce vin contiennent 3 de chlorhydrophosphate
de chaux.

Vin de colchicine

Colchicine cristallisée...   0,20
Vin de grenache........ 1000

Dissolvez au mortier et filtrez.

Vin de colombo

Colombo en poudre grossière..   30
Vin de grenache............. 1000

Faites macérer en vase clos pendant dix jours en agitant de temps en temps. Passez avec expression et filtrez.

Préparez de même les vins de Boldo, Buchu, Eucalyptus, Quassia amara.

On peut, dit le Codex, préparer ces vins avec le vin blanc; mais alors, comme pour le vin chalybé, lequel faudra-t-il délivrer? Celui au grenache, je pense.

Vin cordial

(Formulaire des Hôpitaux)

Teinture de cannelle.....	100
Vin rouge...............	900

Mêlez et filtrez.

Vin créosoté

Créosote de hêtre......	10
Alcool à 90°...........	190
Vin de Malaga	800

Mettez la créosote et l'alcool dans un flacon, agitez; ajoutez le vin et mêlez.

Ce vin ne doit se prendre qu'étendu de cinq ou six fois son volume d'eau sucrée.

Vin de digitale composé de l'Hôtel-Dieu

VIN DIURÉTIQUE DE TROUSSEAU

Digitale en poudre demi-fine ..	5
Squames de scille...........	7,50
Baies de genièvre...........	75
Acétate de potasse sec........	50
Alcool à 90°..............	100
Vin blanc..............	900

Contusez les squames et les baies ; faites-les macérer avec la digitale en vase clos pendant dix jours, dans le mélange de vin et d'alcool, en agitant de temps en temps. Passez avec expression. Dissolvez l'acétate dans le liquide obtenu. Filtrez.

20 grammes de ce vin correspondent à environ 0,10 de digitale et à 1 d'acétate de potasse.

La formule du vin diurétique de Trousseau que donne Soubeiran contient plus du double de digitale et également plus de scille ; aussi a-t-on blâmé les auteurs du Codex d'avoir diminué dans d'aussi fortes proportions la valeur thérapeutique de ce médicament.

Dans la formule donnée par Soubeiran les rapports ne sont pas simples. Avec la formule ci dessous, qui en diffère peu, on obtient un produit bien dosé :

Digitale............	10
Scille..............	10
Baies de genièvre..	75
Acétate de potasse.	50
Alcool à 90°........	100
Vin blanc..........	850

Faites dissoudre l'acétate dans le vin ; ajoutez l'alcool, ce qui vous donne 1000 de liquide, dans lequel vous ferez macérer pendant dix jours les autres substances convenablement divisées. Exprimez et filtrez.

10 de ce vin contiendraient 0,50 d'acétate de potasse et représenteraient 0,10 de digitale et 0,10 de scille.

Vin de gentiane

Gentiane concassée..	30
Alcool à 60°........	60
Vin rouge..........	1000

Mettez la gentiane en contact avec l'alcool en vase clos ; après vingt-quatre heures, ajoutez le vin , laissez macérer dix jours en agitant de temps en temps. Exprimez et filtrez.

Ainsi préparé, ce vin se décolore promptement ; mais si on fait macérer la gentiane dans le mélange de vin et d'alcool, il conserve mieux sa couleur.

Voyez *Vin d'absinthe.*

Vin iodé

Iode	1
Alcool à 90°............. .	14
Vin de Banyuls...........	985

Dissolvez l'iode dans l'alcool; ajoutez le vin. Après vingt-quatre heures de contact filtrez.

Préparez de même le vin de quinquina iodé en remplaçant le vin de Banyuls par le vin de quinquina.

Vin de kola

Noix de kola en poudre grosse.	50
Vin de Malaga	1000

Faites macérer dix jours en agitant de temps en temps. Exprimez et filtrez.

En torréfiant légèrement la noix de kola concassée, on obtient un produit plus agréable au goût.

Vin de lacto-phosphate de chaux

Phosphate bicalcique............	14,80
Acide lactique (environ 29)......	Q. S.
Vin de Malaga	Q. S.

Opérez comme pour le vin de chlorhydrophosphate de chaux.

100 de ce vin contiennent 3 de lactophosphate de chaux.

Vin de pepsine

```
Pepsine extractive ........    20
Vin de Lunel ............  1000
```

Faites dissoudre au mortier la pepsine dans le vin et filtrez.

A défaut de pepsine extractive on met 50 de pepsine amylacée, seulement on laisse vingt-quatre heures avant de filtrer.

Préparez de même le vin de papaïne avec la papaïne extractive.

Vin de peptone .

```
Peptone sèche.......    50
Vin de Malaga.......   950
```

Faites dissoudre et filtrez.

Vin de phosphate de chaux

```
Phosphate bicalcique ...........  12,80
Acide phosphorique officinal.....  Q. S.
Vin de Malaga.................  Q. S.
```

Opérez comme pour le vin de chlorhydrophosphate de chaux.

100 de ce vin contiennent 2 de phosphate monocalcique.

Préparez de même le Vin de quinquina phosphaté et le Vin de quinquina et cacao phosphaté.

Vin de phosphate de chaux créosoté

Phosphate bicalcique................ 12,80
Acide phosphorique officinal .... Q. S.
Créosote de hêtre.................. 10
Alcool à 90°....................... 190
Vin de Malaga .... Q. S.

Dissolvez au moyen de l'acide le phosphate dans 700 de vin ; ajoutez la créosote dissoute dans l'alcool, puis Q. S. de vin pour compléter 1000. Filtrez.

100 de ce vin contiennent 2 de phosphate monocalcique et 1 de créosote.

Ce vin ne doit être administré qu'étendu de cinq à six fois son volume d'eau sucrée.

Vin de quinium

Quinium pulvérisé............... 5
Alcool à 90°.................... 50
Vin de Malaga 950

Faites dissoudre dans un ballon, au bain-marie, le quinium dans l'alcool ; mélangez au vin et, après vingt-quatre heures de contact, filtrez.

Vin de quinquina

Quinquina gris en poudre grossière........ 50
Alcool à 60°.............................. 100
Vin rouge 1000

Mettez en contact le quinquina et l'alcool pendant vingt-quatre heures en vase clos ; ajoutez le vin ; faites macérer pendant dix jours en agitant de temps en temps. Passez avec expression. Filtrez.

Préparez de même le Vin de quinquina jaune et le Vin de quinquina rouge, mais en n'employant que 25 de quinquina jaune ou rouge.

On peut, selon l'indication, substituer le vin blanc au vin rouge.

Préparez avec les mêmes doses, suivant l'espèce de quinquina, mais sans addition d'alcool, les Vins de quinquina au grenache, au lunel, au malaga, et autres Vins de liqueur.

Puisqu'on ne met que 1000 de vin de liqueur pour 25 ou 50 de quinquina, on ne devrait mettre que 900 de vin et 100 d'alcool à 60°, pour que la proportion du quinquina et du véhicule reste la même, quel que soit le vin.

Un pharmacien dont je regrette de ne pas me rappeler le nom a constaté que le vin de quinquina contenait plus d'alcaloïde préparé par macération dans le mélange de vin et d'alcool que par le procédé du Codex.

Vin de quinquina ferrugineux

Sulfate ferreux pur cristallisé.........   2
Acide citrique cristallisé..............   2
Eau distillée chaude.................   10
Vin de quinquina gris................ 990

Dissolvez le sulfate et l'acide dans l'eau ; ajoutez le vin et mêlez.

Vin de quinquina au cacao

Quinquina gris concassé.......   30
Cacao finement pulvérisé......   20
Vin de Malaga 1000

Faites macérer pendant dix jours en agitant de temps en temps et filtrez.

Vin de safran

Safran incisé...................... 10
Vin de Malaga 1000

Faites macérer pendant dix jours en agitant de temps en temps et filtrez.

Vin de scille

VIN SCILLITIQUE

Squames de scille concassées........ 60
Vin de grenache................... 1000

Faites macérer en vase clos pendant dix jours en agitant de temps en temps. Passez avec expression et filtrez.

Préparez de même les vins de Coca, Colchique (semences), Rhubarbe.

Le Codex ajoute que le vin de Coca peut aussi être préparé au vin rouge. Faute de désignation, on doit, selon moi, délivrer celui au grenache.

Voyez, pour le vin de semences de colchique : *Vin de bulbes de colchique*.

M. Benoit a proposé de préparer le vin de scille en mêlant 50 de teinture de scille à 950 de vin de grenache et le vin de semences de colchique par simple mélange de 25 de teinture de semences de colchique avec 975 de vin de grenache.

Vin de scille composé de la Charité

VIN DIURÉTIQUE AMER DE LA CHARITÉ

Squames de scille...... 15
Racine d'asclépiade..... 15
Racine d'angélique..... 15

Quinquina gris............	60
Écorce de Winter......	60
Feuilles d'absinthe.....	30
» de mélisse.....	30
Baies de genièvre......	15
Macis.................	15
Écorce fraiche de citron.	30
Alcool à 60°...........	200
Vin blanc	4 lit.

Versez le vin et l'alcool sur les substances convenablement divisées ; laissez macérer en vase clos pendant dix jours en agitant de temps en temps. Passez avec expression et filtrez.

A cette formule, dans laquelle les substances ne sont pas dans un rapport simple avec le vin, je préfère la suivante :

Squames de scille......	4
Racine d'asclépiade.....	4
» d'angélique.....	4
Quinquina gris.........	16
Écorce de Winter......	16
Feuilles d'absinthe.....	8
Feuilles de mélisse	8
Baies de genièvre......	4
Macis.................	4
Écorce de citron	16
Alcool à 60°	50
Vin blanc	950

Cette formule est celle du Codex de 1837, sauf qu'on y a remplacé 50 de vin blanc par 50 d'alcool à 60°. Elle permet de voir immédiatement combien 100 de ce dernier vin représentent de chacune de ces substances.

VINAIGRES MÉDICINAUX

Préparations formées de principes médicamenteux dissous dans le vinaigre.

On les prépare par mélange, solution ou macération.

Quelques-uns se font avec l'acide acétique cristallisable ; les autres doivent être préparés avec le vinaigre de vin blanc, contenant de 7 à 8 0/0 d'acide acétique.

Pour assurer leur conservation on ajoute au vinaigre de l'acide acétique cristallisable.

Vinaigre anglais

Essence de cannelle	0,20
» de girofle..........	0,20
» de lavande	0,20
Camphre	10
Acide acétique cristallisable.	100

Introduisez le camphre, divisé en petits fragments, dans un flacon bouché à l'émeri ; ajoutez l'acide acétique et les essences. Agitez jusqu'à dissolution.

Vinaigre antiseptique

VINAIGRE DES QUATRE-VOLEURS

Sommités sèches de grande absinthe...	15
» » de petite absinthe....	15
Fleurs de lavande.........	15

Menthe poivrée...................... 15
Romarin............................ 15
Rue................................ 15
Sauge 15
Racine d'acore vrai................. 2
Cannelle de Ceylan................. 2
Girofle............................ 2
Muscade........................... 2
Ail................................ 2
Camphre.......................... 4
Acide acétique cristallisable.......... 15
Vinaigre blanc...................... 1000

Faites macérer en vase clos, dans le vinaigre, pendant dix jours, toutes les substances convenablement divisées. Passez avec expression. Ajoutez le camphre que vous aurez fait dissoudre dans l'acide acétique, et, après quelques heures de contact, filtrez.

Cette formule devra être modifiée si on la conserve dans la future édition du Codex.

Vinaigre aromatique

Alcoolature vulnéraire. 125
Vinaigre blanc........ 875

Mêlez et filtrez.

Même observation que pour le vin aromatique. (Voyez *Vin aromatique.*)

Le vinaigre aromatique qui serait préparé avec l'alcoolature aromatique ne devrait pas contenir les mêmes principes en dissolution que celui qui serait obtenu par la macération des espèces aromatiques dans le vinaigre blanc additionné d'acide acétique.

36

Vinaigre camphré

Camphre 25
Acide acétique cristallisable...... 25
Vinaigre blanc................... 950

Pulvérisez le camphre dans un mortier en porcelaine à l'aide de l'acide, ajoutez le vinaigre peu à peu et versez le tout dans un flacon bouché à l'émeri. Agitez et, après dissolution complète, filtrez.

Vinaigre de colchique

Bulbes frais de colchique incisés.. 200
Acide acétique cristallisable....... 20
Vinaigre blanc................... 980

Faites macérer pendant dix jours, dans un vase en verre bouché, les bulbes avec le vinaigre et l'acide, en agitant de temps en temps. Exprimez et filtrez.

Pourquoi ne pas préparer ce vinaigre avec les semences de colchique plutôt qu'avec les bulbes frais qu'il est quelquefois difficile de se procurer?

Vinaigre phéniqué

Acide phénique cristallisé 10
Acide acétique à 1,060.......... 200
Eau distillée 790

Mêlez et filtrez.

Vinaigre de scille

VINAIGRE SCILLITIQUE

Squames de scille................... 100
Acide acétique cristallisable..........   20
Vinaigre blanc..................... 980

Mettez la scille grossièrement pulvérisée dans un vase en verre avec le vinaigre et l'acide. Faites macérer pendant dix jours en agitant de temps en temps. Exprimez et filtrez.

Préparez de même le Vinaigre de rose rouge, ou Vinaigre rosat.

TABLE DES MATIÈRES

A

B

H

K

L

N

O

P

T

V

Orléans. — Imprimerie Orléanaise, rue Royale, 08

FÉLIX ALCAN, Éditeur

BOSSU. **PETIT COMPENDIUM MÉDICAL.** Quintessence de pathologie, thérapeutique et médecine usuelle. 6ᵉ édit., 1 vol. in-32, cart. à l'angl.
1 fr. 25

BOUCHARDAT (A. et G.), membres de l'Académie de médecine. **NOUVEAU FORMULAIRE MAGISTRAL,** 32ᵉ édition, revue et augmentée de formules nouvelles, d'une *Note sur l'alimentation dans le diabète sucré* et de la *Liste complète des mets permis aux glycosuriques.* 1 vol. in-18, 3 fr. 50. — Cartonné à l'anglaise, 4 fr. — Relié.
4 fr. 50

BOUCHARDAT (A.) et DESOUBRY. **NOUVEAU FORMULAIRE VÉTÉRINAIRE.** 6ᵉ édition conforme au nouveau Codex, revue et augmentée. 1 vol. in-18. Br., 3 fr. 50. — Cart., 4 fr. — Relié.
4 fr. 50

MACÉ, professeur à l'École de pharmacie de Rennes. **TRAITÉ PRATIQUE ET RAISONNÉ DE PHARMACIE GALÉNIQUE.** 1 vol. in-8.
6 fr.

Physique. — Chimie

BERTHELOT, de l'Institut. **LA SYNTHÈSE CHIMIQUE.** 9ᵉ édit. 1 vol. in-8. Cart.
6 fr.

— **LA RÉVOLUTION CHIMIQUE, LAVOISIER,** 2ᵉ édit. 1 vol. in-8. Cart. 6 fr.

GRIMAUX, de l'Institut. **CHIMIE ORGANIQUE ÉLÉMENTAIRE.** 8ᵉ édit. 1 vol. in-12, avec figures. Cart.
5 fr. 50

— **CHIMIE INORGANIQUE ÉLÉMENTAIRE.** 8ᵉ édit. 1 vol. in-12, avec figures. Cart.
5 fr. 50

PISANI. **TRAITÉ PRATIQUE D'ANALYSE CHIMIQUE QUALITATIVE ET QUANTITATIVE,** suivi d'un traité d'*Analyse au Chalumeau.* 5ᵉ édit., 1 vol. in-12.
3 fr. 50

PISANI et DIRVELL. **LA CHIMIE DU LABORATOIRE.** 2ᵉ édit. revue. 1 vol. in-12, avec fig. dans le texte.
4 fr.

SCHUTZENBERGER, de l'Institut. **LES FERMENTATIONS,** 6ᵉ édit. 1 vol. in-8, avec figures dans le texte. Cart.
6 fr.

WURTZ, de l'Institut. **LA THÉORIE ATOMIQUE.** 9ᵉ édition. In-8. Cart. 6 fr.

Histoire naturelle

BELZUNG, professeur agrégé des sciences naturelles au Lycée Charlemagne, docteur ès-sciences. **ANATOMIE ET PHYSIOLOGIE ANIMALES.** 9ᵉ édit., 1 vol. in-8, avec nombreuses figures.
6 fr.

— **ANATOMIE & PHYSIOLOGIE VÉGÉTALES** 1 fort vol. in-8, avec 1700 grav. dans le texte.
20 fr.

CANDOLLE (de), correspondant de l'Institut. **L'ORIGINE DES PLANTES CULTIVÉES.** 4ᵉ édit. 1 vol. in-8. Cart.
6 fr.

COOKE et BERKELEY. **LES CHAMPIGNONS,** avec 110 figures dans le texte. 1 vol. in-8. 4ᵉ édition. Cart.
6 fr.

COSTANTIN (J.), professeur au Muséum. **LES VÉGÉTAUX ET LES MILIEUX COSMIQUES** (Adaptation, évolution). 1 vol. in-8, avec 171 gr. Cart. à l'angl.
6 fr.

— **LA NATURE TROPICALE.** 1 vol. in-8, avec 166 gravures. Cartonné à l'angl.
6 fr.

MEUNIER (S'an.), professeur au Muséum d'histoire naturelle. **LA GÉOLOGIE COMPARÉE.** 1 vol. in-8, avec grav. Cart. à l'angl.
6 fr.

— **LA GÉOLOGIE EXPÉRIMENTALE.** 1 vol. in-8, avec gravures. Cart. à l'anglaise.
6 fr.

— **LA GÉOLOGIE GÉNÉRALE.** 1 vol. in-8 avec gravures. Cart. à l'angl. 6 fr.